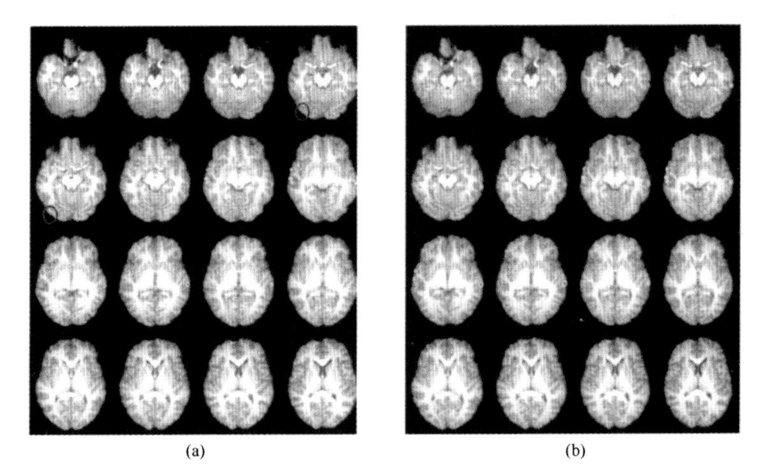

图 6.3　对于受试者 1(影像学视角)，该图显示了 PBAIC 数据集中“指令”目标变量的弹性网解(即线性模型的系数 x_i)绝对值的脑部图像。将非零元素(激活变量)的数量固定为 1000。两幅图分别显示了(a) $\lambda_2 = 0.1$ (b)与 $\lambda_2 = 2$ 情况下的 EN 解(图)。当 λ_2 的值较大时，非零体素的簇(Cluster)也较大，包括部分但并非全部 $\lambda_2 = 0.1$ 时的非零体素簇。注意，(a)中高亮的(红色环)簇由具有 $\lambda_2 = 0.1$ 的 EN 所辨识，但不能被具有 $\lambda_2 = 2$ 的 EN 所辨识

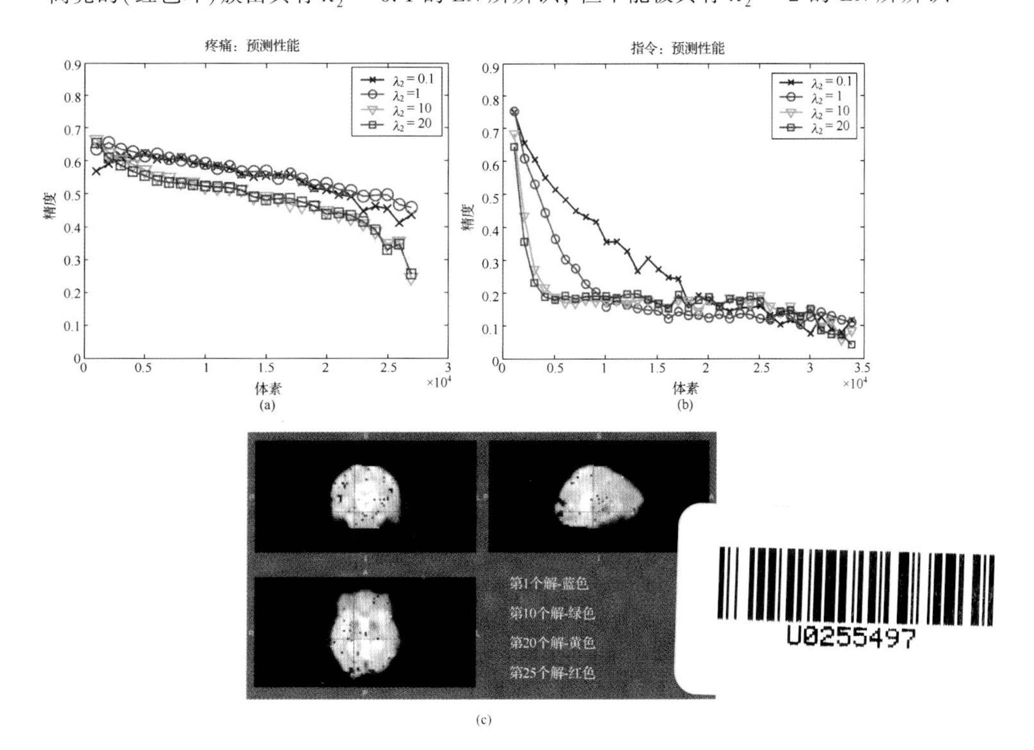

图 6.5　后续的“受限”弹性网解的预测精度。(a)疼痛感知；(b)PBAIC 中的“指令”任务。注意，在疼痛预测情况下，移除大量的预测体素后所得到的解中，精度下降非常缓慢，意味着与疼痛有关的信息高度散布于大脑中(同时可见图(c)中某些解的空间可视化)。在“指令”情况下可观测到与之相反的行为，即前几个受限的解移除后，精度出现急剧下降，图 6.3 中显示了局部化的预测解

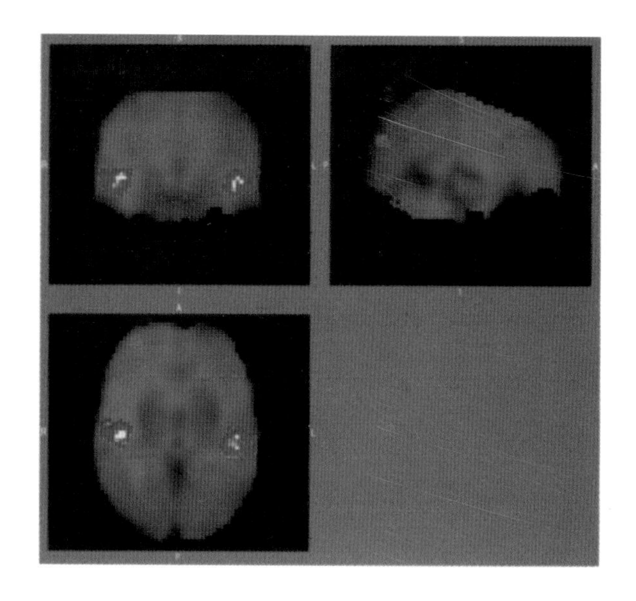

(a)

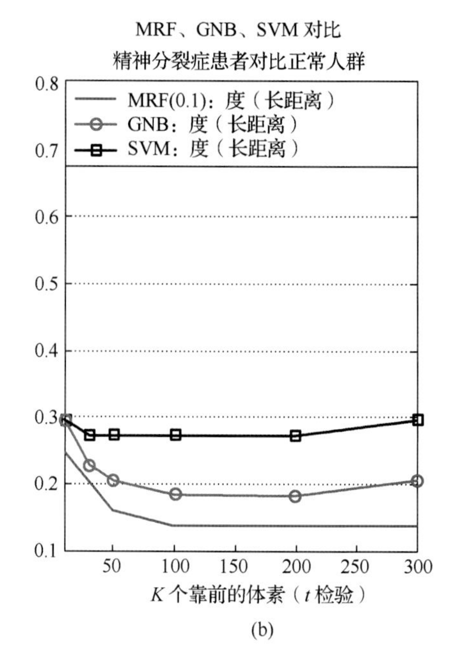

(b)

图 8.2 (a)FDR 校正的两样本 t 检验结果，其中每一个体素的原假设都假定精神分裂症患者与正常人群之间没有区别。红/黄色表示在 α 水平下通过 FDR 校正的低 p 值区域(即 5% 的假阳性率)。注意，正常人群这些体素的均值(标准化的)总是比精神分裂症人群要高。(b)利用 100 个排序靠前(最局区分性)的特征，如泛函网络中的体素度，高斯 MRF 分类器以 86% 的精度预测精神分裂症

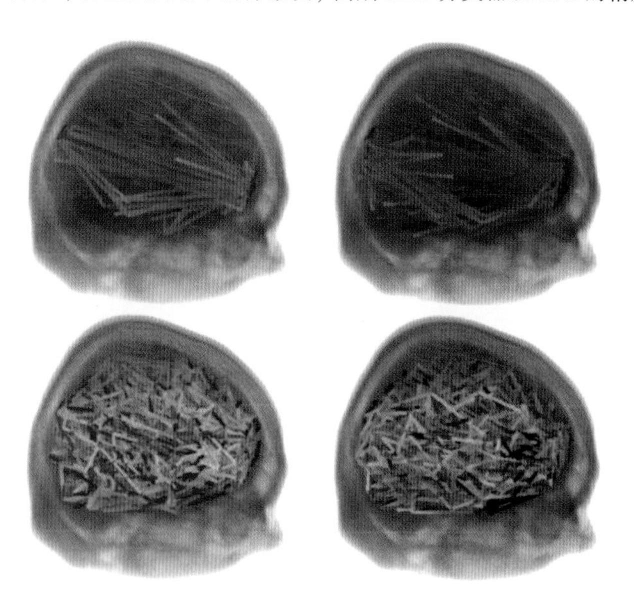

图 8.3 用于可卡因上瘾(左)与控制受试者(右)学习的结构，顶部为借助 $l_{1,2}$ 方法进行变量选择的马尔可夫网络学习方法得到的结构，底部为未进行变量选择的马尔可夫网络学习方面，即标准图形化 LASSO 方法得到的结构。正交互作用显示为蓝色，负交互作用显示为红色。注意，顶部的结构(密度为 0.001 6)比底部的结构(密度为 0.023)更为稀疏，其中，完全图中边的数量约为 378 000

经典译丛·信息与通信技术

稀疏建模理论、算法及其应用

Sparse Modeling
Theory, Algorithms, and Applications

[美] Irina Rish
Genady Ya. Grabarnik 著

栾悉道 王卫威 谢毓湘 魏迎梅 译

電子工業出版社
Publishing House of Electronics Industry
北京·BEIJING

内容简介

稀疏建模与现代统计学、信号处理、机器学习联系密切，可以实现利用相对较少的观测数据精确复原待估信号，广泛应用于图像重构、数据的参数学习模型、故障诊断、模式识别与雷达信号处理等领域。本书详细讨论了稀疏建模的相关内容，包括对稀疏解产生的问题描述、寻找稀疏解的求解算法、稀疏复原的理论成果以及应用实例等。

本书适合信息与信号处理、图像处理等专业的高校研究生以及科研机构相关研究人员使用。

图书在版编目(CIP)数据

稀疏建模理论、算法及其应用/(美)伊琳娜·里什(Irina Rish)，(美)贾纳德里·亚·格拉巴尔尼克(Genady Ya. Grabarnik)著；栾悉道等译. — 北京：电子工业出版社，2018.1
(经典译丛·信息与通信技术)
书名原文：Sparse Modeling: Theory, Algorithms, and Applications
ISBN 978-7-121-33356-9

Ⅰ. ①稀…　Ⅱ. ①伊… ②贾… ③栾…　Ⅲ. ①数学模型－研究　Ⅳ. ①O141.4

中国版本图书馆 CIP 数据核字(2017)第 321951 号

策划编辑：马　岚
责任编辑：葛卉婷　　特约编辑：姚　旭
印　　刷：涿州市京南印刷厂
装　　订：涿州市京南印刷厂
出版发行：电子工业出版社
　　　　　北京市海淀区万寿路 173 信箱　　邮编　100036
开　　本：787×1092　1/16　　印张：11.5　　字数：261 千字　　彩插：1
版　　次：2018 年 1 月第 1 版
印　　次：2019 年 1 月第 2 次印刷
定　　价：49.00 元

凡所购买电子工业出版社图书有缺损问题，请向购买书店调换。若书店售缺，请与本社发行部联系，联系及邮购电话：(010)88254888，88258888。
质量投诉请发邮件至 zlts@phei.com.cn，盗版侵权举报请发邮件至 dbqq@phei.com.cn。
本书咨询联系方式：classic-series-info@phei.com.cn。

译　者　序

信号稀疏表示从20世纪90年代起引起研究人员的广泛关注，成为信号处理与应用领域的热门研究问题。它通过挖掘待估信号中的稀疏先验信息构造正则化模型，能够在不完全观测下对待估信号进行高精度的重构。经过20多年的发展，信号稀疏表示在模型构建、求解算法与理论分析方面已形成了一套成熟的理论，并且在图像去噪与重构、多媒体处理、盲源分析、DOA估计与医学影像复原等应用中发挥着重要作用。

本书的四位译者多年来从事信号处理领域的相关研究，一直希望能系统地总结信号稀疏表示的基础理论及其应用，因此共同翻译了此书。本书在电子工业出版社马岚老师的帮助下，顺利获得相关版权，在此特别致谢。

需要说明的是，本书的翻译得到了国家自然科学基金项目“非线性稀疏表示理论及其应用”（编号：61201337）、国家自然科学基金项目“视频内容重复检测及关联分析技术研究”（编号：61571453）、湖南省教育厅重点项目“视频内容重复检测技术研究”（编号：15A020）、湖南省教育科学规划课题“基于学习分析技术的大规模在线学习行为分析与教学策略研究”（编号：XJK17BXX010）和长沙市科技计划项目“网购平台图像快速匹配与检索系统及其应用研究”（编号：ZD1601014）的资助。

本书在翻译过程中，所有译者一直坚持忠于原书，以谨慎细致的态度开展工作，但是其中难免存在疏漏，恳请广大读者批评指正。

前　　言

如果托勒密、阿加莎·克里斯蒂与奥卡姆的威廉聚在一起，他们很可能认同一个共同的思想。托勒密会说，“我们认为用最简单的假设对现象进行解释是一种很好的准则”。阿加莎可能会补充，“最简单的解释总是最适合的”。奥卡姆的威廉将可能点头同意，“如无必要，勿增实体”。该节省性原则，就是今天有名的奥卡姆剃刀原理，是渗透于从古至今所有哲学、艺术与科学领域的一个基础性思想。“至繁归于至简”（莱昂纳多·达·芬奇）。“尽量把所有事情变得简单，以致不能更简单”（阿尔伯特·爱因斯坦）。在人类历史上，先哲支持“简单性”的名言可以无休无尽，很容易写满许多页纸。但是，我们希望保持该序言简短。

该书的主题——稀疏建模，是节省性原则在现代统计学、机器学习与信号处理领域的特殊体现。在这些领域，一个基础性的问题就是由于观测成本或其他限制，需要从数量相对较少的观测中对未观测高维信号进行精确复原。图像重构、从数据中学习模型参数、系统故障或人类疾病诊断，是逆问题出现后要解决的一些例子。一般地，高维、小样本推断问题是欠定的，且在计算上是难于处理的，除非该问题具有某一特定的结构，如稀疏性。

事实上，当仅有少量变量为真正重要的变量时，真实解可以很好地由稀疏向量来近似，将剩余变量设置为零或接近零。换言之，少量最相关的变量（起因、预测因子等）通常对于解释感兴趣的现象来说是充分的。更一般地，即使原始问题并没有产生稀疏解，我们也可以找到一个到新坐标系统的映射或字典，从而实现稀疏表示。因此，稀疏结构看上去是很多自然信号固有的性质——没有该结构，认知并适应这个世界是相当具有挑战性的。

本书提供对稀疏建模简要的介绍，包括应用实例、导致稀疏解的问题描述、寻找稀疏解的算法，以及一些关于稀疏复原最新的理论成果。该书的内容基于我们几年前在国际机器学习大会（ICML-2010）上的辅导性讲座，以及2011年春季学期在哥伦比亚大学教授的研究生课程。

第1章从引导性示例开始，对稀疏建模关键的最新进展进行了概述。第2章对优化问题进行了描述，该优化问题涉及常用于强化稀疏的工具，如 l_0 与 l_1 范数约束。必要的理论结果在第3章与第4章中进行介绍，第5章讨论了若干用于寻找稀疏解的著名算法。然后，在第6章与第7章讨论了大量的稀疏复原问题，分别将基本的问题形式扩展到更为复杂的结构性稀疏形式与不同的损失函数。第8章介绍了特殊的稀疏图模型，如稀疏高斯马尔可夫随机场，该模型是稀疏建模中热门且快速发展的子领域。最后，第9章研究了字典学习与稀疏矩阵分解。

注意，本书并不能对所有与稀疏有关的最新进展进行全部研究。事实上，仅仅一本书不可能对这个快速发展的领域全面涉猎。然而，我们希望本书能够作为稀疏建模的入门书籍，激励读者继续学习本书之外的内容。

最后，我们想感谢以不同方式对本书作出贡献的人。Irina 感谢 IBM 沃特森研究中心的同事 Chid Apte、Guillermo Cecchi、James Kozloski、Laxmi Parida、Charles Peck、Ravi Rao、Jeremy Rice 与 Ajay Royyuru，感谢他们这些年来给予的鼓励与支持。同时，其他同事与朋友的想法也有助于本书的成稿，包括 Narges Bani Asadi、Alina Beygelzimer、Melissa Carroll、Gaurav Chandalia、Jean Honorio、Natalia Odintsova、Dimitris Samaras、Katya Scheinberg 与 Ben Taskar。Ben 于去年去世，但他仍然活在我们的记忆与他优秀的工作中。

感谢 Dmitry Malioutov、Aurelie Lozano 与 Francisco Pereira，他们阅读了手稿，并提出了很多有价值的建议，对本书改进帮助很大。还要特别感谢本书的编辑 Randi Cohen，他使我们一直保持积极性并耐心地等待本书完稿。最后，感谢我们的家人，是他们的爱、支持与耐心成为我们灵感的无限源泉。我们不得不承认该书花费了比预期长的时间(多了几年)。因此，Irina(很高兴地)输掉了与她女儿 Natalie 关于谁先出版一本书的赌约。

目　　录

第1章　导　　论

如何从有限的观测中推断未被观测到的高维“世界状态”(state of the world)，这个问题经常出现在广泛的实际应用中。例如，寻找基因中引发某疾病的子集；定位与某一心理状态存在关联的大脑区域；诊断大规模分布式计算机系统中的性能瓶颈；使用压缩观测值重构高质量的图像等。更一般的例子包括，从任意一类信号的含噪编码中对信号解码，以及在高维但小样本的统计情况下估计模型参数。

图1.1描述的就是这种基本的推断问题，其中 $\boldsymbol{x}=(x_1,\cdots,x_n)$ 和 $\boldsymbol{y}=(y_1,\cdots,y_m)$ 分别代表一个未被观测的 n 维的世界状态和它的 m 个观测结果。观测结果的输出向量 $\boldsymbol{y}$ 可以看成是输入向量 $\boldsymbol{x}$ 的一个含噪函数(编码)。一种常用的推断(解码)方法是，给定观测结果 $\boldsymbol{y}$，找到使某种损失函数 $L(\boldsymbol{x};\boldsymbol{y})$ 最小化的 $\boldsymbol{x}$。例如，常见的极大似然法，就是旨在找到一个使观测结果的似然 $P(\boldsymbol{y}|\boldsymbol{x})$ 最大化，即使得负对数似然损失最小化的参数向量 $\boldsymbol{x}$。

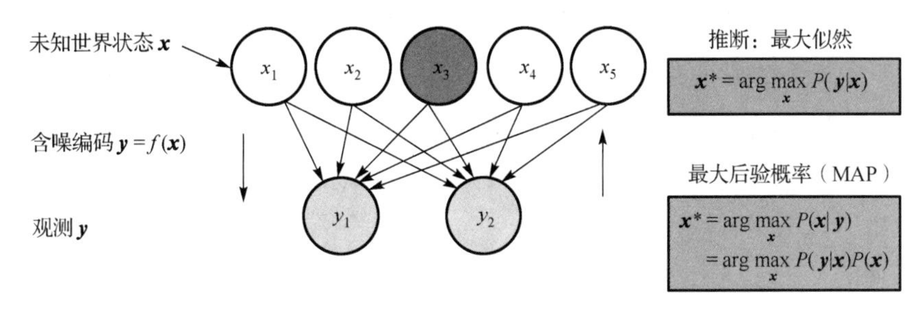

图1.1　是否能够从低维、含噪的观测结果 $\boldsymbol{y}$ 中复原高维信号 $\boldsymbol{x}$？出人意料的是，答案是肯定的，不过前提是 $\boldsymbol{x}$ 具有某种特定的结构，如(充分的)稀疏度，并且映射 $\boldsymbol{y}=f(\boldsymbol{x})$ 保留了足够的信息来重构 $\boldsymbol{x}$

然而，在许多实际问题中，未被观测到的变量在数量上远远多于观测值，因为对后者的观测可能很耗费成本，同时还受到具体问题的限制。例如，在计算机网络诊断、基因网络分析和神经影像应用中，未知变量(如网络元素、基因或大脑体素的状态)的总数可以达到数千个，甚至数十万个，相比之下观测结果或者样本的总数通常只有数百个。因此，上述最大似然表达式变为欠定情况。同时，为了限制可能的解空间，必须引入额外的反映特定域性质或假设的正则化约束。从贝叶斯概率的角度来说，正则化可以看作是对未知参数 $\boldsymbol{x}$ 施加先验 $P(\boldsymbol{x})$，然后再最大化后验概率 $P(\boldsymbol{x}|\boldsymbol{y})=P(\boldsymbol{y}|\boldsymbol{x})P(\boldsymbol{x})/P(\boldsymbol{y})$，这一问题将在下一章中详细讨论。

或许，关于问题结构所做的最简单、最常见的假设之一是解为稀疏的。换言之，通常假定在特定情况下只有一个相对较小的变量子集是真正重要的。例如，在一个系统中只出现少量的并发故障；只需要少量非零傅里叶系数就能满足对各种不同信号类型的准确表示；通常，只有一小部分预测变量(如基因)与响应变量(疾病或特征)最相关，学习某一精确的预测模型也只需要一小部分预测变量。在所有这些例子中，我们所寻求的解可以看成是一个仅有少量非零坐标的稀疏高维向量。这一假设与哲学中的节省性原则一致，而这一原则通常称为奥卡姆剃刀，由中世纪著名哲学家奥卡姆的威廉提出，但或许可以追溯至时代更久远的亚里士多德和托勒密。在奥卡姆之后还出现了许多关于节省性原则的阐述，其中包括艾萨克·牛顿的著名表述："寻求自然事物的本因，只须找到真实而又足以解释其现象的即可，无须更多。"

融合了节省性假定的统计模型称为稀疏模型。这种模型在科学应用中特别有用，例如发现基因数据或神经影像数据中的生物标志物，其中预测模型的可解释性(如辨别最相关的预测因子)是最本质的。另一个受益于稀疏性的重要领域是信号处理，信号处理的目标是在达到高重构精度的同时最小化信号采集成本；后文也将说明，对稀疏性的利用可以极大地提高信号处理中的成本效率。

从历史角度看，稀疏信号复原问题的描述可以追溯至1943年，或者可能更早。当时首先提出了组合分组测试问题(Dorfman, 1943)。这一问题背后的原始动力是为了设计一个高效的测试方案，从一大批人(如100 000人左右)的血液样本中识别出人数相对较少的那一部分感染者(如10人左右)。如果一一检测每个人的血液样本则成本太高，因此可以对受试者进行分组，将每组的血液样本进行组合，对组合样本进行测试就可以知道该组中是否至少有一人患有疾病。按照图1.1中的推断方案，可以将第i个人的健康状况表示为布尔变量x_i，如果此人身体健康则$x_i = 0$，否则$x_i = 1$。一组受试者G_j的测试结果或观测结果y_j是关于该组中变量的逻辑"或"函数。即当且仅当所有的$x_i = 0, i \in G_j$时，$y_j = 0$；否则，$y_j = 1$。给定人群中患病者数量的上界，即$\boldsymbol{x}$稀疏度的限制，分组测试的目标是以最少的检测次数识别出所有患病者(即非零x_i)。

许多其他的诊断应用中也出现了类似的问题表述，例如，在计算机网络故障诊断中，网络节点(如路由器或链路)要么运转正常，要么出现故障，分组测试相对应的是端到端处理(也称为网络探测)，其检查路由选择表确定的特定元素子集(Rish et al., 2005)(下一节将更为详细地探讨网络诊断问题，不过将专注于连续型情况而非布尔型情况，其中"硬故障"将被放宽为性能瓶颈或时间延迟)。总的来说，分组测试历史悠久，在各种各样的实际问题上都已得到成功应用，包括DNA库筛选、多址接入控制协议和数据流等诸多例子。关于分组测试的更多细节，可以参考(Du and Hwang, 2000)这本经典专著以及其中列举的参考文献，另外还有近年发表的文献(Gilbert and Strauss, 2007；Atia and Saligrama, 2012；Gilbert et al., 2012)。

在组合分组测试领域兴起半个世纪后，即过去几十年中，稀疏信号复原受到了新的广泛关注。现在，对稀疏信号复原的研究主要专注于连续信号和观测，并且发展出了强化稀疏性的独特方式，如利用l_1范数正则化。1986年，针对带限反射地震图的线性反演(反卷积)，提出了基于l_1范数的优化方法(Santosa and Symes, 1986)。1992年，针对图像处理中的去噪问题提出了与l_1范数紧密相关的总变分正则函数(Rudin et al., 1992)。1996年，统计学文献中出现了一篇影响重大的关于LASSO(最小绝对值收缩与选择算子)或者说l_1范数正则化线性回归的论文(Tibshirani, 1996)，引领了今天稀疏回归在一系列广泛的实际问题上的主流应用。大约同一时间，信号处理领域也出现了本质上与 LASSO 等价的基追踪方法(Chen et al., 1998)，并且(Candès et al., 2006a)和(Donoho, 2006a)的突破性理论成果引起了压缩感知的兴起，相比标准的香农-奈奎斯特采样定理，压缩感知对精确且计算效率高的稀疏信号复原所需要的观测次数呈指数降低。近年来，在信号处理及相关领域，压缩感知吸引了大量的关注，并且产生了一系列理论成果、算法和新兴应用。

本书主要聚焦于连续稀疏信号，并跟踪现代稀疏统计建模和压缩感知的发展。显然，本书无法涵盖这些发展迅速的领域的所有方面。因此，我们的目标是提供对关键概念合理的介绍，并总结近期稀疏建模和信号复原领域的主要成果，如稀疏回归、稀疏马尔可夫网络和稀疏矩阵分解中的常见问题形式，以及稀疏建模的基本理论，最新的算法与一些实际应用等。本书会从一些启发性实际问题的综述开始，引出对稀疏信号复原的描述。

1.1　引导性示例

1.1.1　计算机网络诊断

分布式计算机系统和网络管理中的核心问题之一，是对各种故障和性能退化进行快速、实时的诊断。然而，在大规模系统中，要监测每一个组件(即每一个网络链路、每一个应用、每一个数据库事务等)需要耗费巨大的成本，甚至是不可行的。一种可供选择的方法是利用端到端处理或探测，如 ping 和 traceroute 命令，或者利用端到端应用级测试，来收集相对较少的总体性能观测数据，然后再推断出每个组件的状况。在系统管理领域中，专注于通过间接观测来诊断网络问题的研究方向称为网络断层扫描，与医学影像技术类似，只是后者从不同器官的层析成像的图像来作出推断，并以此诊断健康问题。

特别地，考虑网络性能瓶颈的识别问题，如识别导致异常的端到端延迟的网络链路。这一问题在(Beygelzimer et al., 2007)等书中有所讨论。假定 $\boldsymbol{y} \in \mathbb{R}^m$ 是一个观测到的端到端处理延迟向量，$\boldsymbol{x} \in \mathbb{R}^n$ 是一个未观测到的链路延迟向量，$\boldsymbol{A}$ 是一个路由矩阵，如果端到端测试 i 经过链路 j，那么 $a_{ij} = 1$，否则为 0。这一问题如图 1.2 所示。通常，假定端到端延迟满足以下含噪线性模型：

$$\boldsymbol{y} = \boldsymbol{A}\boldsymbol{x} + \varepsilon \tag{1.1}$$

其中，ε 为观测噪声，反映了除链路延迟之外，其他造成端到端延迟的潜在原因，以及可能的非线性影响。重构 $\boldsymbol{x}$ 的问题可以看成是一个普通最小二乘(OLS)回归问题，其中 $\boldsymbol{A}$ 为设计矩阵，$\boldsymbol{x}$ 为通过最小化最小二乘误差获得的线性回归系数，即最小化最小二乘误差等价于，在高斯噪声 ε 的假定条件下最大化条件对数似然 $\log P(\boldsymbol{y} \mid \boldsymbol{x})$，

$$\min_{x} \| \boldsymbol{y} - \boldsymbol{A}\boldsymbol{x} \|_2^2$$

因为测试次数 m 通常比组件数量 n 小很多，所以重构 $\boldsymbol{x}$ 的问题是欠定的，即不存在唯一解。因此，需要施加一些正则化约束。对于网络性能瓶颈诊断问题，有理由期望在任意特定时刻，造成事务延迟的故障链路只有很小一部分，而其余的大多数链路都运转正常。换句话说，可以假定能够通过一个稀疏向量很好地近似 $\boldsymbol{x}$，其中仅有一小部分坐标具有较大

的值。本书稍后几章将集中讨论如何在上述问题中强化稀疏性，以及从少量观测值中进行稀疏解复原的问题。

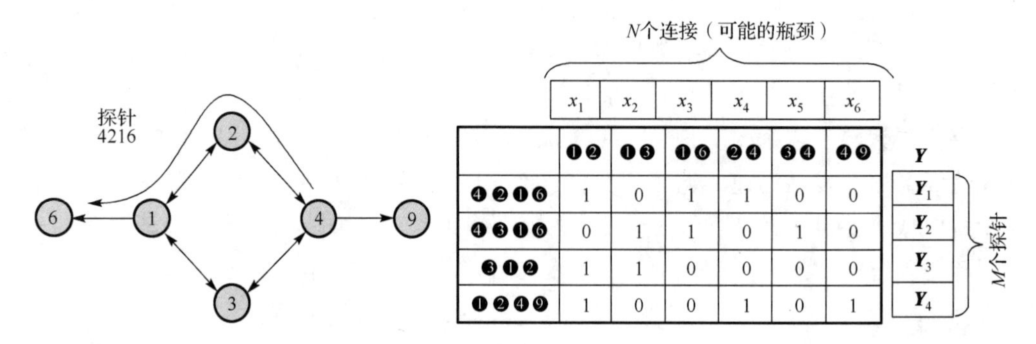

图 1.2 稀疏信号复原示例：利用端到端测试手段或探测来诊断计算机网络中的性能瓶颈

1.1.2 神经影像分析

现在，我们展示一个不同类型的应用实例，这一例子来源于医学影像领域。具体来说，就是根据大脑影像数据，如功能性磁共振成像(fMRI)，来预测人的心理状态问题。过去十年中，人们对基于神经影像的心理状态预测进行了大量的研究，这一领域融汇了统计学、机器学习和神经科学的知识。心理状态可以是理性的，如查看一幅图或阅读一句话(Mitchell et al., 2004)；也可以是感性的，如玩虚拟现实电子游戏时感到开心、焦虑或烦恼(Carroll et al., 2009)。其他的例子还包括预测一个人感受到的疼痛程度(Rish et al., 2010；Cecchi et al., 2012)；或者学习一种能够识别特定精神疾病的分类模型，具体的疾病包括精神分裂症(Rish et al., 2012a)、老年痴呆症(Huang et al., 2009)或药物成瘾(Honorio et al., 2009)。

在典型的“测心术”fMRI 试验中，受试者执行一项特定的任务或暴露在某种刺激当中，此时磁共振扫描器记录受试者的血氧水平依赖(BOLD)信号，这种信号反映整个大脑中神经活动的变化。所产生的某时间段的全脑扫描与任务或刺激相关联，并形成了一系列三维图像，每个图像大约有 10 000 ~ 100 000 个子卷或体素，而时间点的个数或者重复时间(TR)一般只有数百个。

如前所述，典型的试验范例的目标是理解与特定任务或刺激相关的心理状态的变化，而现代多元 fMRI 分析的核心问题之一是能否在给定一系列大脑图像的情况下预测这些心理状态。例如，在一项近期的疼痛感知研究中(Baliki et al., 2009)，受试者的背部通过接触式探头与快速变化的热源相连接，受试者依据热源的变化在一个连续尺度上对他们的痛感程度进行评定。在另一项 2007 匹兹堡脑部行为解译比赛(匹兹堡 EBC 小组, 2007)有关的试验中，任务是预测受试者在玩电子游戏时的心理状态，包括感觉烦恼或焦虑、听从指令、观测别人的表情或完成一项游戏内的特定任务等。

给定一个 fMRI 数据集，即所有体素的血氧水平依赖信号(体素活性)的时间序列，以及对应代表任务或刺激的时间序列，便可以将预测任务构造为一个线性回归问题，其中，各

个时间点将被视作独立同分布的样本。当然，这是一个根本不现实的简单化假设，不过出人意料的是，这一假设非常适用于预测目的。体素活性级别对应于预测因子，而心理状态、任务或刺激则是被预测的响应变量。更具体地说，用 $A_1,\cdots,A_n$ 表示 n 个预测因子的集合，$\boldsymbol{Y}$ 代表响应变量，m 是样本的数量；那么就有 $\boldsymbol{A}=(\boldsymbol{a}_1|\cdots|\boldsymbol{a}_n)$ 对应于一个 $m\times n$ 维 fMRI 数据矩阵，其中，对于所有 m 个实例，每个 $\boldsymbol{a}_i$ 都是第 i 个预测因子值的 m 维向量，而 m 维向量 $\boldsymbol{y}$ 对应于响应变量 $\boldsymbol{Y}$ 的值。这一点如图 1.3 所示。

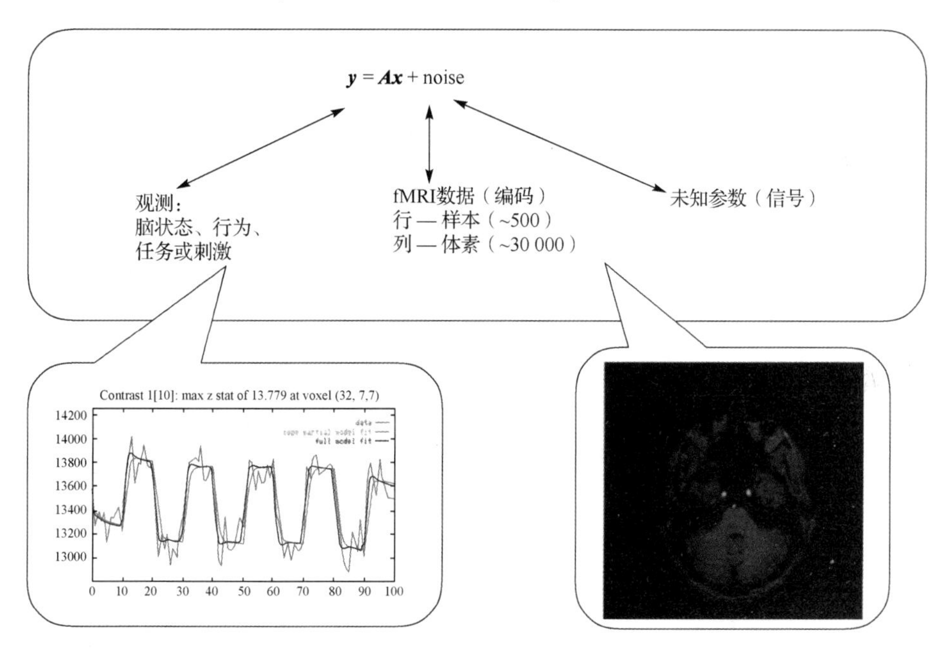

图 1.3 从 fMRI 数据中预测心理状态，视为同步变量选择的线性回归。目标是找到一个fMRI体素的子集，它表示与特定心理状态最相关（如最具预测性）的大脑区域

前面已经提到，在生物应用（包括神经影像）中，统计模型的可解释性常常与该模型的预测性同样重要。要改进模型的可解释性，一个常用的方法是变量选择，即选择一个与响应变量最为相关的小的预测变量子集。在上述神经影像应用中，最关键的目标之一是找到与给定任务、刺激或心理状态最为相关的大脑区域。而且，变量选择以及更为一般的降维方法能够避免对高维小样本数据过拟合（这样的数据在 fMRI 和其他生物应用中很常见），从而显著改善模型的泛化精度。

变量选择的一个简单方法是对每个预测变量进行独立评估，评估时使用一元的相关性测度，如变量和响应之间的相关性，或者两者之间的互信息。这一方法在机器学习领域称为基于滤波的方法。举个例子，广义线性模型（GLM）的传统的 fMRI 分析方法（Friston et al., 1995）可以看成是基于滤波的变量选择，因为该方法本质上是计算每个体素和任务或刺激之间的个体相关性，然后识别相关性超出特定阈值的那些大脑区域。然而，这样利用大量一元的方法虽然非常简单，但却具有明显的弊端，即完全忽视了多元交互，并可能导致丢失潜在相关的变量组，这些变量不会与级别最高的变量一同出现①。正如(Haxby et al., 2001)和其他文献，如(Rish et al., 2012b)所论证的那样，关于心理状态的高预测性模型可以利用次最大活性的体素来构造，这些体素不会被传统的 GLM 分析所发现。因此，近年来在神经影像领域，多元预测建模成为了代替一元方法的热门选择。鉴于对所有体素子集进行旨在评估其与目标变量相关性的组合搜索显然非常棘手，因此一系列称为嵌入式方法的技术看起来就是最为实用的替代办法，用以代替一元选择和穷举式搜索，因为这种方法将变量选择融入到了多元统计模型学习中。

嵌入式变量选择的一个常见例子是稀疏回归，在原来的回归问题之中加入势约束，用以限制非零系数的数量。值得注意的是，在线性或 OLS 回归中，产生的稀疏回归问题等同于网络诊断例子中介绍的稀疏复原问题。

1.1.3 压缩感知

近期关于稀疏相关问题最为突出的应用之一是压缩感知，也称为压缩采样(Candès et al., 2006a; Donoho, 2006a)。这是现代信号处理中非常热门同时发展迅速的一个领域。压缩感知的核心概念是，给定某个合适的基，实际生活中的大部分信号(如图像、音频或视频)可以通过稀疏向量很好地近似，而挖掘稀疏信号结构可以大幅缩减信号采集成本。此外，精准的信号重构可以利用稀疏优化方法以高效计算的方式实现。稀疏优化方法将在本书后续内容中讨论。

信号采集的传统方法是基于经典的香农-奈奎斯特采样定理，即为了保存关于信号的信息，必须至少以该信号的两倍带宽进行采样，而信号的带宽则由频谱中的最高频率决定。然而，需要注意的是，这样的经典情况给出了一个最坏情况下的边界，因为这是没有利用信号所具有的任何具体结构。在实践中，利用奈奎斯特采样率进行采样，会如数字摄像机或摄影机一样产生大量的样本，并且在采样之后必须执行压缩步骤，以高效存储或传输这些信息。压缩步骤使用某些基来表示信号(如傅里叶、小波等)，并且将舍弃大量的系数，只留下相对较少的部分重要系数。因此，自然而然地涉及是否能将压缩步骤和采集步骤进行结合，以避免采集大量不必要样本的问题。

可以证明，上述问题可以很好地解决。令 $\boldsymbol{s} \in \mathbb{R}^n$ 为一个信号，该信号可以在某基 $\boldsymbol{B}$ 上进行稀疏表示②，即 $\boldsymbol{s} = \boldsymbol{Bx}$，其中 $\boldsymbol{B}$ 为一个的基向量组成的 $n \times n$ 维矩阵，而 $\boldsymbol{x} \in \mathbb{R}^n$ 为信号的稀疏向量，该信号仅有 $k \ll n$ 个非零值。虽然信号并非是直接观测得到的，但可以获得线性观测值的集合，即

$$\boldsymbol{y} = \boldsymbol{Ls} = \boldsymbol{LBx} = \boldsymbol{Ax} \tag{1.2}$$

其中，$\boldsymbol{L}$ 为 $m \times n$ 维矩阵；$\boldsymbol{y} \in \mathbb{R}^m$ 为 m 个观测值或样本的集合，而 m 可以比信号的原始维度

① 变量间的多路交互无法通过查看变量任意子集或单一变量来检测，对于这一问题最为著名的阐述之一是，n 个变量的奇偶校验(逻辑异或)函数。奇偶校验响应变量在统计学上独立于它的每个输入或者任何子集，但如果给定全部 n 个输入则可以完全确定奇偶校验响应变量。

② 如前所述，傅里叶基和小波基是图像处理中最常用的两个例子。不过一般情况下，要为稀疏信号表示找到很好的基是一个具有挑战性的难题，称为字典学习，将在本书后续内容中进行讨论。

小得多，因此有了“压缩采样”一说。矩阵 $\boldsymbol{A} = \boldsymbol{LB}$ 称为设计矩阵或观测矩阵。压缩感知的核心问题是从低维线性观测结果 $\boldsymbol{y}$ 中重构高维稀疏信号表示 $\boldsymbol{x}$，如图 1.4(a) 所示。注意，上述问题描述的是不含噪信号复原情况，而在实际应用中观测值中总会包含噪声。如前文所述，最常见的是高斯噪声，这产生了经典的线性回归或 OLS 回归问题，虽然其他类型的噪声也有可能出现。含噪信号复原问题如图 1.4(b) 所示，并且该问题等价于 1.1.1 节中讨论的诊断问题和 1.1.2 节中的稀疏回归问题。

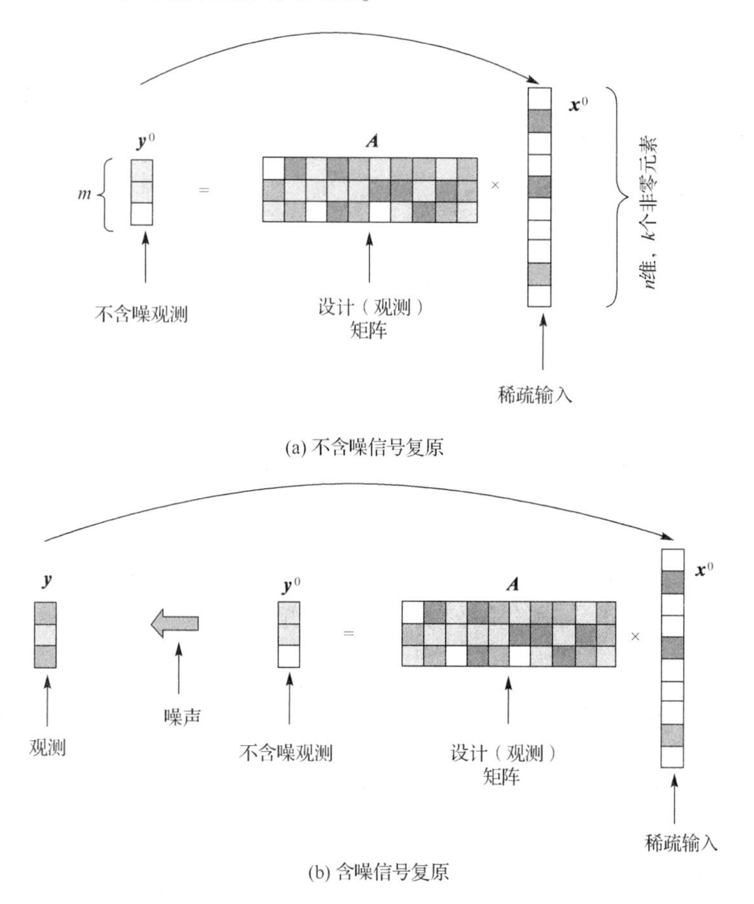

图 1.4 压缩感知——采集相对较少的线性观测值用以精确重构高维稀疏信号。(a) 不含噪情况；(b) 含噪情况

1.2 稀疏复原简介

以下两个问题对于所有涉及稀疏信号复原的应用来说都是核心问题，即何时才可以利用低维观测向量复原高维稀疏信号？以及如何才能以较高的计算效率实现稀疏复原？稀疏建模和压缩感知中的关键结果能够识别设计矩阵以及信号稀疏性的特定条件，这样的条件使得信号的精确重构和实现高计算效率的优化算法成为可能。

稀疏信号复原可以看作寻找约束优化问题的一个最小势解。在不含噪情况下，这种约

束是简单的$y = Ax$。而在含噪情况下，假设为高斯噪声，解必须满足$\|y - y^*\|_2 \leqslant \varepsilon$，其中$y^* = Ax$是(假设的)不含噪观测值，实际观测值在$l_2$范数(欧几里得范数)下与真实信号的误差为$\varepsilon$。如接下来几章所述，目标函数为$x$的势，即非零值的个数，通常表示为$\|x\|_0$，并称为$x$的$l_0$范数(不过，严格来讲，$l_0$并非一个真正的范数)。因此，与不含噪和含噪稀疏信号复原相对应的优化问题可以表述如下：

$$\text{不含噪情况} \quad \min_x \|x\|_0 \text{ s.t. } y = Ax \tag{1.3}$$

$$\text{含噪情况} \quad \min_x \|x\|_0 \text{ s.t. } \|y - Ax\|_2 \leqslant \varepsilon \tag{1.4}$$

总的来说，要找到一个能满足线性约束的最小势解是一个 NP 难组合问题(Natarajan, 1995)。因此，必须用近似解来达到所期望的计算效率。实际上，在特定情况下，近似方法可以用来复原精确解。

也许压缩感知文献中所产生的最广为人知、引人注目的结果是，对于一个随机设计矩阵，如含有独立同分布高斯元素的矩阵，一个最多包含k个非零值的n维稀疏信号可以以较高的概率仅通过$m = O(k\log(n/k))$个观测值来精确重构(Candès et al., 2006a; Donoho, 2006a)。因此，样本的个数可能相比信号的维数呈指数降低。而且，在该数量的观测值情况下，计算高效率的复原过程可以通过求解一个凸优化问题来实现，即

$$\min_x \|x\|_1 \text{ s.t. } y = Ax \tag{1.5}$$

其中，$\|x\|_1 = \sum_{i=1}^{n}|x_i|$是$x$的$l_1$范数。在第2章将会看到，上面的问题可以变换为线性规划问题，从而利用标准的优化技术轻松求解。

更一般地，为了保证能够实现精确复原，设计矩阵并不一定必须为随机的，但必须满足一些“不错”的性质。设计矩阵常用的充分条件是所谓的有限等距性质(RIP)(Candès et al., 2006a)。这一性质本质上要求当对与稀疏度k成比例的特定大小的列子集施以限制时，矩阵所定义的线性变换必须是几乎等距的(等距映射能够保持向量长度)，前提是对与稀疏度k成比例的特定大小的列子集施以限制。RIP 和其他条件将在第3章中详细讨论。

更进一步，即使观测值被噪声污染，稀疏复原依然能保持稳定，因为从某种意义上讲复原的信号是原始信号较为准确的近似，不过前提是噪声足够小，同时设计矩阵满足特定性质，如 RIP(Candès et al., 2006a)。一个稀疏信号可以通过求解上述l_1范数最小化问题的“含噪”版本来复原，即

$$\min_x \|x\|_1 \text{ s.t. } \|y - Ax\|_2 \leqslant \varepsilon \tag{1.6}$$

上述优化问题也可以写为两个等价的形式，参见(Borwein et al., 2006)的3.2节。或者写为一种具有边界t值的约束优化问题，即

$$\min_x \|y - Ax\|_2^2 \text{ s.t. } \|x\|_1 \leqslant t \tag{1.7}$$

该边界由ε唯一定义。或者利用拉格朗日乘子λ写为一个无约束优化问题，即

$$\min_x \frac{1}{2}\|y - Ax\|_2^2 + \lambda\|x\|_1 \tag{1.8}$$

其中，λ由ε或t唯一定义。在统计学文献中，后者即广为人知的LASSO回归(Tibshirani，1996)，而在信号处理领域通常称为基追踪(basis pursuit)(Chen et al.，1998)。

1.3 统计学习与压缩感知

最后，有必要指出的是，从数据角度来学习稀疏模型，与压缩感知中的稀疏信号复原，两者既有相似之处又有区别，稀疏建模的统计学应用和工程应用之间也存在类似的情况。显然，统计学应用和工程应用都涉及稀疏性，因此也产生了同样的优化问题，可以用同样的算法来解决，统计学领域和信号处理领域通常同时在研发这些算法。

然而，统计学习追求的目标与压缩感知有一些不同，常会带来一些额外的挑战。

- 在压缩感知中，构造观测矩阵时可以令其具有所希望的性质(如随机独立同分布元素)。相比之下，统计学习的不同之处在于，设计矩阵由观测到的数据组成，因此几乎无法控制其性质。由此可知，诸如RIP等矩阵性质通常无法被满足。同时需要注意的是，测试给定矩阵的RIP属性是一个NP难问题，因此在实践中从计算方面来讲是不可行的。
- 而且，从现实中的数据集学习稀疏模型时，很难评估稀疏复原的精确度，因为“真实数据”模型通常不可用。而在压缩感知环境中，真实数据是已知的原始信号(如相机拍摄出的图像)。统计模型中一个容易估计的性质是关于测试数据集的预测精度；然而，预测精度是一个不同于支撑复原的判断标准，支撑复原针对的是“真实数据”稀疏向量中非零坐标的正确识别问题。
- 压缩感知中的理论分析常常专注于有限维度稀疏信号的复原以及观测矩阵对应的条件，而稀疏统计模型的分析则专注于渐进相合性，即随着维度和样本数量的增长，关心的是统计误差降低的情况。三种典型的性能指标分别为：(1)预测误差，对估计模型的预测必须收敛到对具体模型某个范数(如l_2范数)的预测，即模型效率；(2)参数估计误差，估计参数必须在某个范数(如l_2范数)意义上收敛到真实参数，即参数估计相合性；(3)模型–选择误差，稀疏模式(即所有非零系数的位置)必须收敛到某一种真实模型，模型选择相合性，或者稀疏性。
- 最后，稀疏统计学习领域内的最新发展包括一系列广泛的超越基本稀疏线性回归的问题，例如，稀疏广义线性模型、稀疏概率图模型(如马尔可夫和贝叶斯网络等)以及各种实现更复杂的结构稀疏的方法。

1.4 总结与参考书目

本章介绍了稀疏建模和稀疏信号复原的概念，并提供了一些引导性的应用示例，包括网络诊断、从fMRI预测心理状态以及稀疏信号的压缩采样。正如之前提到过的，稀疏信号复原的历史至少可以追溯至1943年，当时在布尔信号和逻辑“或”观测的背景下，出现了组合分组试验(Dorfman，1943)。近年来，稀疏建模和信号复原领域经历了迅速发展，并且特别专注于连续稀疏信号、线性投影以及 l_1 范数正则化的重构方法。这些进展是借助基于 l_1 范数方法进行高维信号复原的突破性成果所带来的(Candès et al., 2006a; Donoho, 2006a)，这一方法中观测数量与维数是对数关系，即相比标准的香农-奈奎斯特理论，观测数量呈指数下降。诸如统计学中的 LASSO(Tibshirani, 1996)和信号处理领域中与之等价的基追踪(Chen et al., 1998)等基于 l_1 范数的高效稀疏回归方法，在各种高维应用中被广泛使用。

过去几年中，稀疏性相关研究已经远远超出了原来信号复原理论描述的范畴，涵盖了：稀疏非线性回归，如第 7 章中的广义线性模型(GLM)；稀疏概率网络，如第 8 章马尔可夫网络和贝叶斯网络；稀疏矩阵分解，如字典学习；第 9 章中的稀疏主成分分析(PCA)和稀疏非负矩阵分解(NMF)以及其他类型的稀疏情况。

如前所述，因稀疏建模领域存在大量的新进展，故本书未能涵盖其中一些重要的问题。例如，低秩矩阵完备，这一问题在很多应用中出现，包括协同过滤、度量学习、多任务学习和许多其他问题。由于秩最小化问题(类似于 l_0 范数最小化)非常难以处理，通常通过迹范数(或称核范数)来利用其凸松弛，其中，迹范数即奇异值向量的 l_1 范数。关于低秩矩阵学习和迹范数最小化的更多信息，可以参考(Fazel et al., 2001; Srebro et al., 2004; Bach, 2008c; Candès and Recht, 2009; Toh and Yun, 2010; Negahban and Wainwright, 2011; Recht et al., 2010; Rohde and Tsybakov, 2011; Mishra et al., 2013)以及其中所列的参考文献。本书中没有详细讨论的另一个领域是稀疏贝叶斯学习(Tipping, 2001; Wipf and Rao, 2004; Ishwaran and Rao, 2005; Ji et al., 2008)，其引入了超越拉普拉斯算子(等价于 l_1 范数正则函数)的先验，以强化解的稀疏性。除去一些将要在本书中讨论的稀疏建模应用，还有许多无法涵盖的问题，涉及天文学、物理学、地球物理学、语音处理和机器人学等。

若须获取更多关于本领域最近进展的信息，或者相关教程和应用实例，我们推荐读者参考 Rice 大学网站上的在线信息库①，以及其他在线资源②。一些近期出版的书籍也专注于稀疏领域内的特定方面。譬如，(Elad, 2010)很好地介绍了稀疏表示和稀疏信号复原，特别是在图像处理中的应用。(Hastie et al., 2009)一本关于统计学习的经典教材涵盖了稀疏回归及其应用等诸多问题。(Bühlmann and van de Geer, 2011)特别专注于高维统计学中的稀疏方法。此外，新近出版的专著和合集中涵盖了与压缩感知相关的诸多主题(Eldar and Kutyniok, 2012; Foucart and Rauhut, 2013; Patel and Chellappa, 2013)。

---

① http://dsp.rice.edu/cs。

② 参考博客：http://nuit-blanche.blogspot.com。

第 2 章　稀疏复原：问题描述

本章的主要内容为稀疏信号复原中的优化问题。将从一个简单的不含噪线性观测情况开始，随后将其扩展为更为实际的含噪复原问题。问题的最终目的是寻找最稀疏解(即包含最少非零值的解，也称为 l_0 范数解)，但由于其非凸组合本质，在计算上是非常困难的(确切地说，为 NP 难问题)，因此，必须借助近似方法。稀疏复原中通常使用两种主要的近似方法：第一种是通过如贪婪搜索这样的近似方法，来解决原始的 NP 难组合问题；第二种则是用易于求解的凸松弛来代替棘手的原问题。换言之，就是以近似方式解决精确问题，或者以精确方式解决近似问题。本章主要讨论第二种方法——凸松弛，贪婪搜索等近似方法将在第 5 章中讨论。考虑边界为 l_0 范数的 l_q 范数族，并重点研究 l_1 范数，因为 l_1 范数是整个 l_q 族中唯一一个产生稀疏性且保持凸性的范数。最后，从贝叶斯(点估计)角度讨论稀疏信号复原和稀疏统计学习，引出最大后验概率(MAP)参数估计。与 MAP 方法相联系的是正则化优化，其中负对数似然和参数的先验(即想要复原的信号的先验)分别对应损失函数和正则函数。

2.1　不含噪稀疏复原

继续使用之前的符号表示：$\boldsymbol{x} = (x_1,\cdots,x_n) \in \mathbb{R}^n$ 为未观测的稀疏信号，$\boldsymbol{y} = (y_1,\cdots,y_m) \in \mathbb{R}^m$ 为观测值或者观测向量，而 $\boldsymbol{A} = \{a_{ij}\} \in \mathbb{R}^{m\times n}$ 为设计矩阵。而且，$\boldsymbol{A}_{i,:}$ 和 $\boldsymbol{A}_{:,j}$ 分别表示 $\boldsymbol{A}$ 的第 i 行和第 j 列。然而，当没有歧义且特定上下文中符号表示定义清晰时，通常使用 $\boldsymbol{a}_i$ 作为简写来表示矩阵 $\boldsymbol{A}$ 的第 i 行或第 i 列向量。一般地，黑斜体大写字母(如 $\boldsymbol{A}$)表示矩阵，黑斜体小写字母(如 $\boldsymbol{x}$、$\boldsymbol{y}$ 和 $\boldsymbol{a}_i$)表示向量，斜体(非黑体)小写字母(如 x_i)表示标量。例如，标量 x_i (通常代表向量 $\boldsymbol{x}$ 的第 i 个坐标)和向量 $\boldsymbol{x}_i$ (代表某向量组中的第 i 个向量)是不同的。

从根据一组线性观测值复原无噪信号这样最简单的问题开始，即求解线性方程组中的 $\boldsymbol{x}$：

$$\boldsymbol{A}\boldsymbol{x} = \boldsymbol{y} \tag{2.1}$$

通常假设 $\boldsymbol{A}$ 是一个满秩矩阵，因此，对于任何 $\boldsymbol{y} \in \mathbb{R}^m$，上述线性方程组有解。需要注意的是，当未知变量的数量(即信号的维度)超过了观测值的数量，即 $n \geqslant m$ 时，上述方程组是欠定的，存在无数多个解。为了复原信号 $\boldsymbol{x}$，有必要进一步对问题进行约束或正则化。这大多通过引入一个目标函数或者正则函数 $R(\boldsymbol{x})$，以对信号额外的性质进行编码来实现，该目标函数或正则函数在取得期望解时具有较低的值。因此，信号复原问题可以表述为如下约束优化问题：

$$\min_{x\in\mathbb{R}^n} R(\boldsymbol{x}) \text{ s.t. } \boldsymbol{y} = \boldsymbol{A}\boldsymbol{x} \tag{2.2}$$

例如，当希望得到的解具有稀疏性时，$R(\boldsymbol{x})$ 就可以定义为非零元素的数量，或者 $\boldsymbol{x}$ 的势，也称为 l_0 范数，表示为 $\|\boldsymbol{x}\|_0$。但要注意，l_0 范数并非严格意义上的范数，这一点会简要讨论。之所以把一个向量的势称为 l_0 范数的缘由如下所述。

一般地，特定 q 值的 l_q 范数（表示为 $\|\boldsymbol{x}\|_q$），或者更精确地讲，其第 q 次幂 $\|\boldsymbol{x}\|_q^q$ 经常用作正则函数。现在详细研究 l_q 范数及其性质（也可参见附录）。当 $q \geqslant 1$ 时，l_q 范数（有时称为向量 $\boldsymbol{x} \in \mathbb{R}^n$ 的 q 范数）定义为

$$\|\boldsymbol{x}\|_q = \left(\sum_{i=1}^{n} |x_i|^q\right)^{1/q} \tag{2.3}$$

l_2 范数（欧几里得范数）是最常用的 l_q 范数：

$$\|\boldsymbol{x}\|_2 = \sqrt{\sum_{i=1}^{n} |x_i|^2} \tag{2.4}$$

l_1 范数为

$$\|\boldsymbol{x}\|_1 = \sum_{i=1}^{n} |x_i| \tag{2.5}$$

如附录 A.1 节所述，当 $q \geqslant 1$ 时，式(2.3)定义的函数为真正的范数，即它们满足标准的范数性质。当 $0 < q < 1$ 时，式(2.3)所定义的函数并非真正的范数，因为不满足三角不等式（同样参见附录 A.1 节）。如果不是很在意滥用术语这一问题，为了简便起见，文献中还是经常将其称为 l_q 范数。

现在我们回到向量的势及其与 l_q 范数的关系。函数 $\|\boldsymbol{x}\|_0$ 称为 $\boldsymbol{x}$ 的 l_0 范数，定义为 $\|\boldsymbol{x}\|_q^q$ 的极限，即当 $q \to 0$ 时 l_q 范数的第 q 次幂：

$$\|\boldsymbol{x}\|_0 = \lim_{q\to 0}\|\boldsymbol{x}\|_q^q = \lim_{q\to 0}\sum_{i=1}^{p} |x_i|^q = \sum_{i=1}^{p} \lim_{q\to 0}|x_i|^q \tag{2.6}$$

对于每一个 x_i，当 $q \to 0$ 时，$|x_i|^q \to I(x_i)$。$\boldsymbol{x} = 0$ 时，$I(x)$ 值为 0，否则为 1。图 2.1 显示了这一收敛性，表明了对于若干递减的 q 值，$|x_i|^q$ 如何逐渐逼近指示函数。因此，$\|\boldsymbol{x}\|_0 = \sum_{i=1}^{p} I(x_i)$，这给出了向量 $\boldsymbol{x}$ 中非零元素的精确数量，也就是势①。利用势函数，现在可以把从不含噪线性观测值中复原稀疏信号的问题写成如下形式：

$$(P_0):\quad \min_{x}\|\boldsymbol{x}\|_0 \text{ s.t. } \boldsymbol{y} = \boldsymbol{A}\boldsymbol{x} \tag{2.7}$$

① 再次注意，l_0 范数的名字可能会引起歧义，因为 $\|x\|_0$ 显然不是真正的范数，它违反了绝对齐性。事实上，对于 $\alpha \neq 0$，$\|\alpha\boldsymbol{x}\|_0 = \|\boldsymbol{x}\|_0$；换言之，$l_0$ “范数”对尺度不敏感。

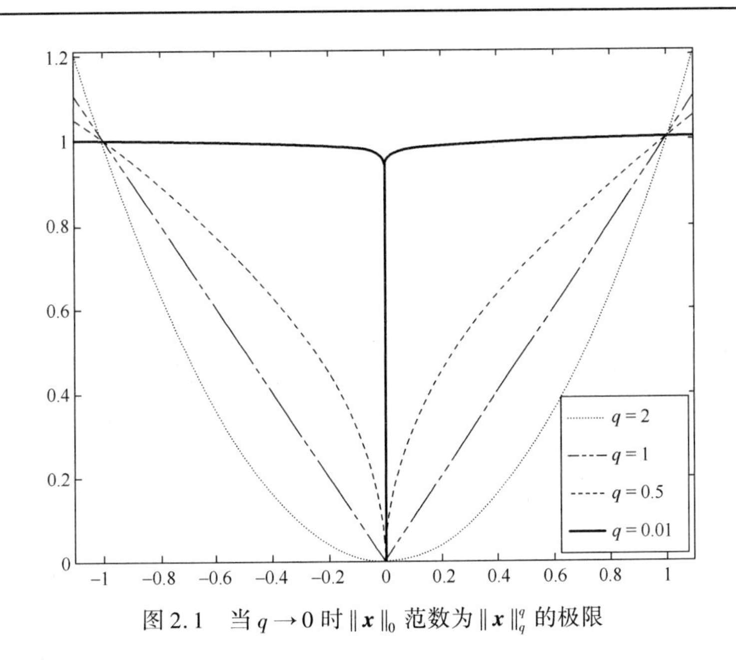

图 2.1　当 $q \to 0$ 时 $\|\boldsymbol{x}\|_0$ 范数为 $\|\boldsymbol{x}\|_q^q$ 的极限

2.2　近似

如前所述，式(2.7)中定义的 (P_0) 问题是一个 NP 难问题，即目前没有算法能够在多项式时间内对其高效地求解。因此，有必要借助近似方法。好消息是，在恰当的条件下，最优(或者接近最优)解可以通过某近似方法来高效复原。

下述为两种常用的近似方法。第一种是利用基于启发式的搜索过程，如贪婪搜索以探寻问题 (P_0) 的解空间。例如，可以从一个零向量开始，逐个增加非零坐标，在每一步中选择能够对目标函数值带来最佳改进的坐标(即贪婪坐标下降法)。一般地，这种启发式搜索方法并不能保证找到全局最优值。不过，这些方法在实践中易于实现，计算效率非常高，并且常常能够找到足够优的解。而且，在特定条件下，还能确保复原最优解。求解稀疏信号复原问题的贪婪方法将在本书后续内容中讨论。

另一种可供选择的近似方法是松弛方法。这种方法是用易于处理的目标函数或约束来代替那些难于处理的目标函数。例如，凸松弛方法通过凸优化问题来近似非凸优化问题，也就是通过包含凸目标和凸约束的问题来近似非凸优化问题。这种凸优化问题通常是比较“容易”求解的，即存在很多优化方法来求解凸问题。显然，除了易于求解外，松弛的 (P_0) 问题还须保证解的稀疏性。在接下来的内容中，将讨论基于 l_q 范数的松弛问题，并且说明 l_1 范数因同时具备了凸性和稀疏性而在 l_q 范数中占据着独特的位置。

2.3　凸性：简要回顾

在开始讨论稀疏复原问题 (P_0) 的凸松弛之前，简要回顾一下凸性的概念。

给定两个向量，$\boldsymbol{x}_1 \in \mathbb{R}^n$ 和 $\boldsymbol{x}_2 \in \mathbb{R}^n$，以及一个标量 $\alpha \in [0,1]$，向量 $\boldsymbol{x} = \alpha\boldsymbol{x}_1 + (1-\alpha)\boldsymbol{x}_2$ 称

为 $\boldsymbol{x}_1$ 和 $\boldsymbol{x}_2$ 的凸组合。如果集合 S 中任何元素组成的凸组合仍属于该集合，那么该集合就称为凸集，即

$$\forall \boldsymbol{x}_1,\boldsymbol{x}_2 \in S,\ \forall \alpha \in [0,1],\ 如果\ \boldsymbol{x} = \alpha\boldsymbol{x}_1 + (1-\alpha)\boldsymbol{x}_2,\ 则\ \boldsymbol{x} \in S$$

换言之，如果对于集合中的任意两个点，连接它们的线段也处于集合中，那么这个集合就是凸集。

在一个向量空间中，定义于凸集合 S 上的函数 $f(\boldsymbol{x}): S \to \mathbb{R}$ 称为凸函数的条件是

$$\forall \boldsymbol{x}_1,\boldsymbol{x}_2 \in S,\ \forall \alpha \in [0,1],\ f(\alpha\boldsymbol{x}_1 + (1-\alpha)\boldsymbol{x}_2) \leqslant \alpha f(\boldsymbol{x}_1) + (1-\alpha)f(\boldsymbol{x}_2)$$

也就是说，连接凸函数曲线上两个点的线段总是处在该函数曲线上方（见图 2.2）。从几何角度来说，另一种解释方式为函数曲线上方的点组成的集合（也称为函数的上图）是凸的。如果上面的不等式为严格的，即

$$f(\alpha\boldsymbol{x}_1 + (1-\alpha)\boldsymbol{x}_2) < \alpha f(\boldsymbol{x}_1) + (1-\alpha)f(\boldsymbol{x}_2)$$

那么该函数为严格凸函数。

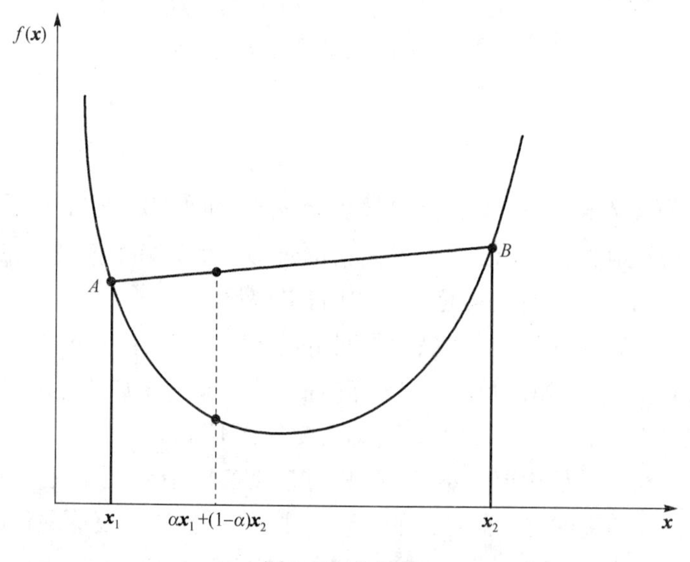

图 2.2　凸函数

假设 $\boldsymbol{x}_1 \neq \boldsymbol{x}_2$，且 $0 < \alpha < 1$，则凸函数的一个重要性质是其任意局部最小值也为全局最小值。而且，严格凸函数具有唯一全局最小值。

凸优化问题是凸函数在可行解的凸集上的最小化，其中可行解由约束来定义。由于凸目标函数的特性，凸问题比一般的优化问题易于求解。凸优化是优化相关文献中的一个传统研究领域，并且在过去若干年里已经有了许多高效的求解方法。

2.4　问题(P_0)的松弛

回到我们感兴趣的问题——(P_0)，即具有线性约束的势最小化。显而易见，约束 $\boldsymbol{y} = \boldsymbol{A}\boldsymbol{x}$ 产生了一个凸的可行集。事实上，给定两个满足这一约束的可行解 $\boldsymbol{x}_1$ 和 $\boldsymbol{x}_2$，两者的任意凸组合也是可行解，因为

$$A(\alpha x_1 + (1-\alpha)x_2) = \alpha A x_1 + (1-\alpha) A x_2 = \alpha y + (1-\alpha) y = y$$

因此，为了使问题（P_0）松弛为一个凸问题，只须用一个凸函数来代替目标函数 $\|x\|_0$。

这里，主要关注 l_q 范数并将其作为 l_0 可能的松弛方法。更精确地讲，将研究 l_q 范数的 q 次幂，即函数 $\|x\|_q^q$，作为式(2.2)中一般问题下的正则化函数 $R(x)$。如图 2.1 所示，对于一维情况，当 $q \geqslant 1$ 时，这些函数为凸函数；当 $q < 1$ 时，为非凸函数。例如，l_2 范数或者欧几里得范数[由式(2.4)定义]可能是最广为人知、使用最为广泛的 l_q 范数之一，将其作为 l_0 范数的松弛也是自然而然的第一选择，可以得到

$$(P_2): \quad \min_x \|x\|_2^2 \text{ s.t. } y = Ax \tag{2.8}$$

使用这一目标函数有如下好处：函数 $\|x\|_2^2$ 为严格凸的，并且具有唯一最小值。此外，问题（P_2）具有解析解(闭式解)。事实上，要求解问题（P_2），可以写出其拉格朗日形式，即

$$\mathcal{L}(x) = \|x\|_2^2 + \lambda^{\mathrm{T}}(y - Ax)$$

其中，λ 是一个 m 维向量，所有坐标值均为λ。上式的最优条件为

$$\frac{\partial \mathcal{L}(x)}{\partial x} = 2x + A^{\mathrm{T}}\lambda = 0$$

可以得到唯一最优解 $x^* = -\frac{1}{2}A^{\mathrm{T}}\lambda$。因为 x^* 必须满足 $y = Ax^*$，则有$\lambda = -2(AA^{\mathrm{T}})^{-1}y$。因此

$$x^* = -\frac{1}{2}A^{\mathrm{T}}\lambda = A^{\mathrm{T}}(AA^{\mathrm{T}})^{-1}y$$

当 A 的列数比行数多时，问题（P_2）的这一解析解也称为 $y = Ax$ 的伪逆解(如前所述，同时也要假定 A 是满秩的，即所有的行都是线性独立的)。然而，尽管具有很便利的性质，但 $\|x\|_2^2$ 目标函数仍有一个严重的缺陷，即最优解（P_2）不是稀疏的，因此无法在稀疏信号复原中成为一个很好的近似方法。

2.5　l_q-正则函数对解的稀疏性的影响

要理解为什么 l_2 范数无法促进解的稀疏性而 l_1 范数可以，要理解 l_q 范数的凸性以及导致稀疏的性质，则需要研究问题（P_q）的几何结构，其中 $\|x\|_q^q$ 替代了原来的势目标函数 $\|x\|_0$：

$$(P_q): \quad \min_x \|x\|_q^q \text{ s.t. } y = Ax \tag{2.9}$$

使得函数 $f(x)$ 具有相同值，即 $f(x) = \text{const}$ 的向量集合称为函数 $f(x)$ 的水平集。例如，$\|x\|_q^q$ 函数的水平集为具有相同 l_q 范数的向量集合。图 2.3(a)给出了对于若干 q 值有水平集 $\|x\|_q^q = 1$ 的例子。满足 $\|x\|_q^q \leqslant r^q$ 的向量集合称为半径为 r 的 l_q 球，其“表面”(集合边界)即为相应的水平集。注意，在图 2.3(a)中，对于 $q \geqslant 1$ 来说，以水平集为边界的相应的 l_q 球为凸的(球上两点之间的线段仍在球内)；对于 $0 < q < 1$ 来说，该球为非凸的(球上两点之间的线段并不总是在球内)。

从几何视角来看，求解优化问题（P_q）等价于以圆点为中心“吹起” l_q 球，即从 0 开始

增加 l_q 球半径，直到与超平面 $\boldsymbol{Ax}=\boldsymbol{y}$ 相交，如图2.3(b)所示。相交点为最小 l_q 范数向量，同时也为一可行解，即为 (P_q) 的最优解。

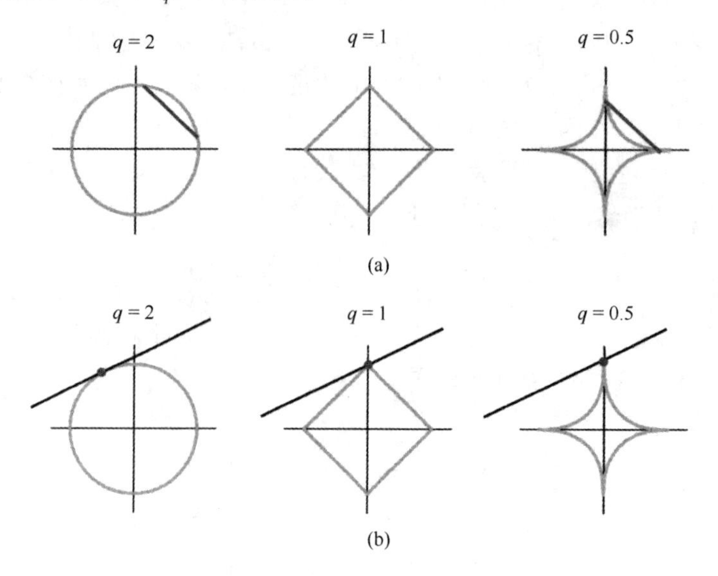

图2.3 (a)若干 g 值下的水平集 $\|x\|_q^q=1$；(b)将 (P_q) 看作 l_q 球的膨胀，直至其与可行点集 $\boldsymbol{Ax}=\boldsymbol{y}$ 有交点

注意，当 $q\leqslant 1$ 时，l_q 球在坐标轴上有尖“角”，这些尖角与稀疏向量相对应，因为尖角的某坐标为0；但是，当 $q>1$ 时，l_q 球无此性质。因此，对于 $q\leqslant 1$，l_q 球可能与超平面 $\boldsymbol{Ax}=\boldsymbol{y}$ 在尖角处相交，从而产生稀疏解；对于 $q>1$，交点在实际中并不能在坐标轴上发生，因此，解并不具有稀疏性。需要说明的是，这是一个对 l_q 范数性质直观的论证，而非正式推导。本书后续会提供更为正式的分析。

总的来说，需要通过一个易于优化的函数来近似难于处理的组合 l_0 范数问题，同时又希望产生稀疏解。在 $\|\boldsymbol{x}\|_q^q$ 函数族中，仅当 $q\geqslant 1$ 时函数为凸，同时仅当 $0<q\leqslant 1$ 时可以产生稀疏解。那么，同时具有这两个性质的函数只有 $\|\boldsymbol{x}\|_1$，即 l_1 范数。

同时具有稀疏性和凸性组合这独一无二的性质，是 l_1 范数在现代稀疏信号复原领域广泛使用的原因。在不含噪情况下，难于处理的问题 P_0 的 l_1 范数松弛可以表述为下面的问题 P_1，并成为理论与算法研究的主要焦点：

$$(P_1):\quad \min_{\boldsymbol{x}}\|\boldsymbol{x}\|_1 \text{ s.t. } \boldsymbol{y}=\boldsymbol{Ax} \tag{2.10}$$

2.6 l_1 范数最小化与线性规划的等价性

问题 (P_1) 可以转化为线性规划问题(Chen et al., 1998)，后者作为优化问题已得到深入研究并具有高效的求解方法。事实上，引入新的非负变量 $\boldsymbol{u},\boldsymbol{v}\in\mathbb{R}^n$，使得 $\boldsymbol{x}=\boldsymbol{u}-\boldsymbol{v}$，其中，仅对 $\boldsymbol{x}$ 的正值元素，有 u_i 非0；对 $\boldsymbol{x}$ 的负值元素，有 v_i 非0。令 $\boldsymbol{z}=[\boldsymbol{u}^{\mathrm{T}},\boldsymbol{v}^{\mathrm{T}}]^{\mathrm{T}}\in\mathbb{R}^{2n}$，可以得到

$\|\boldsymbol{x}\|_1 = \sum_i^{2n} z_i$，同时 $\boldsymbol{Ax} = \boldsymbol{A}(\boldsymbol{u} - \boldsymbol{v}) = [\boldsymbol{A}, -\boldsymbol{A}]\boldsymbol{z}$。那么问题（$P_1$）等价于下面的线性规划（LP）问题：

$$\min_z \sum_i^{2n} z_i \text{ s.t. } \boldsymbol{y} = [\boldsymbol{A}, -\boldsymbol{A}]\boldsymbol{z} \text{ ，且 } \boldsymbol{z} \geqslant 0 \tag{2.11}$$

现在，需要验证，对于一个最优解，上述关于 $\boldsymbol{u}$ 与 $\boldsymbol{v}$ 没有重叠支撑的假定是满足的，$\boldsymbol{u}$ 与 $\boldsymbol{v}$ 分别对应 $\boldsymbol{x}$ 中的正、负元素。事实上，可以用反证法，假设对于某一 j，存在 u_j 和 v_j 皆非0。同时，由于上述非负约束，有 $u_j > 0$ 且 $v_j > 0$。不失一般性，假定 $u_j \geqslant v_j$，并用 $u'_j = u_j - v_j$ 代替 u_j，$v'_j = 0$ 代替 v_j。很明显，非负约束仍然满足，同时线性约束 $\boldsymbol{y} = [\boldsymbol{A}, -\boldsymbol{A}]$ 也满足，既然 $A_j u_j - A_j v_j = A_j u'_j - A_j v'_j$，那么新解仍然是可行解。然而，这样也将目标函数值降低了 $2v_j$，与最初解的最优性相矛盾。因此，可以说 $\boldsymbol{u}$ 与 $\boldsymbol{v}$ 没有重叠，即最初关于将 $\boldsymbol{x}$ 分解为仅为正或仅为负的假设是成立的，那么问题（P_1）确实等价于上面的线性规划问题。

2.7 含噪稀疏复原

到目前为止，已经考虑的都是较为理想的不含噪观测情况。然而，在实际应用中，如图像处理或统计数据建模，观测噪声是不可避免的。因此，线性方程约束 $\boldsymbol{Ax} = \boldsymbol{y}$ 必须被松弛，从而允许"理想"观测 $\boldsymbol{Ax}$ 与其实际含噪版本之间存在离差。通常用不等式 $\|\boldsymbol{y} - \boldsymbol{Ax}\|_2 \leqslant \varepsilon$ 来代替原线性模型，表明实际观测向量 $\boldsymbol{y}$ 与不含噪观测 $\boldsymbol{Ax}$ 之间的距离在欧几里得范数下不高于 ε（从概率角度来说，如后续所讨论的，欧几里得范数来源于观测具有高斯噪声这样的假设。其他噪声模型产生更广泛类型的距离形式）。这样的松弛对于探究原始不含噪问题（P_0）的近似解是非常有帮助的。而且，当观测数量超过未知参数时，即 $\boldsymbol{A}$ 的行数大于列数时，松弛是非常有必要的。在该情况下，线性方程组 $\boldsymbol{Ax} = \boldsymbol{y}$ 可能无解，而且该问题是古典回归问题中经常要遇到的。含噪稀疏复原问题可以写为

$$(P_0^\varepsilon): \quad \min_x \|\boldsymbol{x}\|_0 \text{ s.t. } \|\boldsymbol{y} - \boldsymbol{Ax}\|_2 \leqslant \varepsilon \tag{2.12}$$

l_0 范数目标函数相应的 l_1 范数松弛与不含噪情况下的方法类似，可以写为

$$(P_1^\varepsilon): \quad \min_x \|\boldsymbol{x}\|_1 \text{ s.t. } \|\boldsymbol{y} - \boldsymbol{Ax}\|_2 \leqslant \varepsilon \tag{2.13}$$

注意，可以添加 l_2 范数平方这样的约束，即 $\|\boldsymbol{y} - \boldsymbol{Ax}\|_2^2 \leqslant \nu$，而非 l_2 范数，其中 $\nu = \varepsilon^2$。那么，利用恰当的拉格朗日乘子 $\lambda(\varepsilon)$（以下简写为 λ），可以将上述问题转化为一个无约束的最小化问题，即

$$(P_1^\lambda): \quad \min_x \frac{1}{2}\|\boldsymbol{y} - \boldsymbol{Ax}\|_2^2 + \lambda\|\boldsymbol{x}\|_1 \tag{2.14}$$

或者，对于某恰当的参数 $t(\varepsilon)$（简写为 t），同样的问题可以写为

$$(P_1^t): \quad \min_x \|\boldsymbol{y} - \boldsymbol{Ax}\|_2^2 \text{ s.t. } \|\boldsymbol{x}\|_1 \leqslant t \tag{2.15}$$

如前所述，上述 l_1 范数正则问题，特别是后两种形式，在统计学文献中称为LASSO（Tibshirani，1996），在信号处理领域中称为基追踪（Chen et al.，1998）。注意，与上一节中不含噪复原问题相似，（P_1^λ）问题可以转换为半二次规划问题（QP），从而通过标准的优化工

具箱进行求解，即

$$\min_{x_+,x_-\in\mathbb{R}^n_+}\ \frac{1}{2}\|\boldsymbol{y}-\boldsymbol{A}\boldsymbol{x}_++\boldsymbol{A}\boldsymbol{x}_-\|_2^2+\lambda(\boldsymbol{1}^{\mathrm{T}}\boldsymbol{x}_++\boldsymbol{1}^{\mathrm{T}}\boldsymbol{x}_-) \tag{2.16}$$

图2.4给出了两种特例情况下LASSO问题的几何解释：(a) $n\leqslant m$，低维情况，观测数量大于变量数量；(b) $n>m$，高维情况。在这两种情况下，l_1 范数约束为具有“尖锐边缘”的菱形区域，其中，尖锐边缘对应于稀疏可行解，式(2.15)中的二次目标函数的水平集具有不同的形状，依赖于变量数量是否超过观测数量。

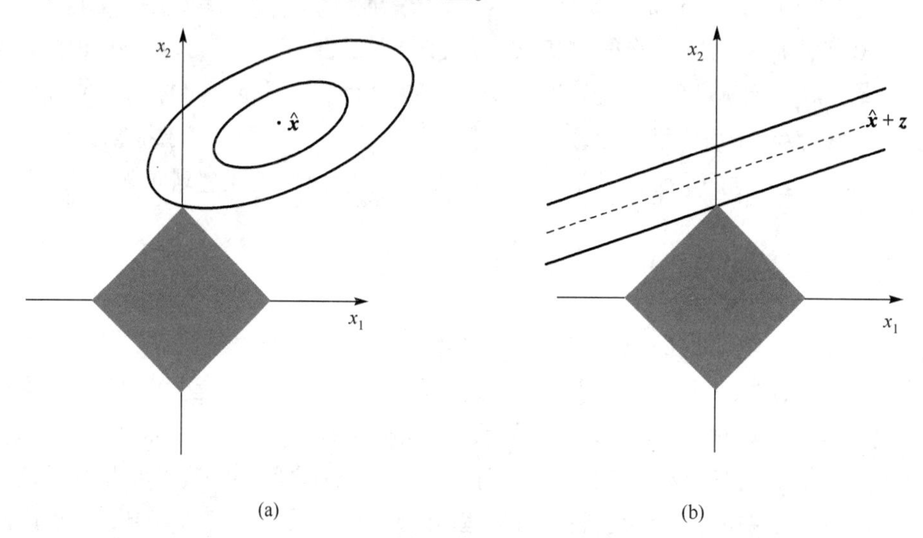

图2.4　两种情况下，借助于 l_1 范数最小化进行含噪稀疏复原，即(P_1^ε)的几何解释。(a) $n\leqslant m$或低维情况，在古典回归问题中观测数量大于未知参数数量。其中，$\hat{\boldsymbol{x}}=(\boldsymbol{A}^{\mathrm{T}}\boldsymbol{A})^{-1}\boldsymbol{A}^{\mathrm{T}}\boldsymbol{y}$为唯一普通最小二乘解；(b) $n>m$或高维情况，未知参数数量大于观测数量。在该情况下，存在多个解，其形式为$\hat{\boldsymbol{x}}+\boldsymbol{z}$，$\forall\boldsymbol{z}\in N(\boldsymbol{A})$，其中$N(\boldsymbol{A})$为$\boldsymbol{A}$的零空间

在低维情况下，当 $n\leqslant m$ 时，只要矩阵 $\boldsymbol{A}$ 为列满秩，即其列为线性独立的，那么式(2.15)中的二次目标函数具有唯一最小值解 $\hat{\boldsymbol{x}}=(\boldsymbol{A}^{\mathrm{T}}\boldsymbol{A})^{-1}\boldsymbol{A}^{\mathrm{T}}\boldsymbol{y}$。这通过对式(2.15)中的目标函数取导的方式很容易验证，即

$$f(\boldsymbol{x})=\|\boldsymbol{y}-\boldsymbol{A}\boldsymbol{x}\|_2^2=(\boldsymbol{y}-\boldsymbol{A}\boldsymbol{x})^{\mathrm{T}}(\boldsymbol{y}-\boldsymbol{A}\boldsymbol{x})$$

令其导数为0，可得

$$\frac{\partial f(\boldsymbol{x})}{\partial\boldsymbol{x}}=-2\boldsymbol{A}^{\mathrm{T}}(\boldsymbol{y}-\boldsymbol{A}\boldsymbol{x})=0$$

从而得到唯一解 $\hat{\boldsymbol{x}}=(\boldsymbol{A}^{\mathrm{T}}\boldsymbol{A})^{-1}\boldsymbol{A}^{\mathrm{T}}\boldsymbol{y}$。由于上述目标函数的最小化等价于求解基本的普通最小二乘回归问题，因此该解也称为普通最小二乘解(OLS)，即

$$\text{OLS:}\quad\min_{x}\|\boldsymbol{y}-\boldsymbol{A}\boldsymbol{x}\|_2^2$$

当 $\boldsymbol{A}$ 的行数大于列数时，OLS解也称为 $\boldsymbol{y}=\boldsymbol{A}\boldsymbol{x}$ 的伪逆解①。需要注意的是，即便线性方程组 $\boldsymbol{y}=\boldsymbol{A}\boldsymbol{x}$ 的解不存在，即当方程的数量大于未知参数数量时，最小二乘问题的OLS解

---

① 注意，上面问题(P_2)的解也称为伪逆解，除非 $\boldsymbol{A}$ 具有比行数多的列数且行满秩，即 $\boldsymbol{A}$ 的所有行线性独立。

也是存在的，因此，最小二乘松弛可以用于这样的情况中。目标函数 $\|y - Ax\|_2^2 = \text{const}$ 的水平集从最小值处的奇点 $\hat{x}$ 开始，对于较大的函数值，该水平集对应于椭圆，如图 2.4(a) 所示。

另一方面，当 $m < n$ 时，A 为行满秩矩阵，线性系统 $y = Ax$ 总是存在一个解，如问题 (P_2) 的最小 l_2 范数解 $\hat{x} = A^{\mathrm{T}}(AA^{\mathrm{T}})^{-1}y$，即列数大于行数情况下 $y = Ax$ 的伪逆。而且，存在无穷多个具有形式为 $\hat{x} + z$ 的解，其中 $z \in N(A)$，$N(A)$ 为 A 的零空间，即该空间中所有点集合均使得 $Az = 0$，因此 $A(\hat{x} + z) = A\hat{x} = y$。所有这些解形成了一个超平面 $Ax = y$ [图 2.4(b)所示为二维的直线]，与目标函数最小值的水平集相对应，即 $\|y - Ax\|_2^2 = 0$。另一水平集 $\|y - Ax\|_2^2 = \text{const}$ 与平行于 $Ax = y$ 的两个超平面相对应，这两个超平面与 $Ax = y$ 距离相等[见图 2.4(b)]。

令 $t_0 = \min_{z \in N(A)} \|\hat{x} + z\|_1$ 为由线性系统 $y = Ax$ 的解(或 $m \geqslant n$ 情况下的单一解)达到的最小 l_1 范数。假定在式(2.15)中 $t < t_0$，否则 l_1 范数约束是无意义的，即 LASSO 问题变成无约束的普通最小二乘问题。那么，最小二乘解位于可行区域之外，式(2.15)的任意解 x^* 必须为该区域的边界，即目标函数的水平集首先与可行区域相交，这意味着 $\|x^*\|_1 = t$。注意到，菱形的可行区域 $\|x\|_1 < t$ 倾向于在菱形区域的最高点与二次目标函数相交(这在二维情况下很容易看到，在多维情况下亦是如此)，与稀疏解相对应。该例子论证了对 l_1 范数约束强化稀疏性背后的直观理解，与不含噪稀疏复原问题情况相似。

注意到，约束 $\|x\|_1 \leqslant t$ 定义的可行区域为凸的。既然二次目标函数也为凸的，那么 LASSO 问题的解的集合也为凸的，即解的任意凸组合也是 LASSO 问题的解。上面讨论的 LASSO 问题的解现在可以总结如下。

定理 2.1(Osborne et al., 2000b)

1. 如果 $m \geqslant n$ (样本数量比未知参数多)，那么式(2.15)中的 LASSO 问题具有唯一解 x^*，且 $\|x^*\|_1 = t$。
2. 如果 $m < n$ (样本数量比未知参数少)，那么 LASSO 问题的解存在，且对于任意解有 $\|x^*\|_1 = t$。
3. 如果 x_1^* 与 x_2^* 均为 LASSO 问题的解，那么它们的凸组合 $\alpha x_1^* + (1-\alpha)x_2^*$ 也为其解，其中 $0 \leqslant \alpha \leqslant 1$。

下面，研究 LASSO 解的其他基本性质，如最优性条件与解(或正则化)路径。最优条件可通过将 LASSO 目标的次梯度(将在第 5 章详细讨论)设置为 0 得到，该条件在文献中经常用到，如(Fuchs, 2005)，更多最近的工作可参见(Mairal and Yu, 2012)以及其他文献。

引理 2.2 (最优性条件)向量 $\hat{x} \in \mathbb{R}^n$ 为式(2.14)中 LASSO 问题(P_1^λ)的解，当且仅当下面的条件对 $i \in \{1, \cdots, n\}$ 均满足：

$$a_i^{\mathrm{T}}(y - A\hat{x}) = \lambda \operatorname{sgn}(\hat{x}_i) \quad \text{若 } \hat{x}_i \neq 0$$

$$|a_i^{\mathrm{T}}(y - A\hat{x})| \leqslant \lambda \quad \text{若 } \hat{x}_i = 0$$

其中，a_i 为矩阵 A 的第 i 列，而且

$$\operatorname{sgn}(x) = \begin{cases} 1, & x > 0 \\ 0, & x = 0 \\ -1, & x < 0 \end{cases}$$

LASSO 问题的正则化路径，或解路径是对于不同的正则参数 $\lambda > 0$，其所有解的序列为

$$\hat{\boldsymbol{x}}(\lambda) = \arg\min_{\boldsymbol{x}} f(\boldsymbol{x},\lambda) = \arg\min_{\boldsymbol{x}} \frac{1}{2}\|\boldsymbol{y} - \boldsymbol{A}\boldsymbol{x}\|_2^2 + \lambda\|\boldsymbol{x}\|_1$$

LASSO 解路径的一个重要性质就是分片线性，这就使得作用集方法，如同伦算法(Osborne et al., 2000a)、LARS(Efron et al., 2004)非常高效，这方面内容将在第 5 章阐述。LASSO 路径分片线性背后的直观解释如下所述。令 $\lambda_1 < \lambda_2$ 为 λ两个足够接近的值，以致于解 $\hat{\boldsymbol{x}}(\lambda_1)$ 到解 $\hat{\boldsymbol{x}}(\lambda_2)$ 并不需要 $\hat{\boldsymbol{x}}$ 的任何坐标来改变其符号。那么，很容易看到，对于所有的 $0 \leqslant \alpha \leqslant 1$，上述最优性条件对于 $\lambda = \alpha\lambda_1 + (1-\alpha)\lambda_2$ 与 $\hat{\boldsymbol{x}} = \alpha\hat{\boldsymbol{x}}(\lambda_1) + (1-\alpha)\hat{\boldsymbol{x}}(\lambda_2)$ 也成立。因此，$\hat{\boldsymbol{x}}(\lambda) = \hat{\boldsymbol{x}}$。换句话说，$\lambda_1$ 与 λ_2 之间的正则路径为线性的，只要对应的解不存在符号变化。

2.8 稀疏复原问题的统计学视角

现在，从另一角度讨论稀疏复原问题，特别是在稀疏统计建模领域。如第 1 章所述，在统计学习问题中，设计矩阵 $\boldsymbol{A}$ 的列与随机变量 A_j 相对应，称为预测因子；设计矩阵 $\boldsymbol{A}$ 的行与样本相对应，即与预测变量的观测相对应，该观测常假定为独立同分布的。同时，$\boldsymbol{y}$ 的元素与另一随机变量 Y 的观测相对应，称为响应变量。目标是在给定预测因子的情况下，通过学习过程得到能够预测响应的统计模型。例如，在功能磁共振成像(fMRI)分析中，$\boldsymbol{A}$ 的列与三维脑图像中特定三维体素的血氧水平依赖(BOLD)信号相对应；行与特定的时间点相对应，在这些特定时间点上可以获取后续的三维图像。$\boldsymbol{y}$ 的元素与刺激相对应，如热痛研究中在同一时间点上观测到的温度。未观测向量 $\boldsymbol{x}$ 表示统计模型中的参数，用于描述响应值与预测因子之间的关系，如具有高斯噪声的线性模型或 OLS 回归。

现在定义一个一般的统计学习框架。令 $\boldsymbol{Z} = (\boldsymbol{A},\boldsymbol{y})$ 表示观测数据，即包含 n 个预测因子与相应响应的 m 个样本集合，$M(\boldsymbol{x})$ 表示含有参数 $\boldsymbol{x}$ 的模型。标准的模型选择方法假定了一个损失函数 $L_M(\boldsymbol{Z},\boldsymbol{x})$，或简写为 $L(\boldsymbol{Z},\boldsymbol{x})$。该损失函数描述了观测数据与模型得到的近似值之间的离差，如线性模型估计值 $\hat{\boldsymbol{y}} = \boldsymbol{A}\boldsymbol{x}$ 和实际观测 $\boldsymbol{y}$ 之间的平方和损失。模型选择通常看成是关于 $\boldsymbol{x}$ 的损失函数的最小化问题，目的是为了找到与数据最佳拟合的模型。然而，当参数数量 n 大于样本数量 m 时，这样的方法会产生对数据的过拟合，即通过学习过程得到的模型可以很好地表示训练数据，但是不能适用于测试数据。测试数据可能是来自于同一数据分布但未使用的数据。因为统计学习最终的目的是得到模型的泛化精度，所以可以在优化问题上增加一个额外的正则化约束，在搜索最小损失解时，通过限制参数空间来防止产生过拟合现象。令 $R(\boldsymbol{x})$ 表示正则函数，那么模型选择问题通常可以表述为

$$\min_{\boldsymbol{x}} L(\boldsymbol{Z},\boldsymbol{x}) \quad \text{s.t.} \quad R(\boldsymbol{x}) \leqslant t \tag{2.17}$$

也可以写为两个等价形式，即

$$\min_{x} R(\boldsymbol{x}) \text{ s.t. } L(\boldsymbol{Z},\boldsymbol{x}) \leqslant \varepsilon \tag{2.18}$$

或使用一个合适的拉格朗日乘子 λ，有

$$\min_{x} L(\boldsymbol{Z},\boldsymbol{x}) + \lambda R(\boldsymbol{x}) \tag{2.19}$$

其中，ε 与 λ 由 t 唯一确定，反之亦然。

接下来，讨论损失函数与正则函数的概率解释。假定模型 $M(\boldsymbol{x})$ 描述了数据的概率分布 $P(\boldsymbol{Z}|\boldsymbol{x})$，其中 $\boldsymbol{x}$ 为该分布的参数。同时，通过利用贝叶斯方法，假定参数的先验分布为 $P(\boldsymbol{x}|\lambda)$，超参数 λ 暂时假定为固定不变的。那么，模型学习问题就可以转化为 MAP 参数估计问题，即寻找使得联合概率 $P(\boldsymbol{Z},\boldsymbol{x}) = P(\boldsymbol{Z}|\boldsymbol{x})P(\boldsymbol{x}|\lambda)$ 最大化，或者说最小化负对数似然的参数 $\boldsymbol{x}$ 值，即

$$\min_{x} -\log[P(\boldsymbol{Z}|\boldsymbol{x})P(\boldsymbol{x}|\lambda)]$$

上式也可以写为

$$\min_{x} -\log P(Z|\boldsymbol{x}) - \log P(\boldsymbol{x}|\lambda) \tag{2.20}$$

注意，学习问题的 MAP 表述产生了上述正则损失最小化问题，损失函数 $L(\boldsymbol{Z},\boldsymbol{x}) = -\log P(\boldsymbol{Z}|\boldsymbol{x})$ 的值越小，模型的似然越高，即对数据的拟合度越好。正则函数 $R(\boldsymbol{x},\lambda) = -\log P(\boldsymbol{x}|\lambda)$ 由模型参数的先验确定。

从数据中学习统计模型的 MAP 方法产生了广泛的问题表述。例如，含噪稀疏复原问题 (P_1)，即 l_1 正则平方和损失最小化，也称为稀疏线性回归，可以看作 MAP 方法中具有线性高斯观测与参数的拉普拉斯先验情况下的特例。换言之，假定 y 的元素为独立同分布的随机变量，服从高斯(正态)分布，即

$$N_{\mu,\sigma}(z) = \frac{1}{\sqrt{2\pi}\sigma}\mathrm{e}^{-\frac{1}{2}(z-\mu)^2}$$

当标准差 $\sigma = 1$ 且均值 $\mu = \boldsymbol{a}_i\boldsymbol{x}$ ($\boldsymbol{a}_i$ 为矩阵 $\boldsymbol{A}$ 的第 i 行)时

$$P(y_i|\boldsymbol{a}_i\boldsymbol{x}) = \frac{1}{\sqrt{2\pi}}\mathrm{e}^{-\frac{1}{2}(y_i-\boldsymbol{a}_i\boldsymbol{x})^2}$$

假定上述模型的参数 $\boldsymbol{x}$ 固定，那么数据 $\boldsymbol{Z} = (\boldsymbol{A},\boldsymbol{y})$ 的似然为 $P(\boldsymbol{A},\boldsymbol{y}|\boldsymbol{x}) = P(\boldsymbol{y}|\boldsymbol{A}\boldsymbol{x})P(\boldsymbol{A})$。因此，负对数似然损失函数可以写为

$$\begin{aligned} L(\boldsymbol{y},\boldsymbol{A},\boldsymbol{x}) &= -\log P(\boldsymbol{y}|\boldsymbol{A}\boldsymbol{x}) - \log P(\boldsymbol{A}) \\ &= -\log\prod_{i=1}^{m} P(y_i|\boldsymbol{a}_i\boldsymbol{x}) - \log P(\boldsymbol{A}) \\ &= \frac{1}{2}\sum_{i=1}^{m}(y_i - \boldsymbol{a}_i\boldsymbol{x})^2 + \text{const} \end{aligned}$$

其中，$\text{const} = \log\sqrt{2\pi} - \log P(\boldsymbol{A})$ 并不依赖于 $\boldsymbol{x}$，因此可以从式(2.19)中的目标函数中省略。由 $\boldsymbol{y}$ 的线性高斯假定可以导出平方和损失函数，即

$$L(\boldsymbol{y},\boldsymbol{A},\boldsymbol{x}) = \frac{1}{2}\sum_{i=1}^{m}(y_i - \boldsymbol{a}_i\boldsymbol{x})^2 = \frac{1}{2}\| y - \boldsymbol{A}\boldsymbol{x} \|_2^2$$

接下来，假定参数 x_i，其中，$i = 1,\cdots,n$ 为独立同分布随机变量，服从参数为 λ 的拉普拉斯先验，即

$$p(z) = \frac{\lambda}{2}\mathrm{e}^{-\lambda|z|}$$

图 2.5 显示了当 λ 取不同值时的拉普拉斯分布的例子。注意到，当 λ 增加时，接近于零的值会被赋予更高的概率权重。当参数具有拉普拉斯先验时，正则函数可以写为

$$R(\boldsymbol{x},\lambda) = -\log P(\boldsymbol{x}|\lambda) = -\log\prod_{i}^{n}p(x_i|\lambda)$$

$$= \lambda\sum_{i}^{n}|x_i| + \mathrm{const}$$

其中，$\mathrm{const} = -\log\frac{\lambda}{2}$ 并不依赖于 $\boldsymbol{x}$，因此可以从式(2.19)中的正则损失最小化问题中省去，从而产生如下为人熟悉的正则函数：

$$R(\boldsymbol{x},\lambda) = \lambda\sum_{i}^{n}|x_i| = \|\boldsymbol{x}\|_1$$

因此，如上所述，l_1 范数正则线性回归问题可以从参数具有拉普拉斯先验的线性观测模型中通过 MAP 估计得到。

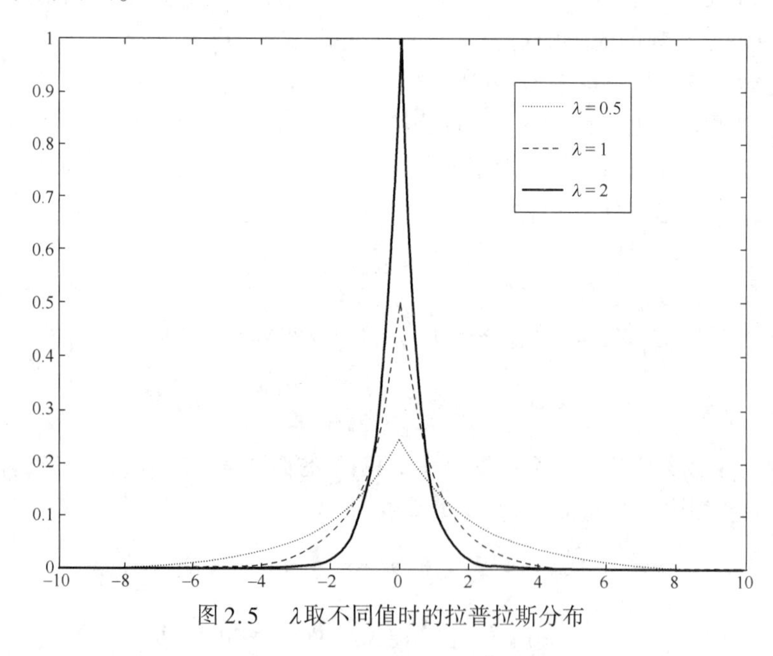

图 2.5 λ取不同值时的拉普拉斯分布

2.9 扩展 LASSO：其他损失函数与正则函数

稀疏线性回归只是论证正则对数似然最大化方法的一个例子。这里只简要介绍经常出现在文献中的几种其他类型的对数似然损失函数和正则函数。图 2.6 对这些对数似然函数

和正则参数进行了总结。不过，下面的例子仅作为对本书后续涉及内容的简要预览。从这一点上讲，本书并不寄希望于读者能够从非常“精简”的总结中立即对这些例子中涉及的所有新概念有非常深入的理解。

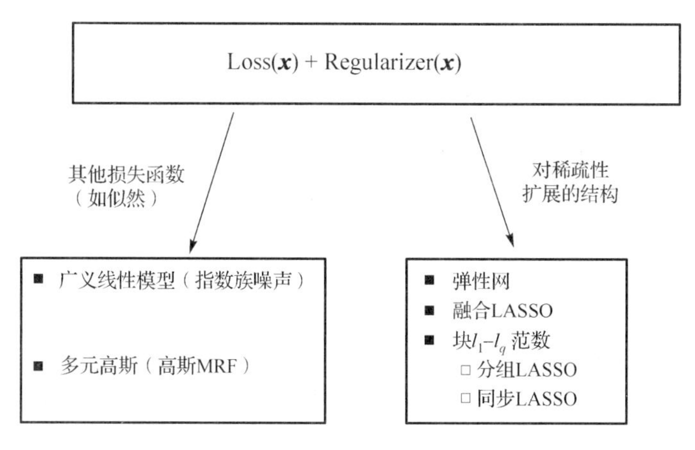

图 2.6　若干具有不同损失函数与正则函数的正则优化问题的例子

稀疏广义线性模型回归(第 7 章)。若对古典线性回归进行扩展，一个很自然的方法就是扩展原标准的高斯噪声假定，将其扩展为一般类型的指数族噪声分布。这样的分布类型除高斯噪声外还包括其他应用广泛的分布，如逻辑分布、多项式分布、指数分布、泊松分布等。当观测值为离散情况，如二值的或分类的，仅取其中正值或仅取其中负值时，并不能通过高斯模型对其分布进行很好的拟合。那么，利用指数族分布可能更为合适。第 7 章将讨论具有指数族分布观测的稀疏信号复原问题。现在，假设线性观测 $\boldsymbol{Ax}$ 被指数族噪声污染，若要从其中复原信号 $\boldsymbol{x}$，就产生了所谓的广义线性模型(GLM)回归问题。在这样的模型中，对数似然损失函数为

$$L = -\log \sum_{i=1}^{n} P(y_i \mid \Theta_i) = \sum_{i=1}^{n} B(y_i, \mu_i)$$

其中，$\Theta_i = \boldsymbol{a}_i \boldsymbol{x}$ 为特定指数族分布的自然参数($\boldsymbol{a}_i$ 为 $\boldsymbol{A}$ 的第 i 行)；$\mu_i(\Theta_i)$ 为相应的均值参数；$B(y_i, \mu_i)$ 为观测 y_i 和均值参数 μ_i 之间的 Bregman 散度。Bregman 散度将与高斯噪声相联系的欧几里得距离一般化，每一种类型的指数族噪声都与其自身的 Bregman 散度相联系。

稀疏高斯马尔可夫随机场(第 8 章)。另外一种常用的数据分布类型为多元高斯分布，其对数似然在学习稀疏高斯马尔可夫网络的研究中会涉及，所以也称为稀疏高斯马尔可夫随机场(GMRF)。该领域在最近的机器学习和统计学文献中受到广泛关注。稀疏 GMRF 学习问题将在第 8 章中进行详细讨论。这里，仅给出相应的负对数似然损失函数，即

$$L = -\log \sum_{i=1}^{n} P(Z^i \mid \boldsymbol{C}) = \mathrm{tr}(\boldsymbol{SC}) - \log\det(\boldsymbol{C})$$

其中，$\boldsymbol{S}$ 为经验协方差矩阵；$\boldsymbol{C}$ 为逆协方差(或精度)矩阵。通常假定数据已经中心化，具有零均值，因此，协方差(或逆协方差)参数足以定义多元高斯分布。

扩展 l_1 正则函数(第 6 章)。有多种类型的正则函数扩展了 l_1 范数，并用于不同的问题中。前面已经谈及，l_1 范数正则化是作为拉普拉斯先验的负对数似然出现的，而平方 l_2 范数正则函数 $\|\boldsymbol{x}\|_2^2$ 则像前面讨论的平方和损失函数，与高斯先验的负对数似然相对应，用于岭回归：

$$\min_{\boldsymbol{x}} \frac{1}{2}\|\boldsymbol{y}-\boldsymbol{A}\boldsymbol{x}\|_2^2+\lambda\|\boldsymbol{x}\|_2^2 \tag{2.21}$$

更一般地，当 $q \geqslant 1$ 时，l_q 范数的 q 次幂 $\|\boldsymbol{x}\|_q^q$ 为桥回归(Frank and Friedman，1993；Fu，1998)中所用的正则函数族。其中，桥回归包括 LASSO 与岭回归，与 $P_{\lambda,q}(\boldsymbol{x}) \sim C(\lambda,q)\mathrm{e}^{-\lambda\|\boldsymbol{x}\|_q^q}$ 先验相对应，即

$$\min_{\boldsymbol{x}} \frac{1}{2}\|\boldsymbol{y}-\boldsymbol{A}\boldsymbol{x}\|_2^2+\lambda\|\boldsymbol{x}\|_q^q \tag{2.22}$$

最后，若干其他正则函数扩展了基本的 l_1 范数罚函数，并被用于建立更为复杂的、结构性更强的稀疏模式。例如，假定给定变量组的集合，有时不仅想从中选择个体变量，也想选择变量的分组(或子集)。分组稀疏通过借助于所谓的块惩罚，如 l_1/l_2 或 l_1/l_∞ 来强化，这方面内容将在第 6 章讨论。另外一个例子为弹性网惩罚，该方法为 l_1 与 l_2 范数的凸组合。当预先不给出变量分组但要求同时选择这些分组时，一些变量可能高度相关，我们可能想将这样相关的变量作为整体一起选择或一起排除。弹性网罚函数结合了 l_1 范数的稀疏性以及 l_2 范数的群组效应，这强化了相关变量幅度相似的回归系数。该性质对生物学和神经影像应用中的稀疏模型解释来说很重要，因为预测变量倾向于高度相关，目的就是要辨别所有这样的相关变量并将其编为一组。弹性网也将在第 6 章讨论。

2.10 总结与参考书目

本章讨论了从线性观测中进行稀疏信号复原的优化问题，包括不含噪与含噪两种情况。最终的稀疏复原问题可定义为寻找满足线性约束的最稀疏向量问题，换言之即最小化满足线性约束的向量的 l_0 范数。众所周知，该问题为一个 NP 难组合问题。为了使该问题易于处理，可以利用不同的凸松弛方法，如 l_q 范数($q \geqslant 1$)。然而，在这些松弛方法中，仅有 l_1 范数可以产生解的稀疏性，这也是该方法在稀疏建模与信号复原领域得到广泛应用的原因。

特别地，从含噪观测中进行信号复原(Candès et al.，2006b；Donoho，2006b)在诸如图像处理、传感网络、生物以及医学成像等实际应用中最为常见。以上仅列出部分应用，更为全面的关于压缩感知及其最新应用可参见(Resources，2010)。与不含噪情况类似，该问题也可以转化为满足线性不等式约束(代替不含噪情况下的线性方程)的 l_0 范数最小化问题，线性不等式约束允许在观测中含有噪声。常用 l_1 范数松弛代替 l_0 范数，可以在令问题易于求解的同时保持解的稀疏性。

通过假定模型中的观测数据具有恰当的概率分布，且参数具有恰当的先验，这里讨论的正则损失最小化问题也可以解释为 MAP 概率参数估计问题。例如，借助于 l_1 正则平方和损失最小化的含噪稀疏信号复原称为 LASSO(Tibshirani，1996)或基追踪(Chen et al.，1998)，也可以看成是一个 MAP 估计问题。其中，假定线性观测被高斯噪声所污染，待估参

数具有拉普拉斯先验。其他类型的数据分布与先验出现在更为广泛的问题中，这一内容在 2.9 节介绍过，结构稀疏性(涉及扩展 l_1 范数的正则函数)、分组 LASSO、同步 LASSO、融合 LASSO 以及弹性网络等将在第 6 章详细讨论。广义线性模型、稀疏高斯马尔可夫网络等，针对相应的统计模型利用负对数似然函数代替目标函数，将分别在第 7 章、第 8 章讨论。

另外，其他不同的损失函数在文献中已经进行了探讨。虽然本书不对所有损失函数进行讨论，但下面将对其进行简要总结。例如，文献(Candès and Tao, 2007)中提出了一个可代替 LASSO 的著名方法 Dantzig Selector(丹齐格选择器)，该方法利用 $\|\boldsymbol{A}^{\mathrm{T}}(\boldsymbol{y}-\boldsymbol{Ax})\|_{\infty}$，即当前残差 $(\boldsymbol{y}-\boldsymbol{Ax})$ 与所有预测因子的内积的最大绝对值代替式(2.14)中的 LASSO 损失函数。Dantzig Selector 的性质，以及与 LASSO 的关系，已经在最近的文献中深入分析过，如(Meinshausen et al., 2007; Efron et al., 2007; Bickel, 2007; Cai and Lv, 2007; Ritov, 2007; Friedlander and Saunders, 2007; Bickel et al., 2009; James et al., 2009; Koltchinskii, 2009; Asif and Romberg, 2010)。此外，还有一些其他常用的损失函数，如 Huber 损失函数(Huber, 1964)，该损失函数将二次样条与线性样条相结合，并产生了鲁棒的回归模型；hinge 损失函数 $L(\boldsymbol{y},\boldsymbol{Ax})=\sum_{i=1}^{m}\max(0,1-\boldsymbol{y}\boldsymbol{a}_i\boldsymbol{x})$，其中 $\boldsymbol{a}_i$ 表示 $\boldsymbol{A}$ 的第 i 行。(Rosset and Zhu, 2007)中讨论了平方 hinge 损失函数，该损失函数常用于分类问题，其中，每一个输出 $\boldsymbol{y}_i$ 要么为 1，要么为 -1。

此外，需要注意的是，第 6 章对结构稀疏的讨论并不十分彻底。例如，原子范数，也称为迹范数，是一个著名的正则函数，常用于多个应用，如多元回归(Yuan et al.,2007)与聚类(Jalali et al., 2011)，但未在本书讨论范围内。读者可以通过 1.4 节中的参考文献学习更多关于迹范数的内容。还有另一种对基本 LASSO 扩展的重要技术，致力于改进 LASSO 的渐进一致性。该主题在稀疏建模文献中引起了广泛兴趣，可参见(Knight and Fu, 2000; Greenshtein and Ritov, 2004; Donoho, 2006c, b; Meinshausen, 2007; Meinshausen and Bühlmann, 2006; Zhao and Yu, 2006; Bunea et al., 2007; Wainwright, 2009)以及其他参考文献。基本 LASSO 的缺陷在于，一般情况下并不能保证与模型选择结果一致，也就是说它可能选择“额外”的但并不真正属于模型的变量(Lv and Fan, 2009)；同时，由于参数收缩，LASSO 可能产生有偏参数估计值。这里，简要给出一些常见的用于改善 LASSO 渐进一致性的方法。如松弛 LASSO(Meinshausen, 2007)为两阶段过程，首先借助 LASSO 选择变量的子集，然后对得到的子集再次应用 LASSO，这样变量间存在较少的“竞争”，因此利用交叉验证选择一个较小的参数。这导致了收缩程度较小，而且有偏参数估计值偏差较小。另一个方法为平滑削边绝对偏离(SCAD)(Fan and Li, 2005)，为降低较大系数的收缩，对 LASSO 罚函数进行了改进，然而，SCAD 是非凸的。另一个凸方法为自适应 LASSO(Zou, 2006)，是利用自适应权重在 l_1 范数罚函数下对不同系数进行惩罚。另外，bootstrap LASSO(Bach, 2008a)和稳定性选择(Meinshausen and Bühlmann, 2010)此类方法利用 boostrap 方法，即在数据子集中学习多个 LASSO 模型，然后在模型中仅考虑非零系数的交集(Bach, 2008a)，或充分频繁地选择非零系数(Meinshausen and Bühlmann, 2010)。该方法消除了“不稳定”系数，并改进了 LASSO 模型的选择一致性以及 λ 参数选择的稳定性。最近的一本书(Bühlmann and van de Geer, 2011)中对这些方法进行了详细的介绍。

第 3 章　理论结果(确定性部分)

本章将对与稀疏信号复原密切相关的理论结果进行总结。如前所述，该领域的关键问题为：哪种类型的信号可通过不完全观测集合进行精确重构？对设计矩阵以及信号施加何种条件可以保证对信号进行精确重构？从本章开始，将介绍(Donoho, 2006a)和(Candès et al., 2006a)等提出的几个开创性结果，并给出一些论证性示例。注意，存在了大量早期有关稀疏信号复原的理论结果，可追溯到 1989 年，参见(Donoho and Stark, 1989；Donoho and Huo, 2001)。然而，(Donoho, 2006a；Candès et al., 2006a)对这些早期结果进行了很大的改进，通过将问题的出发点从确定性情况变化到概率情况，从而将精确稀疏信号复原所需要的采样量从信号维数的平方根量级缩减到信号维数的对数量级。

接下来，将讨论 l_0 范数和 l_1 范数最小化问题[即问题(P_0)和问题(P_1)]解的唯一性，以及在何种情况下这两个问题的解是等价的，即在什么情况下，l_0 范数复原问题的精确解可以通过求解 l_1 范数松弛问题得到。另外，将重点讨论设计矩阵的以下性质：Spark、互相关、零空间性质以及有限等距性质(RIP)。还将给出含噪和不含噪两种情况下，保证稀疏信号精确复原的 RIP 的经典确定性结果。

3.1　采样定理

在信号处理中，确定精确信号复原条件的经典结果是广为人知的奈奎斯特-香农采样定理。该定理指出，当采样频率不小于 2 倍的信号带宽(即信号包含的最大频率)时，就能从离散的采样中实现信号的完全复原。这一重要结论由多位研究者独立得出，包括(Nyquist, 1928；Shannon, 1949)与(Kotelnikov, 1933；Whittaker, 1915, 1929)等，以及其他人。该定理有时又称为 Whittaker-Nyquist-Kotelnikov-Shannon 采样定理，或简称为“采样定理”。

函数 $f(t)$ 表示连续域(如时域或空域)中的信号，采样指通过对信号在特定时间或空间点处取值，从而将信号转化为离散的数值序列。例如，令 $f(t)$ 表示时域信号，所包含的最高频率(带宽)为 BHz。那么，根据采样定理，以 $\frac{1}{2B}$ s 为采样间隔对 $f(t)$ 进行采样，即可实现信号的精确重构。该定理的离散版本(见附录)对离散输入信号 $\boldsymbol{x} \in \mathbb{C}^N$ (通常为复值信号)，如 N 个像素的有限集确定的图像也是成立的。该定理指出，为了实现离散信号的重构，所获取的傅里叶采样数目必须达到信号 N 的大小。

然而，在许多实际应用问题中，根据该理论所给出的采样数可能过大，使得信号获取的代价很高，并且需要对采集的数据先压缩才能进行传输。不过，需要注意的是，采样定理的条件是充分条件，而非必要条件。因此，假设信号具有某些特殊的性质，如较低的“有效”维数，那么在采样率低于采样定理要求的情况下也可能实现信号的完美复原。研究此类信号以及与之相关的信号重构所需的采样率降低问题，是近来快速发展的压缩感知领域的研究焦点。

3.2 令人惊讶的实验结果

2006 年，Candès，Romberg 和 Tao 发表了一篇文章，给出了如下令人困惑的实验现象，该现象看起来与采样定理所描述的结论相矛盾(Candès et al.，2006a)。他们利用一个如图 3.1(a)所示的仿真图像(称之为 Shepp-Logan 体模)进行实验。该图像由(Shepp and Logan，1974)产生，并已成为人类大脑的计算机断层扫描(CT)图像重构的标准图像。该实验的目的是利用对星形区域[见图 3.1(b)]的离散傅里叶变换的采样值重构二维图像。这在实际中通常用于成像设备在几个角度沿射线方向采集样本的情况。在该实验中，共沿 22 条射线采集了 512 个样本。

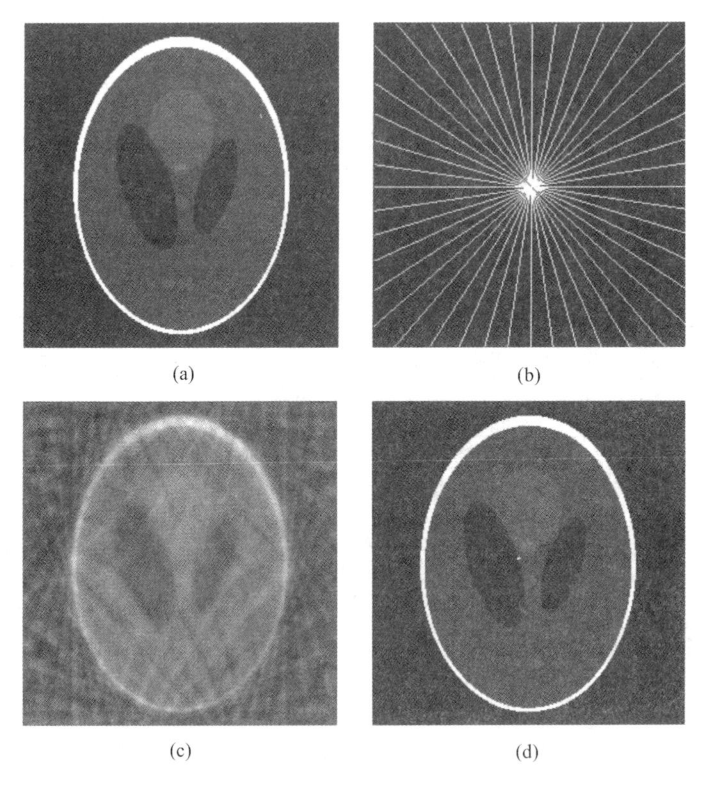

(a)　(b)　(c)　(d)

图 3.1　(a)Shepp-Logan 体模测试图像；(b)在频域的采样区域，傅里叶系数沿 22条射线方向进行采样；(c)通过对较小的傅里叶系数赋零后重构的图像(即最小能量重构)；(d)通过最小化总变分得到的精确重构

医学成像中常用的方法是令未观测频率的傅里叶系数为零，然后应用逆傅里叶变换，即所谓的“最小能量”重构。利用该方法重构的图像如图 3.1(c)所示，很明显，由于原始图像采样率过低，使得该图像的质量较低且包含较多的伪影。然而，需要注意的是，

图3.1(a)的原始图像中包含明显的结构成分，即其中大部分都是分片常值或者光滑的，灰度值没有过多显著的突变。如(Candès et al., 2006a)中所示，如果不使用标准的最小能量方法，而代之以最小化下面被称为总变分(对图像光滑性进行度量)的凸函数，那么事实上该图像可以完美地从给定的采样中重构出来[见图3.1(d)]，即

$$\|g\|_{\mathrm{TV}} = \sum_{t_1,t_2}\sqrt{|D_1g(t_1,t_2)|^2 + |D_2g(t_1,t_2)|^2} \tag{3.1}$$

其中，$g(t_1,t_2)$ 为离散化函数(即图像)在 (t_1,t_2) 处的观测值($0 \leqslant t_1,t_2 \leqslant N-1$)，采样数为 $N \times N$；D_1g 和 D_2g 分别表示相邻点的函数值之间的有限差分，$D_1g = g(t_1,t_2) - g(t_1-1,t_2)$，$D_2g = g(t_1,t_2) - g(t_1,t_2-1)$。该实验最令人惊叹之处在于，这一完美重构所利用的采样数远低于采样定理所要求的采样数[(Candès et al., 2006a)中的采样数低于采样定理采样数的1/50]。

Shepp-Logan 重构现象促使研究者开展更进一步的理论研究：在信号满足何等条件的情况下，实现信号重构所需要的采样率可以远低于奈奎斯特–香农采样定理所要求的采样率。如(Candès et al., 2006a)中的进一步研究所示，另一类离散时间信号 $\boldsymbol{x} \in \mathbb{C}^N$ 可以由其部分傅里叶系数实现信号的完美重构。在这类稀疏信号中，N 个采样中仅有 k 个采样为非零。如上述示例，只要这种稀疏性低于某一下界值，就能从亚奈奎斯特采样率中通过最小化另一个凸函数(该情况下为信号的 l_1 范数)来实现信号的完美重构。

现在，给出一个简单的仿真例子来说明基于 l_1 范数的信号重构过程(仅几行 MATLAB 代码)。首先引入一些符号表示。令 $\mathbb{Z}_N = \{1,\cdots,N\}$ ①，$\boldsymbol{x} \in \mathbb{R}^N$。将具有非零值的坐标集合记为 $K = \{i \in \mathbb{Z}_N | \boldsymbol{x}_i \neq 0\}$，而该集合的大小记为 $|K| = \#\{i \in K\}$。符号 $\boldsymbol{x}|_K$ 用来表示 N 维信号 $\boldsymbol{x}$ 在子集 $K \subset \mathbb{Z}_N$ 上的限制，即 $\boldsymbol{x}$ 中具有非零值的元素集合。在该仿真中，$N = 512$ 且 $|K| = 30$。随机地从 $\mathbb{Z}_N$ 中抽取 $k = |K|$ 个数值作为向量信号 $\boldsymbol{x}$ 的支撑，然后将 k 个随机选定的真实值分配给 $\boldsymbol{x}_0$ 的相应坐标。于是得到了需要复原的真实信号[见图3.2(a)]。下面对 $\boldsymbol{x}_0$ 应用离散傅里叶变换(DFT，见附录A.2)②，得到 $\hat{\boldsymbol{x}}_0 = \mathcal{F}(\boldsymbol{x}_0)$ [见图3.2(b)]。给定 N 维 DFT 向量 $\hat{\boldsymbol{x}}_0$，从中选定含有60个坐标分量的子集 S，在 S 上对 $\hat{\boldsymbol{x}}_0$ 进行限制，并令其他坐标分量为零[见图3.2(c)]。这就是信号的观测谱(傅里叶系数的集合)。下面尝试通过求解如下优化问题，以从图像的部分傅里叶观测谱进行信号重构：

$$(P_1'):\quad \min_{\boldsymbol{x}} \|\boldsymbol{x}\|_1 \ \text{s.t.}\ \mathcal{F}(\boldsymbol{x})|_S = \hat{\boldsymbol{x}}_0|_S \tag{3.2}$$

上述问题的解如图3.2(d)所示。可见，原始信号得以其部分傅里叶系数集精确重构。事实上，如仿真所示，通过选择特定的子集 S 可以以很大的概率对信号进行精确重构。这又是另外一个令人惊讶的与(离散版本的)Whittaker-Nyquist-Kotelnikov-Shannon 采样定理(见附录中的定理A.1)相矛盾的例子。

---

① 注意 $\mathbb{Z}_N$ 通常定义为 $\{0,\cdots,N-1\}$，表示 N 阶有限域，但是此处对此符号稍做变动，将标号从1开始而非0。

② 严格地说，这里仅利用了 DFT 的实部，也就是所谓的离散余弦变换(DCT)。

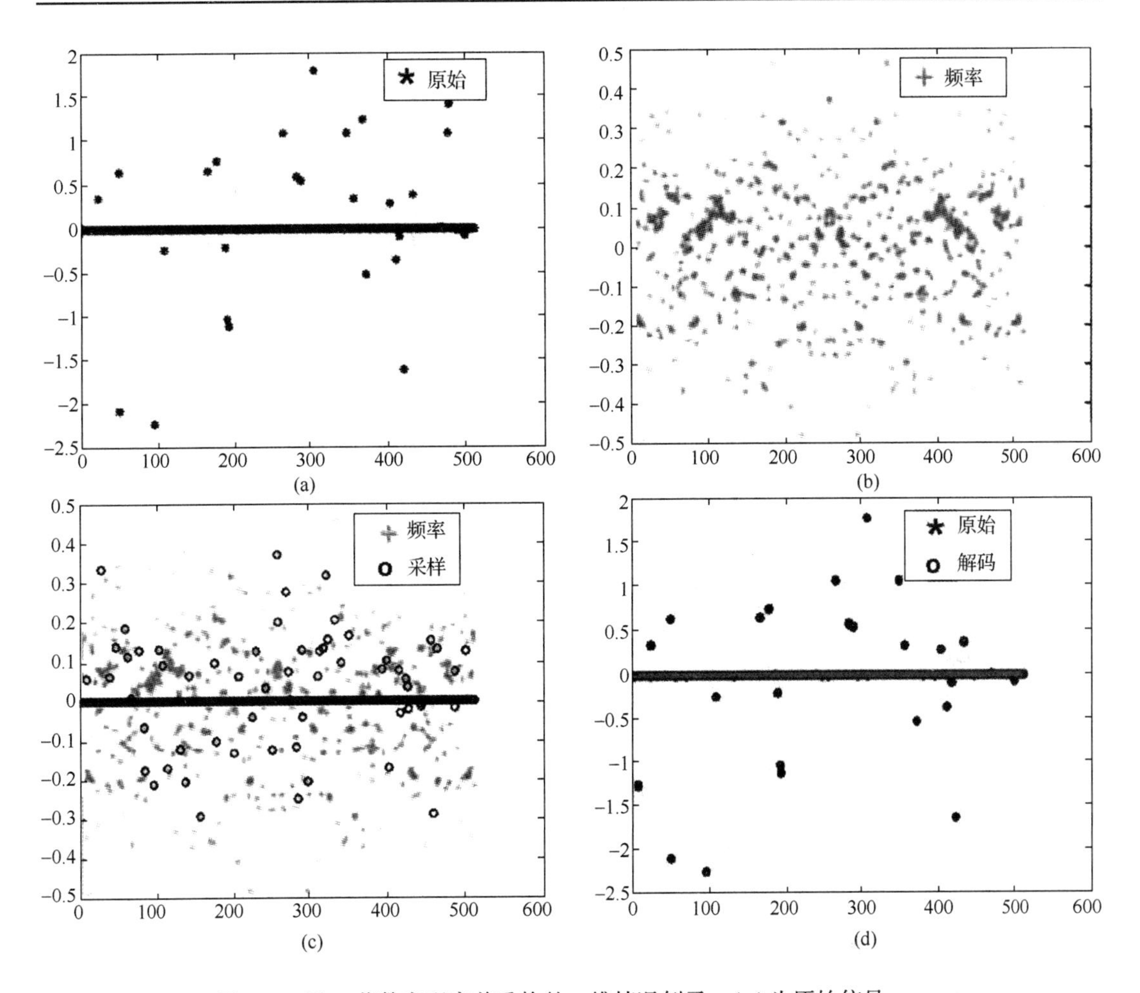

图 3.2　用 l_1 范数实现完美重构的一维情况例子。(a)为原始信号 $\boldsymbol{x}_0$；(b)为原始信号的DFT(实部)，即$\hat{\boldsymbol{x}}_0$；(c)为信号的观测谱(傅里叶系数集)；(d)为问题 P_1'的解，即原始信号的精确复原结果

3.3　从不完全频率信息中进行信号复原

上述令人惊讶的实验现象，即信号完全可能从某一组采样率低于标准采样定理所要求的下界的采样中得以精确复原这一事实，已在几篇影响力很大的文章中得到理论证明(Candès et al.，2006a；Donoho，2006a)。该现象称为 Donoho-Candès-Romberg-Tao(DCRT)现象。

如上述几篇文章所述，DCRT 现象中有两个关键的因素，分别是原始信号 $\boldsymbol{x}$ 的稀疏性(或者更一般地说，某种低维结构)与 $\hat{\boldsymbol{x}}$ 中观测频率子集的随机性。

定义 1　如果一个 N 维向量 $\boldsymbol{x} \in \mathbb{C}^N$ 至多包含 k 个非零坐标，则称其为 k 阶稀疏的。$\boldsymbol{x}$ 的非零坐标集合称为 $\boldsymbol{x}$ 的支撑集，记为 $\mathrm{supp}(\boldsymbol{x})$。任意给定一个向量 $\boldsymbol{x}$(不一定是稀疏的)，若保持其绝对值最大的 k 个坐标不变，而将其他坐标设为零，则获得了 $\boldsymbol{x}$ 的 k 阶稀疏近似。

下面的定理给出了从稀疏信号的部分 DFT 系数子集中，进行信号复原时所需的频域采样数的(充分)条件。

定理 3.1 (Candès et al., 2006a; Donoho, 2006a)令 $\boldsymbol{x} \in \mathbb{C}^N$ 为一个支撑在集合 $K \subset \mathbb{Z}_N$ 上的稀疏信号，$S \subset \mathbb{Z}_N$ 为从其傅里叶域中均匀随机选取的一个采样子集。那么，对于给定的常数 $\beta > 0$，当下述条件成立时，优化问题式(3.2)的解唯一并等于 $\boldsymbol{x}$ 的概率 $p > 1 - O(N^{-\beta})$：

$$|S| \geqslant C_\beta |K| \log N \tag{3.3}$$

其中，C_β 大约取值为 $23(\beta + 1)$。

本质上，该定理表明，如果信号 $\boldsymbol{x} \in \mathbb{C}^N$ 为 k 阶稀疏的，则几乎能够从大小正比于稀疏度 k 和 $\log N$ 的傅里叶谱的任意随机子集中得以精确重构。值得注意的是，由于上述结果是在概率意义上得到的，可能会存在一些特殊的信号或者是特殊的频率子集使得信号在上述条件下不能精确重构。(Candès et al., 2006a)中给出了一些反例，本章后面也会讨论此问题。

上述定理的证明包含以下两部分。

- **确定性部分**：如果 DFT 矩阵在一个给定的频率子集(即行的子集)上的限制在一个 $3|K|$ 维子空间是近似等距的(即满足 RIP)，则原始信号可得以精确重构。
- **概率部分**：RIP 对于典型的频谱子集(即傅里叶矩阵的行的典型子集)都是成立的。这里的“典型”子集是指具有固定大小 k 的子集，以(特定的)较高概率均匀随机地从给定有限集的所有可能大小为 k 的子集中选取。

现在，将重点放在确定性部分，讨论有关 RIP 的充分条件，如互相关、Spark 以及零空间性质，然后再来讨论 RIP 下信号精确复原的证明方法。此外，下文将会讨论到，只要某些充分条件，如 RIP 能得以满足，那么定理 3.1 的结果也可以推广到除 DFT 以外更一般的设计矩阵。

3.4 互相关

根据应用领域不同，“互相关”有几种含义。例如，在光学领域，互相关描述的是在不同点具有观测时间平移的波/场的自相关。这里，则考虑的是线性代数中的互相关概念，这一概念经证明是压缩感知领域理论研究工作中的关键性质之一(Donoho and Huo, 2001; Tropp, 2006; Donoho et al., 2006; Elad, 2010)。直观上，互相关刻画了矩阵的列之间相互依赖的程度。

定义 2 (互相关) 给定一个 $M \times N$ 维矩阵 $\boldsymbol{A}$，则互相关 $\mu(\boldsymbol{A})$ 定义为 $\boldsymbol{A}$ 的标准化列之间内积的最大绝对值，即

$$\mu(\boldsymbol{A}) = \max_{i,j\in\mathbb{Z}_N, i\neq j} \frac{|\boldsymbol{a}_i^* \boldsymbol{a}_j|}{\|\boldsymbol{a}_i\|_2 \|\boldsymbol{a}_j\|_2} \tag{3.4}$$

其中，$\boldsymbol{a}_i$ 为矩阵 $\boldsymbol{A}$ 的第 i 列；$\boldsymbol{a}_i^*$ 为其(共轭)转置(实值向量情况下即为简单转置)。

显然，如果 $M\times N$ 维矩阵 $\boldsymbol{A}$ 的各列均是相互正交的，则 $\mu(\boldsymbol{A}) = 0$。当 $N > M$ 时，互相关将是严格正的，即 $\mu(\boldsymbol{A}) > 0$。

一般情况下，互相关可达到的下界可由 Welch 边界给出(Welch, 1974)[可参见(Strohmer and Heath, 2003)以获得最近的应用与参考文献]。注意，Welch 界中的等式可在一类称为紧框架或者格拉斯曼框架的矩阵的情况下得到。

定理 3.2　[Welch 边界(Welch, 1974)]的令 $\boldsymbol{A}$ 为一个 $M\times N$ 维矩阵，其列已标准化(即列的 l_2 范数为 1)，其中 $M\leqslant N$，则

$$\mu(\boldsymbol{A}) \geqslant \sqrt{\frac{N-M}{M(N-1)}} \tag{3.5}$$

证明：考虑矩阵 $\boldsymbol{A}$ 的格拉姆矩阵 $\boldsymbol{G}=\boldsymbol{A}^*\boldsymbol{A}$，其元素为 $\boldsymbol{g}_{ij} = (\boldsymbol{a}_i^*\boldsymbol{a}_j)_{i,j\in\mathbb{Z}_N}$。矩阵 $\boldsymbol{G}$ 是半正定的或自伴随的。由于矩阵 $\boldsymbol{A}$ 的秩不超过其较小的维数 M，$\boldsymbol{G}$ 的秩也如此，因而，$\boldsymbol{G}$ 的非零特征值个数不超过 M(关于特征值理论的简要介绍见附录 A.1.1 节)。令 $\{\lambda_l\}_{l\in\mathbb{Z}_r}$ 表示 $\boldsymbol{G}$ 的非零特征值集合，$r\leqslant M$，重根按重数记(即如果特征值 λ_l 有 k_l 个特征向量，则该特征值在此集合中记 k_l 次)。$\boldsymbol{G}$ 的迹为 $\mathrm{tr}(\boldsymbol{G}) = \sum_{l\in\mathbb{Z}_r}\lambda_l$。因此，利用柯西-施瓦兹不等式，得到

$$\mathrm{tr}^2(G) = \Big(\sum_{l\in\mathbb{Z}_r}\lambda_l\Big)^2 \leqslant r\sum_{l\in\mathbb{Z}_r}\lambda_l^2 \leqslant M\sum_{l\in\mathbb{Z}_r}\lambda_l^2 \tag{3.6}$$

因为 $\mathrm{tr}(\boldsymbol{G}^2) = \mathrm{tr}(\boldsymbol{GG}) = \sum_{i,j\in\mathbb{Z}_N}|(\boldsymbol{a}_i^*\boldsymbol{a}_j)|^2 = \sum_{l\in\mathbb{Z}_N}\lambda_l^2$，可得

$$\frac{\mathrm{tr}^2(\boldsymbol{G})}{M} \leqslant \sum_{i,j\in\mathbb{Z}_N}|(\boldsymbol{a}_i^*\boldsymbol{a}_j)|^2$$

由于 $\boldsymbol{A}$ 的列为标准化的，那么 $\boldsymbol{G}$ 的对角元素 $\boldsymbol{g}_{ii} = (\boldsymbol{a}_i^*\boldsymbol{a}_i)_{i\in\mathbb{Z}_N}$ 均为 1。这表明 $\mathrm{tr}(\boldsymbol{G}) = N$。因此，由上面的不等式，可得

$$\sum_{i,j\in\mathbb{Z}_N}|(\boldsymbol{a}_i^*\boldsymbol{a}_j)|^2 = N + \sum_{i,j\in\mathbb{Z}_N, i\neq j}|(\boldsymbol{a}_i^*\boldsymbol{a}_j)|^2 \geqslant \frac{N^2}{M}$$

这意味着

$$\sum_{i,j\in\mathbb{Z}_N, i\neq j}|(\boldsymbol{a}_i^*\boldsymbol{a}_j)|^2 \geqslant \frac{N(N-M)}{M} \tag{3.7}$$

现在再来求不等式左边和式的上界。将式中 $N(N-1)$ 项均用其在 $i,j\in\mathbb{Z}_N, i\neq j$ 的最大值项替代，得到

$$N(N-1)\max_{i,j\in\mathbb{Z}_N, i\neq j}|(\boldsymbol{a}_i^*\boldsymbol{a}_j)|^2 \geqslant \sum_{i,j\in\mathbb{Z}_N, i\neq j}|(\boldsymbol{a}_i^*\boldsymbol{a}_j)|^2$$

将此不等式与式(3.7)中的不等式结合，得到

$$\max_{i,j\in\mathbb{Z}_N, i\neq j}|(\boldsymbol{a}_i^*\boldsymbol{a}_j)|^2 \geqslant \frac{N(N-M)}{M}\cdot\frac{1}{N(N-1)} = \frac{N-M}{M(N-1)}$$

由于 $\max_{i,j\in\mathbb{Z}_N,i\neq j}|(\boldsymbol{a}_i^*\boldsymbol{a}_j)|^2=(\max_{i,j\in\mathbb{Z}_N,i\neq j}|(\boldsymbol{a}_i^*\boldsymbol{a}_j)|)^2=\mu(\boldsymbol{A})^2$，因而可得到不等式(3.5)。从而完成证明。

证毕。

注意，互相关系数计算方便，因其仅需要 $O(NM)$ 次运算，这一点与另外两个矩阵的性质(RIP 和 Spark)不同。关于 RIP 和 Spark 将在下节介绍。RIP 和 Spark 的计算均是 NP 难的[RIP 的计算复杂度参见附录 A.3 节及(Muthukrishnan, 2005)]。

下面我们将引入 Spark 的概念，将其作为保证稀疏信号精确重构的充分条件，也就是保证式(3.2)中问题解的唯一性。然后，研究 Spark 与互相关之间的联系，并根据互相关来阐述精确重构结果。

3.5 Spark 与问题(P_0)解的唯一性

给定矩阵 $\boldsymbol{A}$，秩记为 rank($\boldsymbol{A}$)，这里秩定义为矩阵线性无关的列的最大数目，这也是线性代数中使用了很多年的标准定义。另一方面，对稀疏信号复原分析来说，非常重要的矩阵 $\boldsymbol{A}$ 的克鲁斯卡尔秩及 Spark 则是最近才提出的概念。

定义 3 [Spark (Donoho and Elad, 2003)] 给定一个 $M\times N$ 维矩阵 $\boldsymbol{A}$，Spark [即 spark($\boldsymbol{A}$)]定义为 $\boldsymbol{A}$ 线性相关的列的最小数目。

Spark 首先由(Gorodnitsky and Rao, 1997)用来获得式(2.10)的稀疏解的唯一性，而后又由(Donoho and Elad, 2003)进一步扩展。注意，Spark 与克鲁斯卡尔秩 krank($\boldsymbol{A}$)(Kruskal, 1977)密切相关。krank($\boldsymbol{A}$)定义为使得矩阵 $\boldsymbol{A}$ 的任意 k 个列子集均线性无关的最大数 k。易知

$$\mathrm{spark}(\boldsymbol{A})=\mathrm{krank}(\boldsymbol{A})+1 \tag{3.8}$$

同时有 $\mathrm{rank}(\boldsymbol{A})\geqslant\mathrm{krank}(\boldsymbol{A})$。

尽管 Spark 这个概念看上去像是对秩的简单补充，但是 Spark 的计算需要遍历所有大小直至 $\mathrm{spark}(\boldsymbol{A})+1$ 的列的组合，因而其计算是 NP 难的。不过，在某些情况下 Spark 的计算却比较简单。例如，当 $M\times N$ (其中 $M\leqslant N$)维矩阵 $\boldsymbol{A}$ 的元素为具有连续密度函数且相互独立的随机变量时，那么任何尺寸为 $M\times M$ 维的子矩阵都以概率 1 取得最大秩 $\mathrm{rank}(\boldsymbol{A})=M$，此时 Spark 也满足 $\mathrm{spark}(\boldsymbol{A})=M+1$。

现在利用 Spark 的概念来得到如下稀疏信号重构结果。

定理 3.3 [利用 Spark 研究问题(P_0)解的唯一性(Gorodnitsky and Rao, 1997; Donoho and Elad, 2003)]当且仅当向量 $\bar{\boldsymbol{x}}$ 为 $\boldsymbol{A}\boldsymbol{x}=\boldsymbol{y}$ 的解并满足 $\|\bar{\boldsymbol{x}}\|_0<\mathrm{spark}(\boldsymbol{A})/2$ 时，它是问题(P_0)的唯一解[如式(2.7)所示]，即

$$(P_0):\quad \min_{\boldsymbol{x}}\|\boldsymbol{x}\|_0\ \text{s.t.}\ \boldsymbol{y}=\boldsymbol{A}\boldsymbol{x}$$

证明：第一部分——充分条件(Gorodnitsky amd Rao, 1997)。假设 $\boldsymbol{x}\neq\bar{\boldsymbol{x}}$ 是 $\boldsymbol{A}\boldsymbol{x}=\boldsymbol{y}$ 的另一个解，那么 $\boldsymbol{A}(\boldsymbol{x}-\bar{\boldsymbol{x}})=0$，也就是说，与向量 $\bar{\boldsymbol{x}}-\boldsymbol{x}$ 中非零元素对应的 $\boldsymbol{A}$ 的列为线性相关

的。因此，根据 Spark 的定义，这些列的数量 $\|\bar{\boldsymbol{x}}-\boldsymbol{x}\|_0$ 必将不小于 spark$(\boldsymbol{A})$。由于 $\bar{\boldsymbol{x}}-\boldsymbol{x}$ 的支撑(即非零分量的集合)是 $\boldsymbol{x}$ 与 $\bar{\boldsymbol{x}}$ 的支撑的并集，可得 $\|\bar{\boldsymbol{x}}-\boldsymbol{x}\|_0 \leqslant \|\bar{\boldsymbol{x}}\|_0+\|\boldsymbol{x}\|_0$。但是，因为 $\|\bar{\boldsymbol{x}}\|_0 < \text{spark}(\boldsymbol{A})/2$，所以有

$$\|\boldsymbol{x}\|_0 \geqslant \|\bar{\boldsymbol{x}}-\boldsymbol{x}\|_0-\|\bar{\boldsymbol{x}}\|_0 > \text{spark}(\boldsymbol{A})/2$$

这证明了 $\bar{\boldsymbol{x}}$ 确实是最稀疏解。

第二部分——必要条件(Donoho and Elad, 2003)。注意，若必要性不成立，则问题 (P_0) k 稀疏解的唯一性意味着 $k < \text{spark}(\boldsymbol{A})/2$。事实上，假设存在一个 $\boldsymbol{A}$ 的非零零向量 $\boldsymbol{h}$，且 spark$(\boldsymbol{A}) \leqslant 2k$ 或者说其支撑不超过 $2k$，那么则存在一对支撑不超过 k 的向量 $\bar{\boldsymbol{x}}$ 和 $\boldsymbol{x}$，且 $\boldsymbol{h}=\bar{\boldsymbol{x}}-\boldsymbol{x}$。因此，$\boldsymbol{A}\bar{\boldsymbol{x}}=\boldsymbol{A}\boldsymbol{x}$。如果 $\boldsymbol{h}$ 的支撑为 1，那么可令 $\bar{\boldsymbol{x}}=2\boldsymbol{x}=2\boldsymbol{h}$；如果 $\boldsymbol{h}$ 的支撑大于 1，那么可令 $\bar{\boldsymbol{x}}$ 和 $\boldsymbol{x}$ 具有非交叉的支撑。这与 $k \geqslant \text{spark}(\boldsymbol{A})/2$ 阶稀疏解的唯一性相矛盾。

证毕。

尽管 Spark 对于证明上述精确重构的结论有用，但是如前所述，其计算却很难。另一方面，互相关却易于计算。因此，一旦建立起了这两个概念之间的关系，互相关就可在分析中充当一个更好的工具。下面通过将互相关应用于对 Spark 定下界从而建立二者之间的联系。(注意：当 $M < N$ 时，如果并不是 $\boldsymbol{A}$ 的所有列均相互正交，则 $\mu(\boldsymbol{A}) > 0$)。

定理 3.4 [Spark 与互相关(Donoho and Elad, 2003)]对任意 $M \times N$ 维且满足 $\mu(\boldsymbol{A}) > 0$ 的实值矩阵 $\boldsymbol{A}$，有

$$\text{spark}(A) > 1+\frac{1}{\mu(A)} \tag{3.9}$$

证明：首先，对 $\boldsymbol{A}$ 的各列进行标准化，得到一个新的矩阵 $\boldsymbol{A}'$，对所有的 $1 \leqslant i \leqslant N$，$\boldsymbol{a}_i'=\boldsymbol{a}_i/\|\boldsymbol{a}_i\|_2$。注意到，列标准化不会影响到矩阵 $\boldsymbol{A}$ 的互相关性以及 Spark，因而不会影响定理的结论。令 λ 为矩阵 $\boldsymbol{A}$ 的特征值，$\boldsymbol{x}$ 为相应的(非零)特征向量，即 $\boldsymbol{A}\boldsymbol{x}=\lambda\boldsymbol{x}$。那么对第 i 个坐标分量 $\boldsymbol{x}_i$，有

$$(\lambda-\boldsymbol{a}_{ii})\boldsymbol{x}_i=\sum_{j\neq i}\boldsymbol{a}_{ij}\boldsymbol{x}_j \tag{3.10}$$

令 i 为对应于 $\boldsymbol{x}$ 最大值的坐标，即 $|\boldsymbol{x}_i|=\max_{j\in\mathbb{Z}_N}|\boldsymbol{x}_j|$。注意，由于 $\boldsymbol{x}$ 是非零向量，因而 $|\boldsymbol{x}_i|$ 是严格正的。由式(3.10)，可以得到如下不等式，称为格什戈林圆盘定理：

$$|\boldsymbol{a}_{ii}-\lambda| \leqslant \sum_{j\neq i}|\boldsymbol{a}_{ij}|\left|\frac{\boldsymbol{x}_j}{\boldsymbol{x}_i}\right| \leqslant \sum_{j\neq i}|\boldsymbol{a}_{ij}| \tag{3.11}$$

现在，再回到利用互相关来估计 Spark 的问题。由 Spark 的定义，$k=\text{spark}(\boldsymbol{A})$ 是相关的列的最小数目。这些相关列的坐标构成集合 K，将 $\boldsymbol{A}$ 在 K 上的限制构成一个子集 $\boldsymbol{A}|_K$。显然，$k=|K|=\text{spark}(\boldsymbol{A})$ 且 spark$(\boldsymbol{A}|_K)=k$。下面考虑 $\boldsymbol{A}|_K$ 的格拉姆矩阵，即 $\boldsymbol{G}=(\boldsymbol{A}|_K)^*\boldsymbol{A}|_K$。由于矩阵 $\boldsymbol{A}|_K$ 为退化矩阵，那么矩阵 $\boldsymbol{G}$ 也为退化矩阵，或者说是奇异的。因此，矩阵 $\boldsymbol{G}$ 的谱(特征值的集合)包含零，即 $0 \in Sp(\boldsymbol{G})$ (见附录 A.5)。将式(3.11)的不等式应用于矩阵 $\boldsymbol{G}$，并考虑特征值 $\lambda=0$，有

$$|1-0| \leqslant \sum_{i \neq j} |g_{ij}| = \sum_{i \neq j} |a_i^* a_j| \leqslant (k-1)\mu(A) \tag{3.12}$$

且

$$1 \leqslant (\text{spark}(A)-1)\mu(A) \tag{3.13}$$

这就表明式(3.9)中的边界成立。

证毕。

将上述结果与定理3.3相结合，得到如下基于互相关的精确信号重构的充分条件。

定理3.5 ［基于互相关的问题（P_0）解的唯一性(Donoho and Elad, 2003)］如果 $\bar{x}$ 是 $Ax=y$ 的一个解，且 $\|\bar{x}\|_0 < 0.5\left(1+\frac{1}{\mu(A)}\right)$，那么 $\bar{x}$ 是最稀疏的解，即式(2.7)中问题（P_0）的唯一解。

3.6 零空间性质与问题(P_1)解的唯一性

到目前为止，已经讨论了 l_0 范数重构，即找到最稀疏解的问题。基于Spark的概念，给出了问题（P_0）解的唯一性的充分必要条件；基于互相关的概念，给出了问题（P_0）解的唯一性的充分条件。下面，考虑式(2.10)优化问题（P_1）中 l_1 范数最小化的精确稀疏复原问题(即解的唯一性问题)，重点考虑其充分必要条件。

定义4 ［零空间性质(Cohen et al., 2009)］给定一个 $M \times N$ 维矩阵 A，若对于所有大小为 k 的子集 $K \subset \mathbb{Z}_N$ 及 A 的零空间中的任意非零向量 $v \in \text{Ker}(A)$，有下式成立：

$$\|v|_K\|_1 < \|v|_{K^c}\|_1 \tag{3.14}$$

则称 A 满足 k 阶零空间性质，即NSP(k)。其中，$v|_K$ 和 $v|_{K^c}$ 分别表示 v 在 K 及其补集 K^c 上的限制。

由Gribonval和Nielsen得到的下述定理给出了 l_1 范数重构问题的充分必要条件。

定理3.6 ［基于零空间性质的问题（P_1）解的唯一性(Gribonval and Nielsen, 2003)］当且仅当 A 满足NSP(k)时，线性系统 $Ax=y$ 的一个 k 阶稀疏解 x 可通过求解下述 l_1 范数最优化问题［问题(P_1)如式(2.10)所述］来精确重构：

$$(P_1): \quad \min_x \|x\|_1 \ \text{s.t.}\ y = Ax$$

证明：第一部分—— NSP(k)意味着问题（P_1）解的唯一性。假设 A 具有 k 阶零空间性质，$\bar{x}$ 为方程 $Ax=y$ 的一个解，且其支撑为集合 K，大小不超过 k。令 z 表示该方程的另一个解，即 $Az=y$，则有 $A\bar{x}=Az$。因此，$v=x-z \in \text{Ker}(A)$。注意到 $x_{K^c}=0$，因此，$v|_{K^c}=z|_{K^c}$。于是

$$\begin{aligned} \|\bar{x}\|_1 &\leqslant \|\bar{x}-z|_K\|_1 + \|z|_K\|_1 = \|v|_K\|_1 + \|z|_K\|_1 \\ &< \|v|_{K^c}\|_1 + \|z|_K\|_1 = \|z|_{K^c}\|_1 + \|z|_K\|_1 = \|z\|_1 \end{aligned} \tag{3.15}$$

换句话说，向量 $\bar{x}$ 的 l_1 范数严格小于其他任意解，因此为上述最优化问题的唯一解。

第二部分——问题 (P_1) 解的唯一性意味着 k 阶零空间性质成立，即 NSP(k) 成立。假设对于给定的 $\boldsymbol{A}$ 和 k，以及任意给定的 $\boldsymbol{y}$，问题(P_1) 的 k 阶稀疏解总是唯一的。要证明矩阵 $\boldsymbol{A}$ 具有 k 阶零空间性质，可以令 $\boldsymbol{v}$ 为 $\boldsymbol{A}$ 的核中的非零向量，K 表示 $\mathbb{Z}_N$ 的子集，其大小为 k。由于 $\boldsymbol{v}|_K$ 是 k 阶稀疏的且为方程 $\boldsymbol{Az} = \boldsymbol{A}(\boldsymbol{v}|_K)$ 的一个解，因此，根据上述假设，$\boldsymbol{v}|_K$ 必定是方程中 l_1 范数最小化问题的唯一解。由于 $\boldsymbol{A}(\boldsymbol{v}|_K + \boldsymbol{v}|_{K^c}) = 0$，有 $\boldsymbol{A}(-\boldsymbol{v}|_{K^c}) = \boldsymbol{Av}|_K$。注意，$\boldsymbol{v}|_K + \boldsymbol{v}|_K \neq 0$，因而 $-\boldsymbol{v}|_{K^c} \neq \boldsymbol{v}|_K$。那么，向量 $-\boldsymbol{v}|_{K^c}$ 是线性方程 $\boldsymbol{Az} = \boldsymbol{A}(\boldsymbol{v}|_K)$ 的另一个解，由假设的唯一性，其 l_1 范数必定严格大于 $\boldsymbol{v}|_K$ 的 l_1 范数，这正是 $NSP(k)$ 的性质。

证毕。

尽管 NSP 的验证为 NP 难的，但是它仍然给出了精确重构性质的一个很好的几何特性。

3.7　有限等距性质

如前所述，稀疏信号的精确复原依赖于由矩阵 $\boldsymbol{A}$ 所定义的观测集的性质。现在考虑基于 l_1 范数最小化的精确稀疏复原问题的一个常用充分条件——有限等距性质(RIP)。RIP 条件一个吸引人的地方在于可以证明它对典型的随机矩阵 $\boldsymbol{A}$ 是满足的，如具有独立同分布的元素的矩阵，而这里元素的概率分布可以有很多种类型。本质上，k 阶稀疏水平的 RIP，或者说 k 阶有限等距性质，意味着所有势小于 k 的 $\boldsymbol{A}$ 的列的子集表现得与一个等距变换非常相近，这里等距变换即保持距离不变的变换。对 k 列子集的近似等距限制在本质上意味着此变换几乎可以保持相应的稀疏信号长度。正式表述(Candès and Tao, 2005)如下。

定义 5　(有限等距性质) 对于所有 k 阶稀疏向量 $\boldsymbol{x}$，矩阵 $\boldsymbol{A}$ 的 k 阶有限等距常数 δ_k 定义为满足下式的最小数：

$$(1-\delta_k)\|\boldsymbol{x}\|_2^2 \leqslant \|\boldsymbol{Ax}\|_2^2 \leqslant (1+\delta_k)\|\boldsymbol{x}\|_2^2 \tag{3.16}$$

如果存在使得上式成立的常数 δ_k，则称矩阵 $\boldsymbol{A}$ 满足 k 阶有限等距性质，即 RIP(k)。

下述引理给出了有限等距常数 δ_k 的一些简单性质。

引理 3.7　令矩阵 $\boldsymbol{A}$ 满足 RIP(k)，则

i) $\delta_1 \leqslant \delta_2 \leqslant \delta_3 \leqslant \cdots$；

ii) 有限等距常数 δ_k 可看成对支撑大小为 k 的向量的 l_2 范数失真的度量，即

$$\begin{aligned}\delta_k &= \max_{K\subset\mathbb{Z}_N,|K|\leqslant k} \|\boldsymbol{A}|_K^*\boldsymbol{A}|_K - \boldsymbol{I}\|_2 \\ &= \sup_{\|\boldsymbol{x}\|_2=1,\|\boldsymbol{x}\|_0=k,K=\mathrm{supp}(\boldsymbol{x})} |((\boldsymbol{A}|_K^*\boldsymbol{A}|_K - \boldsymbol{I})\boldsymbol{x})^*\boldsymbol{x}|\end{aligned}$$

其中 $\boldsymbol{I}$ 为大小为 k 的单位矩阵。

证明：因为 $k-1$ 阶稀疏向量同时也是 k 阶稀疏向量，所以第 i) 部分可直接由 RIP 的定义来得到。而第 ii) 部分的证明可由下面的等式得到：

$$|\|\boldsymbol{Ax}\|_2^2 - \|\boldsymbol{x}\|_2^2| = |((\boldsymbol{A}^*\boldsymbol{A}-\boldsymbol{I})\boldsymbol{x})^*\boldsymbol{x}|$$

且

$$\|\boldsymbol{B}\|_2^2 = \sup_{\|\boldsymbol{x}\|_2=1} |(\boldsymbol{B}^*\boldsymbol{Bx})^*\boldsymbol{x}|$$

证毕。

下面的引理给出了有限等距常数与互相关之间的关系。

引理 3.8 (RIP 与互相关)令 $\boldsymbol{A}$ 表示列已经 l_2 范数标准化的矩阵，则

i) $\mu(\boldsymbol{A}) = \delta_2$;

ii)有限等距常数满足 $\delta_k \leqslant (k-1)\mu(\boldsymbol{A})$。

证明：

i)对于 $k = 2$ 以及 $K = \{i, j\}$，利用引理 3.7 ii)所给出的有限等距常数 δ_2 的性质，有

$$\boldsymbol{A}|_K^* \boldsymbol{A}|_K - \boldsymbol{I} = \begin{pmatrix} 0 & \boldsymbol{a}_i^* \boldsymbol{a}_j \\ \boldsymbol{a}_j^* \boldsymbol{a}_i & 0 \end{pmatrix} = \boldsymbol{a}_i^* \boldsymbol{a}_j \begin{pmatrix} 0 & 1 \\ 1 & 0 \end{pmatrix} \tag{3.1}$$

其中，最后一个等式成立是因为 $\boldsymbol{a}_j^* \boldsymbol{a}_i$ 是实数，$\boldsymbol{a}_j^* \boldsymbol{a}_i$ 的共轭为 $(\boldsymbol{a}_j^* \boldsymbol{a}_i)^* = \boldsymbol{a}_i^* \boldsymbol{a}_j$，而这正是其复共轭 $(\boldsymbol{a}_j^* \boldsymbol{a}_i)^-$。因为 $\boldsymbol{a}_j^* \boldsymbol{a}_i$ 是实数，则 $\boldsymbol{a}_j^* \boldsymbol{a}_i = \boldsymbol{a}_i^* \boldsymbol{a}_j$。因此，$\delta_2 = \max_{i \neq j} \| \boldsymbol{A}|_K^* \boldsymbol{A}|_K - \boldsymbol{I} \|_2 = \mu(\boldsymbol{A})$。

ii)同理，通过应用引理 3.7 ii)中 δ_k 的性质，有

$$\begin{aligned} \delta_k &= \sup_{\|\boldsymbol{x}\|_2 = 1, \|\boldsymbol{x}\|_0 = k} |((\boldsymbol{A}|_K^* \boldsymbol{A}|_K - \boldsymbol{I})\boldsymbol{x})^* \boldsymbol{x}| \\ &\leqslant \sup_{\|\boldsymbol{x}\|_2 = 1, \|\boldsymbol{x}\|_0 = k} (s-1)\mu(A)\|\boldsymbol{x}\|_2 = (s-1)\mu(A) \end{aligned} \tag{3.18}$$

证毕。

3.8 最坏情况下精确复原问题的平方根瓶颈

本节将通过举例说明在最坏情况下(即任意 $N > M$ 的矩阵 $\boldsymbol{A}$，列非零且已经 l_2 范数标准化)，利用互相关不能对支撑大于阶 $\sqrt{M}$ 的稀疏信号实现精确复原(即解的唯一性)。这一标度行为有时称为平方根瓶颈。

事实上，如果考虑式(3.6)中的 Welch 边界，那么 $\mu(A) > \sqrt{\dfrac{N-M}{M(N-1)}}$。对于 $M \leqslant N/2$，有 $N - M \geqslant (N-1)/2$，且 $\mu(A) > 1/\sqrt{2M}$ 或 $1/\mu(A) < \sqrt{2M}$。如上所述，该估计在紧框架下是最优估计。因此，在最坏的情况下，利用 Spark 估计式(3.9)所获得的最佳估计不会优于 $\text{spark}(\boldsymbol{A}) > \sqrt{2M}$，对 $N \geqslant 2M$ 的矩阵 $\boldsymbol{A}$ 无特殊形式的限制。这使得只能对满足 $k < \sqrt{M/2}$ 的 k 阶稀疏信号实现精确复原(见定理 3.3)。这表明在最坏情况下精确重构的(稀疏度)幅度与 M 的平方根成正比。

下面考虑一种特殊类型的稀疏信号，有时称为狄拉克训练函数(或者狄拉克梳)，其构造如下。令 $N = L^2$，同时令 $\boldsymbol{v}$ 为一个信号，其在直至 L^2 的 L 的倍数坐标处取值为 1，在其他坐标处取值为 0。换句话说，$\boldsymbol{v}_i = \{1, i = lL, l = 1, \cdots, L\}$，其他处取值为 0。注意，$\boldsymbol{v}$ 的 DFT 与 $\boldsymbol{v}$ 一致。$\boldsymbol{v}$ 的谱的限制在非 L 的整数倍坐标处的值为零。现在考虑观测矩阵 $\boldsymbol{A}$，其为 DFT 矩阵在 N 行中选择 $M = N - \sqrt{N}$ 行构成的子集上的限制，这 $M = N - \sqrt{N}$ 行与 $\boldsymbol{v}$ 的谱中的坐标相对应。很明显，信号 $\boldsymbol{v}$ 不能从这些零谱值中复原，即 L 阶稀疏向量不能从方程 $(\mathcal{F}(\boldsymbol{x}))|_K = 0$ 中复原，

其中，$K \subset \mathbb{Z}_N$，$K = \{n | n \neq lL\}$。换句话说，在$\boldsymbol{A}$中有$M = N - \sqrt{N}$列，在狄拉克梳向量中有$L = \sqrt{N} = O(\sqrt{M})$个非零元素不能复原。

综上，为了确保任意$M \times N$维矩阵$\boldsymbol{A}$的稀疏信号重构，信号必须是足够稀疏的，即其支撑的大小(非零分量的个数)必须不超过$\Omega(\sqrt{M})$。后面将进一步讨论，如果不是考虑确定性的稀疏阈值，而是考虑概率阈值的话，这一平方根瓶颈可被打破，也就是说可能得到一个更好的标度行为。这里概率稀疏阈值是指该稀疏阈值能以很大的概率成立，而不是对所有的向量$\boldsymbol{x}$均成立。接下来将考虑利用前面所定义的RIP来讨论精确重构问题，至于概率情况下的讨论将在下一章进行概述。

3.9　基于RIP的精确重构

有关不含噪稀疏信号复原的一系列最新结果源于(Candès, 2008)。

定理3.9　令$\boldsymbol{x}$和$\boldsymbol{x}^*$分别表示方程$\boldsymbol{Ax} = \boldsymbol{y}$的解和问题$(P_1)$的解，而$\boldsymbol{A}$的$\delta_k$表示RIP定义5中的$k$阶有限等距常数。令$\boldsymbol{x}_k \in \mathbb{C}^N$表示$\boldsymbol{x}$的截断，除其绝对值最大的$k$个分量以外，其他分量均被设为零。

I. 如果$\delta_{2k} < 1$且$\boldsymbol{x}$为$\boldsymbol{Ax} = \boldsymbol{y}$的$k$阶稀疏解，则为唯一解；

II. 如果$\delta_{2k} < \sqrt{2} - 1$，那么

i) $\|\boldsymbol{x}^* - \boldsymbol{x}\|_1 \leqslant C_0 \|\boldsymbol{x} - \boldsymbol{x}_k\|_1$

ii) $\|\boldsymbol{x}^* - \boldsymbol{x}\|_2 \leqslant C_0 k^{-1/2} \|\boldsymbol{x} - \boldsymbol{x}_k\|_1$

其中，C_0为常数。

定理3.9 II表明：

1. 一个k阶稀疏信号可以通过求解l_1范数最小化问题式(2.10)，从一组不含噪的线性观测$\boldsymbol{y} = \boldsymbol{Ax}$中精确复原。
2. 对任意$\boldsymbol{x}$，其复原的质量依赖于$\boldsymbol{x}$与其k阶稀疏截断信号$\boldsymbol{x}_k$的近似程度。

定理3.9的证明：

第I部分。假设$\boldsymbol{Ax} = \boldsymbol{y}$有两个不同的$k$阶稀疏解$\boldsymbol{x}_1$与$\boldsymbol{x}_2$。那么$\tilde{\boldsymbol{x}} = \boldsymbol{x}_1 - \boldsymbol{x}_2$为$2k$稀疏向量。利用条件$\delta_{2k} < 1$及RIP定义中的下界，得到

$$0 < (1 - \delta_{2k})\|\tilde{\boldsymbol{x}}\|_2^2 \leqslant \|\boldsymbol{A}\tilde{\boldsymbol{x}}\|_2^2 \tag{3.19}$$

这意味着$\boldsymbol{A}\tilde{\boldsymbol{x}} = \boldsymbol{Ax}_1 - \boldsymbol{Ax}_2 > 0$，故与假设$\boldsymbol{Ax}_1 = \boldsymbol{Ax}_2 = \boldsymbol{y}$相矛盾。

第Ⅱ部分。从下述引理出发来进行证明。该引理表明，将满足RIP的线性变换应用于两个支撑不相交的向量后，则线性变换后的向量的支撑仍不相交。

引理3.10　令K、K'为$\mathbb{Z}_N$中的不相交子集，且$|K| \leqslant k$，$|K'| \leqslant k'$。令$\boldsymbol{A}$为满足RIP的变换，其常数为δ_k。那么，对具有支撑K、K'的$\boldsymbol{x}$、$\boldsymbol{x}'$，下式成立：

$$|\langle \boldsymbol{A}(\boldsymbol{x}), \boldsymbol{A}(\boldsymbol{x}') \rangle| \leqslant \delta_{k+k'} \|\boldsymbol{x}\|_2 \|\boldsymbol{x}'\|_2 \tag{3.20}$$

证明：不失一般性，可假设 $\boldsymbol{x},\boldsymbol{x}'$ 均为单位向量(否则，可以先利用 l_2 范数进行标准化)。那么 RIP 及 $\boldsymbol{x}$、$\boldsymbol{x}'$ 的不相交意味着

$$\begin{aligned}2(1-\delta_{k+k'}) = (1-\delta_{k+k'})\|\boldsymbol{x}+\boldsymbol{x}'\|_2^2 &\leqslant \|\boldsymbol{A}(\boldsymbol{x}+\boldsymbol{x}')\|_2^2 \\ &\leqslant (1+\delta_{k+k'})\|\boldsymbol{x}+\boldsymbol{x}'\|_2^2 = 2(1+\delta_{k+k'})\end{aligned} \tag{3.21}$$

类似地，对 $\boldsymbol{x}-\boldsymbol{x}'$ 下述不等式成立：

$$2(1-\delta_{k+k'}) \leqslant \|\boldsymbol{\Phi}(\boldsymbol{x}-\boldsymbol{x}')\|_2^2 \leqslant 2(1+\delta_{k+k'}) \tag{3.22}$$

运用平行四边形恒等式

$$\frac{1}{4}(\|\boldsymbol{u}+\boldsymbol{v}\|_2^2 + \|\boldsymbol{u}-\boldsymbol{v}\|_2^2) = \langle \boldsymbol{u},\boldsymbol{v}\rangle \tag{3.23}$$

将上式与式(3.21)和式(3.22)结合，可得

$$\begin{aligned}|\langle \boldsymbol{A}(\boldsymbol{x}),\boldsymbol{A}(\boldsymbol{x}')\rangle| &= \frac{1}{4}\,|\|\boldsymbol{A}(\boldsymbol{x}+\boldsymbol{x}')\|_2^2 - \|\boldsymbol{A}(\boldsymbol{x}-\boldsymbol{x}')\|_2^2| \\ &\leqslant \frac{1}{4}(2(1+\delta_{k+k'}) - 2(1-\delta_{k+k'})) = \delta_{k+k'}\end{aligned} \tag{3.24}$$

证毕。

接下来，首先证明第Ⅱ部分中的第 ii)点。将 $\boldsymbol{x}^*$ 分解为 $\boldsymbol{x}^* = \boldsymbol{x}+\boldsymbol{h}$。对 $\mathbb{C}^N$ 空间中的坐标关于 $\boldsymbol{h}$ 按照降序遍历，使得 $i \leqslant j$ 时，$|\boldsymbol{h}_i| \geqslant |\boldsymbol{h}_j|$。记 $T_i = [ik,(i+1)k-1]$ 是长度为 k 的索引区间(注意，最后一个区间的长度可能小于 k，但这并不会从本质上影响证明过程)。用 $\boldsymbol{h}_{T_i}$ 表示 $\boldsymbol{h}$ 在 T_i 上的限制。同样地，$\boldsymbol{h}_{T_0\cup T_1}$ 表示 $\boldsymbol{h}$ 在 $T_0 \cup T_1$ 上的限制，而 $\boldsymbol{h}_{(I)^c}$ 表示 $\boldsymbol{h}$ 在索引集 I 的补集上的限制。

现在的目的是要表明 $\|\boldsymbol{h}\|_{l_1}$ 的值很小，即 l_1 范数最优问题式(2.10)的解 $\boldsymbol{x}^*$ 与 $b = \boldsymbol{A}\boldsymbol{x}$ 的解 $\boldsymbol{x}$ 非常接近。

利用下述不等式：

$$\begin{aligned}\|\boldsymbol{h}_{T_j}\|_2 &\leqslant \sqrt{\sum_{i=kj}^{(k+1)j-1} |\boldsymbol{h}_i|^2} \leqslant \sqrt{\sum_{i=kj}^{(k+1)j-1} \|\boldsymbol{h}_{T_j}\|_\infty{}^2} \\ &\leqslant k^{\frac{1}{2}}\|\boldsymbol{h}_{T_j}\|_{l\infty} \leqslant k^{\frac{1}{2}}k^{-1}\sum_{i=(k-1)j}^{kj-1} |\boldsymbol{h}_i|^2 = k^{-\frac{1}{2}}\|\boldsymbol{h}_{T_{j-1}}\|_1\end{aligned} \tag{3.25}$$

上式后面一个不等式对 $j \geqslant 1$ 成立。对式(3.25)在 $j \geqslant 2$ 情况下求和，得到

$$\begin{aligned}\|\boldsymbol{h}_{(T_0\cup T_1)^c}\|_2 = \|\sum_{j\geqslant 2}\boldsymbol{h}_{T_j}\|_2 &\leqslant \sum_{j\geqslant 2}\|\boldsymbol{h}_{T_j}\|_2 \\ &\leqslant \sum_{j\geqslant 1} k^{-\frac{1}{2}}\|\boldsymbol{h}_{T_j}\|_1 = k^{-\frac{1}{2}}\|\boldsymbol{h}_{T_0^c}\|_1\end{aligned} \tag{3.26}$$

由于 $\boldsymbol{x}+\boldsymbol{h}$ 为最小，于是

$$\begin{aligned}\|\boldsymbol{x}\|_1 \geqslant \|\boldsymbol{x}+\boldsymbol{h}\|_1 &= \sum_{i\in T_0}|\boldsymbol{x}_i+\boldsymbol{h}_i| + \sum_{i\in T_0^c}|\boldsymbol{x}_i+\boldsymbol{h}_i| \\ &\leqslant \|\boldsymbol{x}_{T_0}\|_1 - \|\boldsymbol{h}_{T_0}\|_1 + \|\boldsymbol{h}_{T_0^c}\|_1 - \|\boldsymbol{x}_{T_0^c}\|_1\end{aligned} \tag{3.27}$$

又因为 $\boldsymbol{x}_{T_0^c} = \boldsymbol{x}-\boldsymbol{x}_{T_0}$，有

$$\|\boldsymbol{h}_{T_0^c}\|_1 \leqslant \|\boldsymbol{h}_{T_0}\|_1 + 2\|\boldsymbol{x}_{T_0^c}\|_1 \tag{3.28}$$

应用式(3.26)和式(3.28)对 $\| \boldsymbol{h}_{(T_0 \cup T_1)^c} \|_2$ 取边界，得到

$$\begin{aligned} \| \boldsymbol{h}_{(T_0 \cup T_1)^c} \|_2 &\leqslant k^{-\frac{1}{2}} \| \boldsymbol{h}_{T_0^c} \|_1 \leqslant k^{-\frac{1}{2}} (\| \boldsymbol{h}_{T_0} \|_1 + 2 \| \boldsymbol{x}_{T_0^c} \|_1) \\ &\leqslant \| \boldsymbol{h}_{T_0} \|_2 + 2k^{-\frac{1}{2}} \| \boldsymbol{x} - \boldsymbol{x}_k \|_1 \end{aligned} \tag{3.29}$$

其中，最后一个不等式是基于柯西-施瓦兹不等式得到的，即

$$\begin{aligned} \| \boldsymbol{h}_{T_0} \|_1 &= \sum_{i<s} \boldsymbol{h}_i \cdot \operatorname{sgn}(\boldsymbol{h}_i) \leqslant \| \{ \operatorname{sgn}(\boldsymbol{h}_i) \}_{i<k} \|_2 \cdot \| \boldsymbol{h}_{T_0} \|_2 \\ &= k^{\frac{1}{2}} \| \boldsymbol{h}_{T_0} \|_2 \end{aligned} \tag{3.30}$$

现在定义 $e_0 \equiv k^{-\frac{1}{2}} \| \boldsymbol{x} - \boldsymbol{x}_k \|_1$。下一步就是求 $\| \boldsymbol{h}_{(T_0 \cup T_1)^c} \|_2$ 的边界。因为 $\boldsymbol{x}$ 和 $\boldsymbol{x}^*$ 均为方程 $\boldsymbol{b} = \boldsymbol{A}\boldsymbol{u}$ 的解，于是有 $\boldsymbol{A}\boldsymbol{h} = 0$ 和 $\boldsymbol{A}\boldsymbol{h}_{(T_0 \cup T_1)} = - \sum_{j \geqslant 2} \boldsymbol{A}\boldsymbol{h}_{T_j}$。因此

$$\| \boldsymbol{A}\boldsymbol{h}_{(T_0 \cup T_1)} \|_2^2 = - \langle \boldsymbol{A}\boldsymbol{h}_{(T_0 \cup T_1)}, \sum_{j \geqslant 2} \boldsymbol{A}\boldsymbol{h}_{T_j} \rangle \tag{3.31}$$

由引理 3.10，对于 $k = 1,2, j \geqslant 2$，得

$$| \langle \boldsymbol{A}\boldsymbol{h}_{(T_k)}, \boldsymbol{A}\boldsymbol{h}_{T_j} \rangle | \leqslant \delta_{2k} \| \boldsymbol{h}_{T_k} \|_2 \| \boldsymbol{h}_{T_j} \|_2 \tag{3.32}$$

由于 T_0 与 T_1 不相交，可得

$$2 \| \boldsymbol{h}_{T_0 \cup T_1} \|_2^2 = 2(\| \boldsymbol{h}_{T_0} \|_2^2 + \| \boldsymbol{h}_{T_1} \|_2^2) \geqslant (\| \boldsymbol{h}_{T_0} \|_2 + \| \boldsymbol{h}_{T_1} \|_2)^2 \tag{3.33}$$

将 RIP 应用于 $\boldsymbol{h}_{(T_0 \cup T_1)}$，式(3.31)以及等式 $\boldsymbol{A}\boldsymbol{h}_{(T_0 \cup T_1)} = \boldsymbol{A}\boldsymbol{h}_{T_0} + \boldsymbol{A}\boldsymbol{h}_{T_1}$ 意味着

$$\begin{aligned} (1 - \delta_{2k}) \| \boldsymbol{h}_{T_0 \cup T_1} \|_2^2 \leqslant \| \boldsymbol{A}\boldsymbol{h}_{(T_0 \cup T_1)} \|_2^2 &\leqslant \delta_{2k} (\| \boldsymbol{h}_{T_0} \|_2 + \| \boldsymbol{h}_{T_1} \|_2) \sum_{j \geqslant 2} \| \boldsymbol{h}_{T_j} \|_2 \\ &\leqslant \sqrt{2} \delta_{2k} \| \boldsymbol{h}_{T_0 \cup T_1} \|_2 \sum_{j \geqslant 2} \| \boldsymbol{h}_{T_j} \|_2 \end{aligned} \tag{3.34}$$

记 $\rho \equiv \sqrt{2} \delta_{2k} (1 - \delta_{2k})^{-1}$。定理 3.9 中的假设 $\delta_{2k} < \sqrt{2} - 1$ 等价于 $\rho < 1$，后面还将用到这一性质。

因此，结合式(3.34)与式(3.26)，可得

$$\| \boldsymbol{h}_{T_0 \cup T_1} \|_2 \leqslant \sqrt{2} \delta_{2k} (1 - \delta_{2k})^{-1} k^{-\frac{1}{2}} \| \boldsymbol{h}_{T_0}^c \|_1 \tag{3.35}$$

综合式(3.29)，有

$$\| \boldsymbol{h}_{T_0 \cup T_1} \|_2 \leqslant \rho \| \boldsymbol{h}_{T_0 \cup T_1} \|_2 + 2\rho e_0, \text{或} \| \boldsymbol{h}_{T_0 \cup T_1} \|_2 \leqslant 2\rho (1 - \rho)^{-1} e_0 \tag{3.36}$$

综上，有

$$\begin{aligned} \| \boldsymbol{h} \| l_2 \leqslant \| \boldsymbol{h}_{T_0 \cup T_1} \|_2 + \| \boldsymbol{h}_{T_0 \cup T_1}^c \|_2 &\leqslant \| \boldsymbol{h}_{T_0 \cup T_1} \|_2 + \| \boldsymbol{h}_{T_0 \cup T_1} \|_2 + 2e_0 \\ &\leqslant 2 (1 - \rho)^{-1} (1 + \rho) e_0 \end{aligned} \tag{3.37}$$

这就证明了定理 3.9 中的第 ii)部分。

第 i)部分是基于以下考虑得到的。$\boldsymbol{h}_{T_0}$ 的 l_1 范数有如下性质：

$$\begin{aligned} \| \boldsymbol{h}_{T_0} \|_1 \leqslant k^{\frac{1}{2}} \| \boldsymbol{h}_{T_0} \|_2 &\leqslant \| \boldsymbol{h}_{T_0 \cup T_1} \|_2 \\ &\leqslant s^{\frac{1}{2}} \rho k^{-\frac{1}{2}} \| \boldsymbol{h}_{T_0}^c \|_1 = \rho \| \boldsymbol{h}_{T_0}^c \|_1 \end{aligned} \tag{3.38}$$

那么，由于

$$\| \boldsymbol{h}_{T_0}^c \|_1 \leqslant \rho \| \boldsymbol{h}_{T_0}^c \|_1 + 2 \| \boldsymbol{x}_{T_0}^c \|_1 \tag{3.39}$$

则有

$$\| \boldsymbol{h}_{T_0}^c \|_1 \leqslant 2(1-\rho)^{-1} \| \boldsymbol{x}_{T_0}^c \|_1 \tag{3.40}$$

因此

$$\begin{aligned} \| \boldsymbol{h} \|_1 = \| \boldsymbol{h}_{T_0} \|_1 + \| \boldsymbol{h}_{T_0}^c \|_1 &\leqslant (\rho + 2(1-\rho)^{-1}) \| \boldsymbol{x}_{T_0}^c \|_1 \\ &\leqslant 2(1+\rho)(1-\rho)^{-1} \| \boldsymbol{x}_{T_0}^c \|_1 \end{aligned} \tag{3.41}$$

这就证明了定理3.9中的第i)部分。

证毕。

3.10 总结与参考书目

再重申一次，现有关于稀疏复原的文献量巨大，此处只列举了其中非常小的一部分。本章重点讲述了文献(Donoho, 2006a)和(Candès et al., 2006a)具有深远意义的工作，这两篇文章引发了对压缩感知领域的研究。在(Candès et al., 2006a)中，给出了一个令人惊讶的实验现象，这一现象乍看起来与传统的采样定理(Whittaker, 1990; Nyquist, 1928; Kotelnikov, 2006; Shannon, 1949)相矛盾，因为它利用比采样定理所要求的采样数少得多的采样实现了对信号的精确复原。这其中的关键其实就是挖掘并利用了信号的稀疏结构。而且，(Candès et al., 2006a)通过将稀疏复原的样本大小从信号维数平方根降低到信号维数的对数，较大地改进了由早期文献(Donoho and Stark, 1989)和(Donoho and Huo, 2001)所给出的关于稀疏信号复原的结果。

其次，本章考虑了设计矩阵的一些关键性质，这正是稀疏复原中最本质的问题。这些关键性质包括互相关、Spark以及零空间性质。(Donoho and Huo, 2001; Tropp, 2006; Donoho et al., 2006; Elad, 2010)对互相关进行了讨论。(Gorodnitsky and Rao, 1997)利用Spark对稀疏解问题的唯一性进行了证明。(Kruskal, 1977)则讨论了一个与Spark相关的概念——Kruskal Spark。(Donoho and Elad, 2003)对Spark与互相关之间的联系进行了研究。

零空间性质是稀疏复原的充分必要条件，由(Gribonval and Nielsen, 2003)和(Cohen et al., 2009)提出。平方根瓶颈的结果由(Donoho and Stark, 1989; Donoho and Huo, 2001)提出。(Candès et al., 2006a)引入了RIP。本章对基于RIP的稀疏信号复原的阐述采用了(Candès, 2008)中的内容。

第4章　理论结果(概率部分)

本章将给出满足有限等距性质(RIP)的矩阵的例子。即研究三类矩阵：独立同分布的随机元素构成的矩阵，这些元素衰减很快(如亚高斯)；从离散傅里叶变换[或离散余弦变换(DCT)]矩阵中随机选择的行组成的矩阵；从一般正交矩阵中随机选择的行组成的矩阵。同时，提供了上述情况下全面但简洁的 RIP 证明过程。所有超出标准的概率与线性代数课程的背景材料可以在附录中找到。同时，对所有不大于 s 的子集，具有 RIP 的矩阵均满足该性质。对于仍然能表明稀疏复原的非一致结果，可以参考(Candès and Plan, 2011)与最近的专著(Foucart and Rauhut, 2013; Chafai et al., 2012)。

必须要说明的是，本章呈现的材料较为前沿，相比本书其他内容可能需要更为深入的数学背景。另一方面，本章中的证明独立于其他主题，因此在第一次阅读时可以跳过，并不会对理解后续的内容产生负面影响。

4.1　RIP 何时成立?

本节将介绍满足 RIP 的三个例子，这三个例子可以分为两类：第一个例子包括具有独立同分布且服从亚高斯分布的随机元素的矩阵；其他两个例子涉及大的正交(或 DFT)矩阵。在这些例子中，对行进行随机选择。

1. **具有独立同分布元素的随机矩阵**(Candès and Tao, 2006; Donoho, 2006d; Rudelson and Vershynin, 2006)。令矩阵 $\boldsymbol{A}$ 的元素独立同分布且服从亚高斯分布，$\mu=0, \sigma=1$。那么，当 $M \geqslant \text{const}(\varepsilon,\delta) \cdot S \cdot \log\left(\frac{2N}{S}\right)$ 时，$\hat{\boldsymbol{A}}=\frac{1}{\sqrt{M}}\boldsymbol{A}$ 满足 $\delta_S \leqslant \delta$ 的 RIP 的概率为 $p>1-\varepsilon$。分布实例包含：高斯分布、伯努利分布与亚高斯分布。
2. **傅里叶集**(Candès and Tao, 2006; Rudelson and Vershynin, 2006)。令 $\hat{\boldsymbol{A}}=\frac{1}{\sqrt{M}}\boldsymbol{A}$，$\boldsymbol{A}$ 为从 $N \times N$ 维 DFT 矩阵中随机选择 M 行组成的矩阵。那么，如果 $M \geqslant \text{const}(\varepsilon,\delta) \cdot S \cdot \log^4(2N)$，则 $\hat{\boldsymbol{A}}$ 满足 $\delta_S \leqslant \delta$ 的 RIP 的概率为 $p>1-\varepsilon$。
3. **一般正交集**(Candès and Tao, 2006)。令 $\hat{\boldsymbol{A}}$ 为从 $N \times N$ 维正交矩阵 $\boldsymbol{U}$ 中随机选择 M 行组成的矩阵，其列被重新标准化。那么，如果 $M \geqslant \text{const}(\varepsilon,\delta) \cdot \mathcal{M}^2(\boldsymbol{U}) \cdot S \cdot \log^6 N$，则以很高的概率对 S 阶稀疏向量 $\boldsymbol{x}$ 进行复原。

本章下面内容主要专注于对这些结果的研究。

4.2 Johnson-Lindenstrauss 引理与亚高斯随机矩阵的 RIP

本节将研究例 1 中的第一部分。虽然下面的结果并不能给出最佳的可能估计，但是它具有清晰而简洁的证明。下面的介绍主要依据的是(Baraniuk et al., 2008)中的内容。

下面要呈现的结果是 Johnson-Lindenstrauss 引理。本质上讲，该引理表明了欧几里得空间 $\mathbb{R}^N$ 中的 $|Q|$ 个点可以被映射到 $\mathbb{R}^n$ 中，从而使得点之间的距离存在小于乘子 $1 \pm \varepsilon$ 的差距，其中 n 为 $\ln(|Q|)/\varepsilon^2$ 的阶。注意，仅在本章中使用对范数向量稍有不同的符号表示，包括空间的维数，也就是说 $\|\boldsymbol{x}\|_{\ell_2^N}$ 将表示向量 $\boldsymbol{x} \in \mathbb{R}^N$ 的 l_2 范数。

引理 4.1 (Johnson and Lindenstrauss, 1984) 令 $\varepsilon \in (0,1)$ 已给定。对于 $\mathbb{R}^N$ 中含有 $|Q|$ 个点的每个集合 Q，如果 n 为整数且 $n > n_0 = O(\ln(|Q|)/\varepsilon^2)$，那么，存在一个利普希茨(Lipschitz)映射 $f: \mathbb{R}^N \to \mathbb{R}^n$ 使得对于所有的 $\boldsymbol{u}, \boldsymbol{v} \in Q$，有

$$(1-\varepsilon)\|\boldsymbol{u}-\boldsymbol{v}\|_{\ell_2^N}^2 \leqslant \|f(\boldsymbol{u})-f(\boldsymbol{v})\|_{\ell_2^n}^2 \leqslant (1+\varepsilon)\|\boldsymbol{u}-\boldsymbol{v}\|_{\ell_2^N}^2 \tag{4.1}$$

由于 Johnson-Lindenstrauss 引理的证明是基于下面的表述，所以该引理为集中不等式。

令 $\boldsymbol{\Phi}(\omega)$ 为随机矩阵，其元素为 $\Phi_{ij} = \frac{1}{\sqrt{n}} R_{i,j}$，$R_{i,j}$ 为独立同分布的随机变量，$E[R_{i,j}] = 0$，$\mathrm{Var}[R_{i,j}] = 1$，且具有由常数 a 定义的一致亚高斯尾。读者可以参考附录以便从亚高斯随机变量理论中获得相关定义与其他信息。

定理 4.2 对于任意 $\boldsymbol{x} \in \mathbb{R}^N$，随机变量 $\|\boldsymbol{\Phi}(\omega)\boldsymbol{x}\|_{\ell_2^n}^2$ 围绕其期望值强集中，则

$$\mathrm{Prob}(|\|\boldsymbol{\Phi}(\omega)\boldsymbol{x}\|_{\ell_2^n}^2 - \|\boldsymbol{x}\|_{\ell_2^N}^2| \geqslant \varepsilon\|\boldsymbol{x}\|_{\ell_2^N}^2) \leqslant 2\mathrm{e}^{-nc_0(\varepsilon)}, \quad 0 < \varepsilon < 1 \tag{4.2}$$

其中，在所有 $n \times N$ 维矩阵 $\boldsymbol{\Phi}(\omega)$ 上计算概率，$c_0(\varepsilon) > 0$ 为仅依赖 $\varepsilon \in (0,1)$ 的常数。

式(4.2)中给出的不等式称为 Johnson-Lindenstrauss 集中不等式。集中不等式构成了离散几何学的子领域。对该内容感兴趣的读者可以参考(Matoušek, 2002)这样的入门书籍。

我们现在已经准备好获得具有亚高斯随机元素的矩阵的 RIP 了。

定理 4.3 (随机矩阵的 RIP)假设给定 n，N 与 $0 < \delta < 1$。如果产生 $n \times N$ 维矩阵 $\boldsymbol{\Phi}(\omega)$ 的概率分布满足 Johnson-Lindenstrauss 集中不等式，$\omega \in \Omega^{nN}$，那么存在仅依赖 δ 的常数 $c_1, c_2 > 0$，使得对于具有指定的 δ 以及任意 $k \leqslant c_1 n/\log(N/k)$ 的 $\boldsymbol{\Phi}(\omega)$，式(3.16)中的 RIP 满足的概率不低于 $1 - 2\mathrm{e}^{-c_2 n}$。

定理的证明将在下一节给出。

4.2.1 Johnson-Lindenstrauss 集中不等式的证明

现在根据(Matoušek, 2002)给出 Johnson-Lindenstrauss 集中不等式与引理的证明。

证明： 通过将式(4.2)中概率符号里的表达式除以 $\|\boldsymbol{x}\|_{\ell_2^N}$，可以假定 $\|\boldsymbol{x}\|_{\ell_2^N} = 1$。那么，

$$\|\boldsymbol{\Phi}(\omega)\boldsymbol{x}\|_{\ell_2^n}^2 - 1 = \frac{1}{\sqrt{n}}\frac{1}{\sqrt{n}}\left(\sum_{i=1}^{n}\left(\sum_{j=1}^{N} R_{ij}\boldsymbol{x}_j\right)^2 - n\right) \tag{4.3}$$

或者将 $\|\boldsymbol{\Phi}(\omega)\boldsymbol{x}\|_{\ell_2^N}^2 - 1$ 写为 $\frac{1}{\sqrt{n}}Z$，其中 $Z = \frac{1}{\sqrt{n}}\left(\sum_{i=1}^{n}(Y_i)^2 - n\right)$，$Y_i = \sum_{j=1}^{N} R_{ij}\boldsymbol{x}_j$。由于 R_{ij} 为独立同分布的，所以 Y_i 为独立的。根据定理 A.6(见附录)，Y_i 为亚高斯随机变量，且 $E[Y_i] = 0$，$\mathrm{Var}[Y_i] = 1$。

由于 $\|\boldsymbol{x}\|_{\ell_2^N} = 1$，那么

$$\mathrm{Prob}[\ \|\boldsymbol{\Phi}(\omega)\|\ \geqslant 1 + \varepsilon] \leqslant \mathrm{Prob}[\|\boldsymbol{\Phi}(\omega)\|^2 \geqslant 1 + 2\varepsilon] = \mathrm{Prob}[Z \geqslant 2\varepsilon\sqrt{n}] \tag{4.4}$$

既然可以选择 $\varepsilon \leqslant \frac{1}{2}$，那么根据命题 A.8 与命题 A.3，最后的概率不超过

$$\mathrm{e}^{-a(2\varepsilon\sqrt{n})^2} = \mathrm{e}^{-4a\varepsilon^2 n} \leqslant \mathrm{e}^{-C(\varepsilon)n}, \quad C(\varepsilon) = 4a\varepsilon^2 \tag{4.5}$$

$\mathrm{Prob}[\ \|\boldsymbol{\Phi}(\omega)\|\ \leqslant 1 - \varepsilon] \leqslant \mathrm{e}^{-C(\varepsilon)n}$ 的证明是相似的。

证毕。

Johnson-Lindenstrauss 引理是式(4.4)与式(4.5)的直接推论。

证明(Johnson-Lindenstrauss 引理)：考虑 $|Q|^2$ 向量 $\boldsymbol{u}-\boldsymbol{v}$，其中，$\boldsymbol{u},\boldsymbol{v} \in Q$。取任意 $F(\omega)$，其元素为亚高斯独立同分布的随机变量 R_{ij}，且 $E[R_{ij}] = 0$，$\mathrm{Var}[R_{ij}] = 1$，以及具有由常数 a 定义的一致亚高斯尾。通过选择 $n > C\log(|Q|)/(a\varepsilon^2)$，可得

$$|Q|^2(\mathrm{Prob}[\|\boldsymbol{\Phi}(\omega)\|^2 \geqslant 1 + \varepsilon] + \mathrm{Prob}[\|\boldsymbol{\Phi}(\omega)\|^2 \geqslant 1 - \varepsilon]) < 2|Q|^2\mathrm{e}^{-4a\varepsilon^2 n} < 1$$

换言之，存在 ω_0 使得对于每一对 $\boldsymbol{u},\boldsymbol{v} \in Q$，有

$$(1 - \varepsilon)\|\boldsymbol{u} - \boldsymbol{v}\|^2 \leqslant \|\boldsymbol{\Phi}(\omega_0)(\boldsymbol{u} - \boldsymbol{v})\|^2 \leqslant (1 + \varepsilon)\|\boldsymbol{u} - \boldsymbol{v}\|^2$$

选择 $f = \boldsymbol{\Phi}(\omega_0)$。

证毕。

4.2.2 具有亚高斯随机元素的矩阵的 RIP

为了从 Johnson-Lindenstrauss 引理过渡到 RIP，需要得到如下结论：对于所有的单位向量，集中不等式(4.2)一致成立。根据 Johnson-Lindenstrauss 引理的证明思想，需要表明下面两种情况具有很高的概率：(1) $\boldsymbol{\Phi}(\omega)$ 为有界的；(2) 在覆盖单位球面的小球中心，式(4.2)成立。为了实现该目的，需要研究覆盖单位球面小球的数量。

首先引入体 $D \subset \mathbb{R}^n$ 的 ε- 覆盖的定义。

定义 6　令 $D \subset \mathbb{R}^n$，$\varepsilon > 0$。如果 D 中每一点到集合 $\mathcal{N} \subset D$ 的距离不超过 ε，那么集合 $\mathcal{N}$ 称为集合 D 的 ε- 网，即

$$\forall \boldsymbol{x} \in D, \exists \boldsymbol{y} \in \mathcal{N}, \ \mathrm{dist}(\boldsymbol{x},\boldsymbol{y}) \leqslant \varepsilon$$

集合 $\mathcal{N}$ 的最小规模称为覆盖数。$\mathbb{R}^n$ 中凸体对 K,D 的覆盖数表示为 $N(K,D)$，定义为具有 D 位移的覆盖 K 的最小规模。

接下来，估计单位球 S^{n-1} 的覆盖数。

引理4.4 （球 S^{n-1} 的 ε-网的大小）令 $0 < \varepsilon < 1$，那么 ε-网 $\mathcal{N}$ 可选，且有

$$|\mathcal{N}| \leqslant \left(1 + \frac{2}{\varepsilon}\right)^n \tag{4.6}$$

证明：该证明至少可以追溯到(Milman and Schechtman, 1986)，也可参见(Rudelson and Vershynin, 2006)。这里，不考虑 ε-网，而是考虑点之间距离至少为 ε 的集合 $\mathcal{N}'$，即所谓的 ε-分离集：

$$\mathcal{N}' = \{\boldsymbol{x}_i \mid \text{dist}(\boldsymbol{x}_i, \boldsymbol{x}_j) \geqslant \varepsilon\} \tag{4.7}$$

并考虑这样的最大网。该网可以通过增加与已选点之间距离为 ε 的点来构造。集合 $\mathcal{N}'$ 为 ε-网。否则，在 S^{n-1} 上存在一个点，其与 $\mathcal{N}'$ 的距离大于 ε，并且可以从 $\mathcal{N}'$ 中选择更多距离为 ε 的点。现在，应用体积估计方法。考虑单位开球 $B(\boldsymbol{x}_i, \varepsilon/2)$，原点是位于集合 $\mathcal{N}'$ 内的点。那么，球并不相交，并且它们均被包含在以原点为中心、半径为 $1+\varepsilon/2$ 的球 $B(0, 1+\varepsilon/2)$ 内。因此，估计球的体积为

$$|\mathcal{N}'|\left(\frac{\varepsilon}{2}\right)^n \leqslant (1+\varepsilon)^n \tag{4.8}$$

这样就得到了式(4.6)的结论。

证毕。

在进行微小改动的情况下，引理4.4 的证明可估计 $N(K, D)$。

引理4.5 ［体积的估计(Milman and Schechtman, 1986; Rudelson, 2007)］令 $0 < \varepsilon < 1$，K, D 为 $\mathbb{R}^n$ 中的凸体。那么，在 K 上的 D-网 $\mathcal{N}$ 可以被选择，且有

$$|\mathcal{N}| \leqslant \text{Volume}(K+D)/\text{Volume}(D) \tag{4.9}$$

证明：令 $\mathcal{N} = \{\boldsymbol{x}_1, \cdots, \boldsymbol{x}_N\} \subset K$ 为一集合，对于 $i \neq j$ 且 $i, j \in \mathbb{Z}_N$，有 $\boldsymbol{x}_i + D \cap \boldsymbol{x}_j + D = \emptyset$。那么

$$\text{Volume}(K+D) \geqslant \text{Volume}\left(\bigcup_1^N (\boldsymbol{x}_i + D)\right) \tag{4.10}$$

$$= \sum_1^N \text{Volume}(\boldsymbol{x}_i + D) = N \cdot \text{Volume}(D) \tag{4.11}$$

因此，

$$N(K, D) \leqslant N \leqslant \frac{\text{Volume}(K+D)}{\text{Volume}D} \tag{4.12}$$

证毕。

推论4.6 令 $K \subset \mathbb{R}^n$ 为一凸体。那么对于正数 $\varepsilon < 1$，有

$$N(K, \varepsilon K) \leqslant \left(1 + \frac{1}{\varepsilon}\right)^n \tag{4.13}$$

现在，应用式(4.13)来证明式(4.2)的统一形式。

定理4.7　令 $\boldsymbol{\Phi}(\omega)$ 是 $n \times N$ 维随机矩阵，通过从满足集中不等式(4.2)的任意分布中提取得到，$\omega \in \Omega^{nN}$。那么，对于任意 $|T| = k < n$ 的集合 T 以及任意 $0 < \delta < 1$，有

$$(1-\delta)\|\boldsymbol{x}\|_{\ell_2^N} \leqslant \|\boldsymbol{\Phi}(\omega)\boldsymbol{x}\|_{\ell_2^n} \leqslant (1+\delta)\|\boldsymbol{x}\|_{\ell_2^N}, \quad \boldsymbol{x} \in X_T \tag{4.14}$$

满足上式的概率至少为

$$1-2\,(9/\delta)^k \mathrm{e}^{-c_0(\delta/2)n} \tag{4.15}$$

证明：注意，对于 $\|\boldsymbol{x}\|_2 = 1$ 的 $\boldsymbol{x}$，可以得到式(4.14)的结果。接下来，在 S^{k-1} 中选择 $\delta/4$-网 Q。换句话说，对于任意 $\boldsymbol{x} \in S^{k-1}$，满足

$$\mathrm{dist}(x,Q) \leqslant \delta/4 \tag{4.16}$$

根据引理4.4，集合 Q 可以以不超过 $(1+8/\delta)^n \leqslant (9/\delta)^n$ 的大小被选择。通过将式(4.2)应用到点集 Q，下式满足的概率至少为式(4.15)：

$$\begin{aligned}(1-\delta/2)\|\boldsymbol{q}\|_{\ell_2^N}^2 &\leqslant \|\boldsymbol{\Phi}(\omega)\boldsymbol{q}\|_{\ell_2^n}^2 \\ &\leqslant (1+\delta/2)\|\boldsymbol{q}\|_{\ell_2^N}^2, \quad \boldsymbol{q} \in Q\end{aligned} \tag{4.17}$$

或者通过取平方根，得

$$(1-\delta/2)\|\boldsymbol{q}\|_{\ell_2^N}^2 \leqslant \|\boldsymbol{\Phi}(\omega)\boldsymbol{q}\|_{\ell_2^n} \leqslant (1+\delta/2)\|\boldsymbol{q}\|_{\ell_2^N}, \quad \boldsymbol{q} \in Q \tag{4.18}$$

令 $B = \sup_{\boldsymbol{x} \in S^{k-1}} \|\boldsymbol{\Phi}(\omega)\boldsymbol{x}\| - 1$，那么 $B \leqslant \delta$。事实上，固定 $\boldsymbol{x} \in S^{k-1}$。挑选满足 $\mathrm{dist}(\boldsymbol{x},\boldsymbol{q}) \leqslant \delta/4$ 的 $\boldsymbol{q} \in Q$。那么，

$$\|\boldsymbol{\Phi x}\|_{\ell_2^N} \leqslant \|\boldsymbol{\Phi}(\omega)\boldsymbol{q}\|_{\ell_2^n} + \|\boldsymbol{\Phi}(\omega)(\boldsymbol{x}-\boldsymbol{q})\|_{\ell_2^n} \leqslant 1+\delta/2+(1+B)\delta/4 \tag{4.19}$$

通过对所有 $\boldsymbol{x} \in S^{n-1}$ 取上确界，得到

$$B \leqslant \delta/2+(1+B)\delta/4 \tag{4.20}$$

或者 $B \leqslant 3\delta/(4-\delta) \leqslant \delta$。这就从上述内容中得到了式(4.14)的结论。下式满足：

$$\|\boldsymbol{\Phi}(\omega)x\|_{\ell_2^N} \geqslant \|\boldsymbol{\Phi}(\omega)\boldsymbol{q}\|_{\ell_2^n} - \|\boldsymbol{\Phi}(\omega)(\boldsymbol{x}-\boldsymbol{q})\|_{\ell_2^n} \geqslant 1-\delta/2-(1+\delta)\delta/4 \geqslant 1-\delta \tag{4.21}$$

证毕。

现在，我们证明定理4.3。

证明：对于每一个 k 维子空间 X_k，式(4.14)不成立的概率至多为

$$2\,(9/\delta)^k \mathrm{e}^{-c_0(\delta/2)n} \tag{4.22}$$

对于固定的基，存在 $\binom{N}{k} \leqslant (eN/k)^k$ 个这样的子空间。因此，对于任意子空间，式(4.14)不成立的概率至多为

$$2(eN/k)^k(12/\delta)^k\mathrm{e}^{-c_0(\delta/2)n} = 2\mathrm{e}^{-c_0(\delta/2)n+k[\log(eN/k)+\log(12/\delta)]} \tag{4.23}$$

对于固定的 $c_1 > 0$，无论何时 $k \leqslant c_1 n/\log(N/k)$，只要 $c_2 \leqslant c_0(\delta/2) - c_1[1+(1+\log(12/\delta))/\log(N/k)]$，式(4.23)右侧指数部分不大于 $-c_2 n$。因此，经常选择足够小的

$c_1>0$ 来确保 $c_2>0$。对于具有 $\|\mathrm{supp}(\boldsymbol{x})\|_{l_0}\leqslant k$ 的 $\boldsymbol{x}$ 来说，矩阵 $\boldsymbol{\Phi}(\omega)$ 满足式(4.14)的概率为 $1-2\mathrm{e}^{-c_2 n}$。

4.3 满足 RIP 的随机矩阵

本节将介绍几种满足 RIP 的随机矩阵，描述对随机矩阵行、列的随机性、分布(高斯分布、伯努利分布、次高斯分布、次指数分布、重尾分布)的不同衰减需求，以及独立同分布条件。

例 1 给出了不同类型的"随机性"，可以使矩阵满足 RIP。在第一种情况下，得到了矩阵的随机元素，见例 1(1)。注意，如最近关于 RIP 与相变方面的研究所示(Donoho and Tanner, 2009; Foucart et al., 2010; Garnaev and Gluskin, 1984)，在例 1 中，估计 $S\log(N/S)$ 的阶不能改进，因为其与 l_1^N 球的盖尔范德宽度的下界有关。对于该类型的随机性，考虑具有不同衰减的分布，如高斯、亚高斯或亚指数分布是可行的。对于具有亚高斯元素的相似结果，衰减限制可以放宽到亚指数元素衰减，其阶的估计为 $S\log^2(N/S)$ (Adamczak et al., 2011)。

从(Candès et al., 2006a)开始得到的其他系列结果，与从矩阵随机选择的行有关，可参考例 1(2)与例 1(3)。因为没有对分布衰减施以任何限制，所以出现了重尾随机分布情况。在该领域中，最好的结果之一是由(Rudelson and Vershynin, 2008)得到的，其中，对于常数概率，向量可复原的最大维数的阶为 $S\log^4(N/S)$。也可参见(Rauhut, 2008; Foucart and Rauhut, 2013)获得傅里叶矩阵的结果。最近，该结果被改进到 $S\log^3(N/S)$ (Cheraghchi et al., 2013)。

本章剩余部分将按照原始的证明过程，证明(Rudelson and Vershynin, 2008)中提出的结果。这里利用(Rudelson, 2007)中未发表的内容来完成 Dudley 不等式的证明，这需要得到一致 Rudelson 不等式或大数一致定理。同样地，可参见(Ledoux and Talagrand, 2011)中的定理 11.17 来获得 Dudley 不等式的相似研究。

内容安排如下：在对主要结果进行描述后，将在几个例子中对其进行验证。接下来，将对一致 Rudelson 不等式(URI)进行描述，同时也介绍了一致偏差性与一致对称性。最后，证明主要结果，并用 URI 的证明，包括 Dudley 不等式的研究作为本章的结束。

4.3.1 特征值与 RIP

我们可以用矩阵 $\boldsymbol{A}$ 的奇异值来表述 RIP。$N\times n$ 维矩阵 $\boldsymbol{A}$ 的奇异值为非负实数 λ，使得存在一对向量 $\boldsymbol{v},\boldsymbol{u}$ 满足 $\boldsymbol{A}\boldsymbol{v}=\lambda\boldsymbol{u}$，且 $\boldsymbol{A}^{\mathrm{T}}\boldsymbol{u}=\lambda\boldsymbol{v}$，其中 $\boldsymbol{A}^{\mathrm{T}}$ 表示 $\boldsymbol{A}$ 的转置。奇异值分解(SVD)是将 $\boldsymbol{A}=\boldsymbol{U}\boldsymbol{\Sigma}\boldsymbol{V}$ 表示为正交矩阵 $\boldsymbol{U}$ 与 $\boldsymbol{V}$ (即 $\boldsymbol{U}\boldsymbol{U}^{\mathrm{T}}=\boldsymbol{I}_N$，$\boldsymbol{U}^{\mathrm{T}}\boldsymbol{U}=\boldsymbol{V}\boldsymbol{V}^{\mathrm{T}}=\boldsymbol{V}^{\mathrm{T}}\boldsymbol{V}=\boldsymbol{I}_n$)与 $n\times n$ 维非负对角阵 $\boldsymbol{\Sigma}$ 的乘积。矩阵 $\boldsymbol{\Sigma}$ 的对角线元素称为奇异值。通常，奇异值以降序排列，即

$$s_1\geqslant s_2\geqslant\cdots\geqslant s_n\geqslant 0 \tag{4.24}$$

令 $s_{\min}=s_n$，$s_{\max}=s_1$ 分别为奇异值的最小值与最大值。注意，$0\leqslant s_{\min}\leqslant s_{\max}=\|A\|$。由于 SVD 分解，有 $\langle\boldsymbol{A}\boldsymbol{x},\boldsymbol{A}\boldsymbol{x}\rangle=\langle\boldsymbol{A}^{\mathrm{T}}\boldsymbol{A}\boldsymbol{x},\boldsymbol{x}\rangle=\langle\Sigma^2\boldsymbol{V}\boldsymbol{x},\boldsymbol{V}\boldsymbol{x}\rangle$，那么，$s_{\min}^2=\min_{\|\boldsymbol{x}\|_2=1}\langle\boldsymbol{A}\boldsymbol{x},\boldsymbol{A}\boldsymbol{x}\rangle$，$s_{\max}^2=$

$\max_{\|x\|_2=1}\langle \boldsymbol{Ax},\boldsymbol{Ax}\rangle$。因此，式(3.16)中的 RIP 条件可以重写为

$$(1-\delta_k) \leqslant s_{\min}^2 \leqslant s_{\max}^2 \leqslant 1+\delta_k \tag{4.25}$$

式(3.16)中表现 RIP 的另一种方式为

$$\delta_k = \max_{T\subset \mathbb{Z}_N,|T|\leqslant k} \| \boldsymbol{A}|'_T \boldsymbol{A}|_T - \boldsymbol{I}_{\mathbb{R}^{|T|}} \| \tag{4.26}$$

见引理 3.7 ii)。

因此，$\boldsymbol{A}$ 在至多 k 个坐标 T 上的所有 k 维限制的奇异值一致估计为

$$\max_{T\subset\{1,\cdots,n\};|T|}\{|1-s_{\max}(\boldsymbol{A}|_T)|,|1-s_{\min}(\boldsymbol{A}|_T)|\}\leqslant \delta \tag{4.27}$$

这意味着

$$1-\delta^2 \leqslant s_{\min}(\boldsymbol{A}|_T) = \min_{\|x\|_2=1,\ \mathrm{supp}(x)\subset T} \|\boldsymbol{A}|_T \boldsymbol{x}\|_2 \tag{4.28}$$

$$\leqslant \max_{\|x\|_2=1,\ \mathrm{supp}(x)\subset T} \|\boldsymbol{A}|_T \boldsymbol{x}\|_2 = s_{\max}(\boldsymbol{A}|_T) \leqslant 1+\delta^2 \tag{4.29}$$

或者换句话说，具有 $\delta_k \leqslant \delta^2$ 的 RIP 成立。

给定两个向量 $\boldsymbol{x}$ 与 $\boldsymbol{y}$，考虑具有系数 $(x_i y_j)|_{i,j}$ 的矩阵 $\boldsymbol{xy}'$。有时，用张量积 $\boldsymbol{x}\otimes\boldsymbol{y}$ 表示 $\boldsymbol{xy}'$。

4.3.2　随机向量，等距随机向量

随机 n 维向量由 $\mathbb{R}^n$ 中的某概率测度给出。随机向量 $\boldsymbol{x}$ 的期望 $\mathrm{E}\boldsymbol{x}$ 为逐坐标期望。随机向量 $\boldsymbol{x}$ 的二阶矩为矩阵 $\boldsymbol{\Sigma x} = E\boldsymbol{xx}' = E\boldsymbol{x}\otimes\boldsymbol{x}$。随机向量 $\boldsymbol{x}$ 的协方差为

$$\mathrm{cov}(\boldsymbol{x}) = E(\boldsymbol{x}-E\boldsymbol{x})(\boldsymbol{x}-E\boldsymbol{x})' \tag{4.30}$$

$$= E(\boldsymbol{x}-E\boldsymbol{x})\otimes(\boldsymbol{x}-E\boldsymbol{x}) = E\boldsymbol{x}\otimes\boldsymbol{x} - E\boldsymbol{x}\otimes E\boldsymbol{x} \tag{4.31}$$

定义 7　如果对于任意向量 $\boldsymbol{y}\in\mathbb{R}^n$，下式成立，则称随机向量 $\boldsymbol{x}$ 为等距的：

$$E\langle \boldsymbol{x},\boldsymbol{y}\rangle^2 = \|\boldsymbol{y}\|_2^2 \tag{4.32}$$

等距随机矩阵的概念可以追溯到(Robertson, 1940)，还可参见(Rudelson, 1999; Kannan et al., 1997; Milman and Pajor, 1989; Vershynin, 2012)。

由于 $E\langle\boldsymbol{x},\boldsymbol{y}\rangle^2 = E(\boldsymbol{x}'\boldsymbol{y})^2 = \langle\boldsymbol{\Sigma y},\boldsymbol{y}\rangle$，等距条件等价于 $\langle\boldsymbol{\Sigma y},\boldsymbol{y}\rangle = \|\boldsymbol{y}\|_2^2$。接下来，因为 $\langle\boldsymbol{\Sigma x},\boldsymbol{y}\rangle = 1/4(\langle\boldsymbol{\Sigma}(\boldsymbol{x}+\boldsymbol{y}),(\boldsymbol{x}+\boldsymbol{y})\rangle - \langle\boldsymbol{\Sigma}(\boldsymbol{x}-\boldsymbol{y}),(\boldsymbol{x}-\boldsymbol{y})\rangle) = \langle\boldsymbol{x},\boldsymbol{y}\rangle$，那么等距性质等价于 $\boldsymbol{\Sigma}=\boldsymbol{I}$。

高斯分布情况。服从分布 $N(0,\boldsymbol{I})$ 的高斯随机向量 $\boldsymbol{x}$ 为等距的。事实上，既然协方差矩阵为 $\boldsymbol{I}$，那么这是成立的。

伯努利分布情况。在 $\{-1,1\}^n$ 等概率取值的 n 维伯努利随机向量为等距的。改变坐标的符号并不改变定义(4.32)中的表达式，因此，$\boldsymbol{x}$ 为等距的。

4.4　具有独立有界行的矩阵与具有傅里叶变换随机行的矩阵的 RIP

下面的定理是对压缩感知现象进行严谨解释的基础。

定理 4.8　(Candès et al., 2006a; Rudelson and Vershynin, 2008)令 $\boldsymbol{A}=(a_{ij})$ 为 $n\times N$

维矩阵，列为独立且标准化的等距随机向量。假定所有元素有界，$|a_{ij}| \leqslant K$。那么，对于任意 $\tau > 0$ 和 $N, k > 2$，下式满足的概率至少为 $1 - 5n^{-c\tau}$：

$$N \geqslant C(K)\tau k \log^2(n)\log(C(K)\tau k \log^2(n)) \log^2(k) \tag{4.33}$$

$\boldsymbol{A}$ 满足 k-RIP。

当 $k \geqslant \log n$ 时，式(4.33)对 N 的边界限定为

$$C'_K\tau\log(\tau) k \log^2(n) \log^3(k)$$

目标是表明 RIP 参数的均值(下式)在 1 周围以可控方式有界，

$$E = E\delta_k \tag{4.34}$$

这通过利用 E 来表示 E 的估计值以及求解关于 E 的不等式实现。

由于向量 $\boldsymbol{A}_i$ 为独立且等距的，所以对于具有大小为 $|T| = d$ 的支撑 $T \subset \mathbb{Z}_N$ 的向量 $\boldsymbol{x}$，定义式(4.32)也是成立的。因此，$\boldsymbol{A}_i|_T$ 为独立且等距的，有 $E\boldsymbol{A}_i|_T \otimes \boldsymbol{A}_i|_T = \boldsymbol{I}_d$。

式(4.3)可以写为列的张量积形式，即

$$\frac{1}{N}\boldsymbol{A}|_T^*\boldsymbol{A}|_T - \boldsymbol{I}_d = \frac{1}{N}\sum_{i=1}^{N}\boldsymbol{A}_i|_T \otimes \boldsymbol{A}_i|_T - \boldsymbol{I}_d = \frac{1}{N}\sum_{i=1}^{N}\boldsymbol{X}_i \tag{4.35}$$

其中，$\boldsymbol{X}_i = \boldsymbol{A}_i|_T \otimes \boldsymbol{A}_i|_T - \boldsymbol{I}_d$ 为期望为零的独立矩阵。

对称化步骤。现在通过以相同概率取值 $\{-1,1\}$ 的随机伯努利变量 ε_i 来进行 $\boldsymbol{X}_i$ 的对称化，从而分析式(4.3)，或者

$$E \sup_{T \subset \mathbb{Z}_k} \left\| \sum_{i=1}^{N} (\boldsymbol{X}_{iT} - E\boldsymbol{X}_{iT}) \right\| \leqslant 2E \sup_{T \subset \mathbb{Z}_k} \left\| \sum_{i=1}^{N} \varepsilon_i \boldsymbol{X}_{iT} \right\| \tag{4.36}$$

该对称化不等式形式满足附录 A.5 节中的对称化不等式。表明中心化的变量和的范数期望不超过对称化的变量和的范数期望的两倍。引理 A.10 意味着可以按下述方法得到式(4.36)。将 $\boldsymbol{X}_i$ 作为 $\mathbb{R}^n$ 的列向量来考虑，其范数定义为

$$\|\boldsymbol{X}\| = \|\boldsymbol{X}\|_{\mathbb{R}^n} + \max_{T \subset \mathbb{Z}_k, |T| \leqslant d} \|\boldsymbol{X}|_T\|_{\mathbb{R}^n} \tag{4.37}$$

根据关于向量独立性的附录中的定义 16 后的说明，向量 $\boldsymbol{X}_i$ 为独立的。因此，可以应用对称化引理 A.10。

通过对式(4.35)取范数且进行期望运算，将 E 估计为

$$E = \frac{1}{N}E \sup_{T \subset \mathbb{Z}_N, |T| \leqslant k} \left\| \sum_{j \in \mathbb{Z}_n} \boldsymbol{X}_j|_T \right\|$$

由于 $a_{j_1 j_2}$ 为原始独立向量 $\boldsymbol{A}_j$ 的函数，那么向量 $\boldsymbol{X}_j = \boldsymbol{A}_j \otimes \boldsymbol{A}_j$ 为独立的。因此，可以应用式(4.36)，以便获得

$$E \leqslant \frac{2}{N}E \max_{T \subset \mathbb{Z}_N, |T| \leqslant k} \left\| \sum_{j \in \mathbb{Z}_n} \varepsilon_j \boldsymbol{A}_j|_T \otimes \boldsymbol{A}_j|_T \right\| \tag{4.38}$$

现在将使用一致鲁德尔森不等式(Rudelson，1999，2007；Vershynin，2012)。

定理 4.9 令 $\boldsymbol{x}_1, \cdots, \boldsymbol{x}_l$ 为 $\mathbb{R}^m$ 中的向量，$l < m$，其元素有界，$|x_{ji}| \leqslant K$。对于 $p \leqslant m$，独立伯努利随机变量 $\varepsilon_1, \cdots, \varepsilon_l$ 满足

$$E \max_{T \subset \mathbb{Z}_m, |T| \leqslant p} \left\| \sum_{i=1}^{l} \varepsilon_i \boldsymbol{x}_i|_T \otimes \boldsymbol{x}_i|_T \right\| \tag{4.39}$$

$$\leqslant \phi(p,m,l)\sqrt{p}E\max_{T\subset\mathbb{Z}_m,|T|\leqslant p}\|\sum_{i=1}^{l}\boldsymbol{x}_i|_T\otimes\boldsymbol{x}_i|_T\|^{\frac{1}{2}} \tag{4.40}$$

其中，$\phi(p,m,l)=C_K\log(p)\sqrt{\log(m)\log(l)}$。

从不等式(4.38)的右边进行推导，并使用定理 4.9 的结果，可得

$$E\leqslant\frac{\phi(k,n,N)\sqrt{k}}{N}E\max_{T\subset\mathbb{Z}_N,|T|\leqslant k}\|\sum_{j\in\mathbb{Z}_N}\boldsymbol{x}_j|_T\otimes\boldsymbol{x}_j|_T\|^{\frac{1}{2}} \tag{4.41}$$

$$=\frac{\phi(k,n,N)\sqrt{k}}{N}E\max_{T\subset\mathbb{Z}_N,|T|\leqslant k}\|\frac{1}{N}\boldsymbol{A}|_T\otimes\boldsymbol{A}|_T\|^{\frac{1}{2}} \tag{4.42}$$

接下来，利用三角不等式，得到

$$E\max_{T\subset\mathbb{Z}_N,|T|\leqslant k}\|\frac{1}{N}\boldsymbol{A}|_T\otimes\boldsymbol{A}|_T\| \tag{4.43}$$

$$\leqslant E\max_{T\subset\mathbb{Z}_N,|T|\leqslant k}\|\frac{1}{N}\boldsymbol{A}|_T\otimes\boldsymbol{A}|_T-\boldsymbol{I}_k\|+\|\boldsymbol{I}_k\|=E+1 \tag{4.44}$$

将式(4.44)代入式(4.42)，得到

$$E\leqslant\phi(k,n,N)\sqrt{\frac{k}{N}}(E+1)^{\frac{1}{2}} \tag{4.45}$$

对于正数 E 来说，不等式(4.45)的解通过下式给定：

$$0\leqslant E\leqslant\frac{1}{2}(a^2+\sqrt{a^2(a^2+4)})=b$$

其中 $a=\phi(k,n,N)\sqrt{\frac{k}{N}}$。由于对 $a<1$ 的区域感兴趣，因此有 $\sqrt{a^2+4}\leqslant a+2$，上式右边可以写为 $a(a+1)\leqslant 2a$。

图 4.1 说明了 $b\leqslant 2a$ 以及 $b\leqslant\max\{\sqrt{2a},2a^2\}$ 的情况。

通过将上述不等式结合在一起，可以断定，对于 $0<a\leqslant 1$，有

$$E\leqslant 2a=2C_K\log(k)\sqrt{\frac{k\log(n)\log(N)}{N}} \tag{4.46}$$

通过求解式(4.46)与改变常数 C_K，得到

$$\frac{N}{\log(N)}\geqslant C_K\delta^{-2}\log^2(k)k\log(n) \tag{4.47}$$

这意味着 $E\leqslant\delta$。下面看 N 的选择：

$$N\geqslant C_K\delta^{-2}\log^2(k)k\log(n)\log(\delta^{-2}\log^2(k)k\log(n)) \tag{4.48}$$

保证了对于 $0<\delta<1$，由于简单估计 $P(\{\boldsymbol{x}>c\})\leqslant E\boldsymbol{x}/c$，有 $P(\{\delta_k>\delta^{1/2}\})\leqslant\frac{E}{\delta^{1/2}}$。因此，当 $\log(k)\sqrt{\frac{k\log(n)\log(N)}{N}}$ 趋向于 0 时，k-RIP 满足的概率至少为 $1-\delta^{\frac{1}{2}}$。这给出了偏差概率的对数衰减。在本节后续内容中，将证明 URI，并表明 RIP 成立的概率为 $1-n^{-c\tau}$。

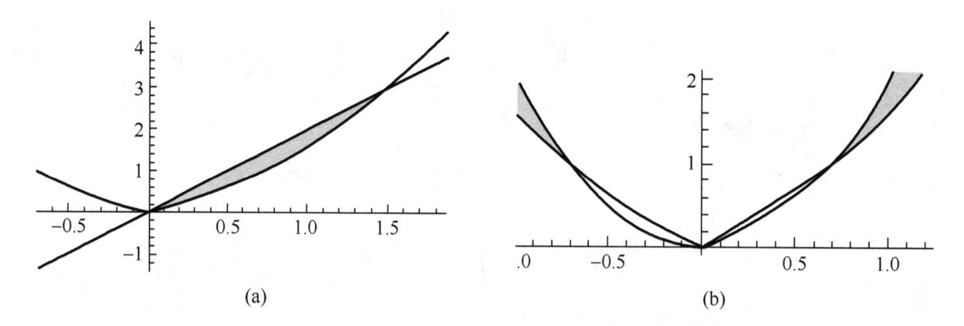

图4.1 不等式区域。(a) $b \leqslant 2a$ 时的区域；(b) $b \leqslant \max\{\sqrt{2a}, 2a^2\}$ 时的区域

4.4.1 URI 的证明

本节将按照(Rudelson and Vershynin, 2008)中提出的方法，证明 URI 定理4.9。下面的结论由 Dudley 得到，见附录 A.7 节。

引理4.10 (Dudley 熵不等式)令T为紧致度量空间，$V_t, t \in T$为亚高斯过程，$V_{t_0}=0$。那么，

$$E\sup_{t\in T}\|V_t\| \leqslant C\int_0^{\infty}\sqrt{\log N(T,d,\varepsilon)}\,\mathrm{d}\varepsilon \tag{4.49}$$

令 B_2 为 $\mathbb{R}^m$ 中具有欧几里得范数的单位球。同时，考虑 $\mathbb{R}^m$ 中 l_1 范数意义上的单位球 B_1，以及它们在坐标 $T \subset \mathbb{Z}_m$ 上的限制 B_1^T, B_2^T。

作为一个空间 (T,δ)，选择 $\bigcup_{T\subset\mathbb{Z}_m,|T|\leqslant k} B_2^T$。考虑度量

$$\delta(\boldsymbol{x},\boldsymbol{y}) = \sup_{T\subset\mathbb{Z}_m,|T|\leqslant k}\|\boldsymbol{X}_i|_T \otimes \boldsymbol{X}_i|_T(\boldsymbol{x}\otimes\boldsymbol{x}-\boldsymbol{y}\otimes\boldsymbol{y})\|_2 \tag{4.50}$$

$$= \sup_{T\subset\mathbb{Z}_q,|T|\leqslant k}\left[\sum_i^N\left(\langle\boldsymbol{X}_i|_T,\boldsymbol{x}\rangle^2-\langle\boldsymbol{X}_i|_T,\boldsymbol{y}\rangle^2\right)^2\right]^{\frac{1}{2}} \tag{4.51}$$

对于 $\boldsymbol{x} \in \bigcup_{T\subset\mathbb{Z}_m,|T|\leqslant k} B_2^T$，定义随机过程 $V(\boldsymbol{x})$ 为

$$V(\boldsymbol{x}) = \sum_i \varepsilon_i X_i|_T \otimes X_i|_T\boldsymbol{x}\otimes\boldsymbol{x} \tag{4.52}$$

注意，$V(0)=0$ 且 $V(\boldsymbol{x})$ 有界，因此其为亚高斯的。用 E_1 表示不等式(4.40)的左边。那么，利用 $\boldsymbol{X}\otimes\boldsymbol{X}$ 的定义以及式(4.49)的 Dudley 不等式，可以得到

$$E_1 \leqslant E\max_{T\subset\mathbb{Z}_m,|T|\leqslant p;x\in B_2^T}\left|\sum_{i=1}^l \varepsilon_i\langle\boldsymbol{X}_i|_T,\boldsymbol{x}\rangle^2\right| \tag{4.53}$$

$$\leqslant C\int_0^{\infty}\log^{\frac{1}{2}}N\Big(\bigcup_{T\subset\mathbb{Z}_m,|T|\leqslant p}B_2^T,\delta,u\Big)\,\mathrm{d}u \tag{4.54}$$

式(4.50)右边的度量 δ 可以写为

$$\delta(\boldsymbol{x},\boldsymbol{y}) \leqslant \left[\sum_{i=1}^l\left(\langle\boldsymbol{X}_i|_T,\boldsymbol{x}\rangle^2+<\boldsymbol{X}_i|_T,\boldsymbol{y}>^2\right)^2\right]^{\frac{1}{2}}\max_{i\leqslant l}|\langle\boldsymbol{X}_i,\boldsymbol{x}-\boldsymbol{y}\rangle|$$

$$\leqslant 2\max_{T\subset\mathbb{Z}_m,|T|\leqslant p;x\in B_2^T}\left[\sum_{i=1}^l\langle\boldsymbol{X}_i|_T,\boldsymbol{x}\rangle^2\right]^{\frac{1}{2}}\max_{i\leqslant l}|\langle\boldsymbol{X}_i,\boldsymbol{x}-\boldsymbol{y}\rangle|$$

$$= 2R\max_{i\leqslant l}|\langle\boldsymbol{X}_i,\boldsymbol{x}-\boldsymbol{y}\rangle| \tag{4.55}$$

其中，$R = \sup_{T\subset\mathbb{Z}_m,|T|\leqslant p}\|\sum_{i=1}^{l} X_i|_T \otimes X_i|_T\|^{\frac{1}{2}}$。

现在的目标是得到 $N(\cup_{T\subset\mathbb{Z}_m,|T|\leqslant p}B_2^T,\delta,u)$ 的值。为了实现该目标，用易于处理的 B_1^T 代替 B_2^T，并在 $\max_{i\leqslant l}|\langle \boldsymbol{X}_i,\boldsymbol{x}-\boldsymbol{y}\rangle|$ 上使用度量 δ。

当 $q=1,2$ 时，使用符号 $D_q^{p,m}=\cup_{T\subset\mathbb{Z}_m,|T|\leqslant p}B_q^T$。令 $\|\boldsymbol{x}\|_X=\max_{i\leqslant l}|\langle \boldsymbol{X}_i,\boldsymbol{x}\rangle|$，$B_X$ 为范数 $\|\cdot\|_X$ 下的单位球。注意，因为 $\|\boldsymbol{x}\|_X\leqslant K\|\boldsymbol{x}\|_1$，有 $D_1^{p,m}\subset B_1^m$ 与 $D_1^{p,m}\subset KB_{1X}$。类似地，由于 $\|\boldsymbol{x}\|_1\leqslant\sqrt{p}\|\boldsymbol{x}\|_2$［仅在 $\mathrm{supp}(\boldsymbol{x})$ 上对 x 与元素为 1 的向量应用柯西-施瓦兹不等式］，那么 $D_2^{p,m}\subset\sqrt{p}D_1^{p,m}$。

由于 $N(\sqrt{p}B_1^m,2R\|\cdot\|_X,u)=N(B_1^m,\|\cdot\|_X,u/2R\sqrt{p})$，并且应用积分变量 u 到 $u/(2R\sqrt{p})$ 的变化，式(4.54)的右边可以写为

$$
\begin{aligned}
&C\int_0^\infty \log^{\frac{1}{2}}N(\sqrt{p}\bigcup_{T\subset\mathbb{Z}_m,|T|\leqslant p}B_1^T,2R\|\cdot\|_X,u)\,\mathrm{d}u\\
&\leqslant C\int_0^\infty \log^{\frac{1}{2}}N(\sqrt{p}B_1^m,2R\|\cdot\|_X,u)\,\mathrm{d}u \qquad (4.56)\\
&\leqslant 2R\sqrt{p}C\int_0^\infty \log^{\frac{1}{2}}N(B_1^m,\|\cdot\|_X,u)\,\mathrm{d}u
\end{aligned}
$$

为了证明 URI，需要式(4.56)不超过

$$C(K)\sqrt{p}\log(p)\sqrt{\log(m)\log(l)}R \qquad (4.57)$$

将积分分为两个部分，并分别对其进行分析。对于小的 u，使用引理4.5 的体积估计与推论4.6。回忆一下，推论得到了 ε 分离网的大小。对于 ε 覆盖网，需要双倍的覆盖体，或采用双范数。考虑 $B_1^T\subset KB_{1X}$，可以用 $N(KB_{1X},\|\cdot\|_X,u)$ 得到

$$
\begin{aligned}
N(B_1^T,\|\cdot\|_X,u)&\leqslant(1+2K/u)^p\\
N(D_1^{p,m},\|\cdot\|_X,u)&\leqslant d(m,p)(1+2K/u)^p
\end{aligned}
\qquad (4.58)
$$

其中，$d(m,p)=\sum_{i=1}^{p}mCi$ 为一些不同的 B_1^T 球。对于 $i!\sim\sqrt{2\pi i}\,(i/\mathrm{e})^i$，利用 Stirling 公式估算 mCi，并将常数调整为 $Cn^i\cdot \mathrm{e}^i/i^{(i+1/2)}=C^i/\sqrt{(i)}\,(m/i)^i$。求和 $d(m,p)$ 并不超过 $p(Cm/p)^p$。那么，表达式(4.56)右边的 $\log^{\frac{1}{2}}$ 并不超过

$$C[\sqrt{\log(p)}+\sqrt{\log(m/p)}+\sqrt{\log(1+2K/u)}] \qquad (4.59)$$

接下来，将覆盖数的估计用于较大的 u。用 $\sqrt{p}B_1^m$ 代替 $\sqrt{p}D_1^{p,m}$。那么，

$$N(B_1^m,\|\cdot\|_X,u)\leqslant(2m)^q \qquad (4.60)$$

其中，$q=C^2K^2/u^2$。证明过程基于 Maurey 的研究(Carl，1985；Rudelson and Vershynin，2008)。我们认为，对于任意向量 $\boldsymbol{y}$，它到 q 个向量权重近似相等的凸组合的距离在 $\|\cdot\|_X$ 范数下并不超过 u，其中，q 个向量在非零坐标的值为 ±1。

事实上，固定向量 $\boldsymbol{y}\in B_1^m$ 并考虑 $\mathbb{R}^m$ 中的随机向量 Z，其仅取非零值 $\mathrm{sgn}(y_i)$ 的概率为 $|y(i)|$，$i\in\mathbb{Z}_m$。那么，$EZ=0$。

考虑随机变量 Z 的 q 个相同的副本 $Z_1,\cdots,Z_q$。那么，通过使用对称化方法(见引理 A.10)，有

$$E\|\boldsymbol{y}-\frac{1}{q}\sum_{j\in\mathbb{Z}_q}Z_j\|_X\leqslant\frac{2}{q}E\|\sum_{j\in\mathbb{Z}_q}e_jZ_j\|_X=C\frac{2}{q}E\max_{i\leqslant l}|\sum_{j\in\mathbb{Z}_q}\langle\varepsilon_jZ_j,X_i\rangle| \tag{4.61}$$

由于 $|\langle Z_j,\boldsymbol{X}_i\rangle|<K$，根据柯西不等式，有

$$\left|\sum_{j\in\mathbb{Z}_q}\langle\varepsilon_jZ_j,\boldsymbol{X}_i\rangle\right|\leqslant\sqrt{\sum_{j\in\mathbb{Z}_q}\langle\varepsilon_jZ_j,\boldsymbol{X}_i\rangle^2}\leqslant K\sqrt{q} \tag{4.62}$$

推论 A.5 意味着式(4.61)的右边不超过

$$\frac{CK}{\sqrt{q}} \tag{4.63}$$

每一个 Z_j 取 $2m$ 个值，$\frac{1}{q}\sum_{j\in\mathbb{Z}_q}Z_j$ 取 $(2m)^q$ 个值。对于上述选择的 q 与 $\boldsymbol{y}\in B_1^m$，有 $\|\boldsymbol{y}-\frac{1}{q}\sum_{j\in\mathbb{Z}_q}Z_j\|_X\leqslant u$ 成立。

式(4.60)右边的 $\log^{\frac{1}{2}}$ 不超过

$$\frac{CK\log^{\frac{1}{2}}(m)}{u} \tag{4.64}$$

现在，再回过头来分析式(4.56)。当 $u>K$ 时，积分式(4.54)并没有任何贡献，因为 $D_1^{p,m}\subset\sqrt{p}KB_{1X}$，因此，$N(\cup_{T\subset\mathbb{Z}_m,|T|\leqslant p}B_1^T,\|\cdot\|_X,u)$ 为 1。

将积分式(4.54)分为两个部分：从 0 到 $A=\frac{1}{\sqrt{p}}$ 的积分，以及从 A 到 K 的积分。第一部分利用式(4.59)进行分析，第二部分利用式(4.64)进行分析。

对于第一部分，因为假定 $\boldsymbol{A}<1/2$，所以将 $\log^{\frac{1}{2}}$ 估计为 log；因此，每一个加数大于 1，并对估计进行积分。那么，第一部分不超过(再一次在没有改变符号的情况下对常数进行了更新)

$$\begin{aligned}C\sqrt{p}[\boldsymbol{A}\sqrt{\log(p)}+\sqrt{\log(m/p)}]&+\sqrt{p}(\boldsymbol{A}+K)\log((\boldsymbol{A}+K)(K))\\&\leqslant CRK\ \log(K)\sqrt{p}\log(p)\sqrt{\log(m)}\end{aligned} \tag{4.65}$$

第二部分的积分估计为(具有更新的常数)

$$CRK\sqrt{p}\log(p)\sqrt{\log(m)} \tag{4.66}$$

因此，式(4.54)的全部积分结果为 $CRK\log(K)\sqrt{p}\log(p)\sqrt{\log(m)}$。这就得到了 URI 的证明与式(4.34)的证明。

4.4.2 一致大数定律的尾界

本节将描述并证明一致大数定律(ULLN)中的尾估计，并利用该定律完成定理 4.8 的证明。再一次声明，证明将按照(Rudelson and Vershynin，2008)中的方法进行。

考虑随机选择器或 n 个伯努利变量 $\delta_1,\cdots,\delta_n$，取值为 1 的概率为 $\delta=k/n$。定义 $\Omega=$

$\{j \in \mathbb{Z}_n | \delta_j = 1\}$, $p(\Omega) = k^{|\Omega|}(n-k)^{n-|\Omega|}/n^n$。测度 p 在所有 $\mathbb{Z}_n$ 的子集上定义了概率空间。由于 $E(|\Omega|) = k$, 可以说 Ω 是大小为 k 的一致随机集合。

定理 4.11　令 $\boldsymbol{X}_1,\cdots,\boldsymbol{X}_n$ 为 $\mathbb{R}^n$ 中的向量, 对于所有的 i, j, $|x_{ij}| < k$。假定 $\frac{1}{n}\sum_{i\in\mathbb{Z}_n}\boldsymbol{X}_i \otimes \boldsymbol{X}_i = \boldsymbol{I}$。那么

$$\boldsymbol{X} = \sup_{T\in\mathbb{Z}_n,|T|\leqslant p} \left\| \sum_{i\in\mathbb{Z}_n} \boldsymbol{X}_i |_T \otimes \boldsymbol{X}_i |_T \boldsymbol{I} \right\| \tag{4.67}$$

为随机变量, 对于任意 $s > 1$, 均满足

$$p(\boldsymbol{X} > Cs\varepsilon) \leqslant 3\mathrm{e}^{-C(K)s\varepsilon k/r} + 2\mathrm{e}^{-s^2} \tag{4.68}$$

证明: 在 $\mathbb{R}^N \mapsto \mathbb{R}^N$ 的线性算子空间 $\mathcal{L}$ 上, 考虑范数

$$\| \boldsymbol{V} \|_{\mathcal{L}} = \sup_{T\in\mathbb{Z}_n,|T|\leqslant r} \| \boldsymbol{V}|_T \| \tag{4.69}$$

其中, $\boldsymbol{V}|_T = P_T\boldsymbol{V}P_T$, P_T 为坐标 T 上的投影。

令 $\delta_1,\cdots,\delta_n$ 为随机选择器, 即独立同分布的伯努利变量, 值为 1 的概率为 k/n, $\delta'_1,\cdots$, δ'_n 为其独立的副本。定义随机变量

$$\boldsymbol{x}_i = \frac{1}{k}\delta_i\boldsymbol{X}_i \otimes \boldsymbol{X}_i - \frac{1}{n}\boldsymbol{I}_n \tag{4.70}$$

$\boldsymbol{y}_i$ 为 $\boldsymbol{x}_i$ 的对称化, 则

$$\boldsymbol{x}_i = \frac{1}{k}(\delta_i - \delta'_i)\boldsymbol{X}_i \otimes \boldsymbol{X}_i \tag{4.71}$$

定义

$$\boldsymbol{X} = \left\| \sum_{i\in\mathbb{Z}_n} \boldsymbol{x}_i \right\|_{\mathcal{L}}, \quad \boldsymbol{Y} = \left\| \sum_{i\in\mathbb{Z}_n} \boldsymbol{y}_i \right\|_{\mathcal{L}} \tag{4.72}$$

根据引理 A.10、A.35、A.36, 下面的结果成立:

$$\begin{aligned} E(\boldsymbol{X}) &\leqslant E(\boldsymbol{Y}) \leqslant 2E(\boldsymbol{X}) \\ p(\boldsymbol{X} > 2E(\boldsymbol{X}) + u) &\leqslant 2P(\boldsymbol{Y} > u) \end{aligned} \tag{4.73}$$

范数 $\| \boldsymbol{X}_i \otimes \boldsymbol{X}_i \|_{\mathcal{L}}$ 的边界为

$$\| \boldsymbol{X}_i \otimes \boldsymbol{X}_i \|_{\mathcal{L}} \leqslant \sup_{z\in\mathbb{R}^n,\|z\|_2=1,|\mathrm{supp}(z)|\leqslant r} |\langle \boldsymbol{x}_i, \boldsymbol{z} \rangle|^2 \tag{4.74}$$

因此,

$$\begin{aligned} \| \boldsymbol{X}_i \otimes \boldsymbol{X}_i \|_{\mathcal{L}} &\leqslant (\| \boldsymbol{X}_i \|_\infty \sup_{\|z\|_2=1} \| z \|_1)^2 \\ &\leqslant (\| \boldsymbol{X}_i \|_\infty \sqrt{r} \sup_{\|z\|_2=1} \| \boldsymbol{z} \|_2)^2 \leqslant K^2 r \end{aligned} \tag{4.75}$$

$\boldsymbol{y}_i$ 的范数为

$$R = \max_{i\in\mathbb{Z}_n} \| \boldsymbol{y}_i \|_{\mathrm{cal}\ L} \leqslant \frac{2}{k} \| \boldsymbol{X}_i \otimes \boldsymbol{X}_i \|_{\mathcal{L}} \leqslant \frac{2K^2 r}{k} 2K^2 r \tag{4.76}$$

现在对 $\boldsymbol{y}_i$ 应用大偏差边界定理。见附录 A.8 中的定理 A.13。由于式(4.46), 有 $E(\boldsymbol{X}) <$ δ。因此, 对于所有的自然数 $l \geqslant q$, $t > 0$, 可得

$$p(\boldsymbol{X} > (2 + 16q)\delta + 2Rl + t) \leqslant \frac{C^l}{q^l} + 2\mathrm{e}^{-\frac{t^2}{512q\delta^2}} \tag{4.77}$$

令 $q = \mathrm{floor}(\mathrm{e}C) + 1$, $t = \sqrt{512qs}\delta$, $l = \mathrm{floor}(t/R)$, 其中 floor(·)为向下取密函数。由于式(4.76)以及 k 的选择, 条件 $l \leqslant q$ 满足。因此, 有

$$p(\boldsymbol{X} > (2 + 16q + 3\sqrt{512qs})\delta) \leqslant \mathrm{e}^{-\frac{\sqrt{512q}\,s\delta k}{2K^2 r}} + 2\mathrm{e}^{-s^2} \tag{4.78}$$

这意味着式(4.69)成立。

证毕。

为了完成定理4.8的证明, 设定 $s = \dfrac{1}{2C\delta}$。那么, 通过选择 N(或 k), 有 $C(K)s\delta/r > 1/\delta^2$。因此,

$$p(\boldsymbol{X} > 1/2) \leqslant 5\mathrm{e}^{-C/\delta^2} \tag{4.79}$$

既然 $\delta_r \leqslant \boldsymbol{X}$ 且 $t = \boldsymbol{I}/\delta^2$, 这就完成了定理4.8的证明。

4.5 总结与参考书目

本章考虑了三种类型的随机矩阵的 RIP: 具有亚高斯独立同分布随机元素的矩阵, 从傅里叶(或余弦)变换矩阵中随机选择的行组成的矩阵, 以及从正交矩阵中随机选择的行组成的矩阵。本章的结果来自于(Donoho, 2006a; Candès et al., 2006a; Rudelson and Vershynin, 2008)。根据(Baraniuk, et al., 2008), 可以看出, 对于第一类矩阵, RIP(作为 Johnson-Lindenshtrauss 引理的推论)是满足的。(Adamczak et al., 2011)将这些结果扩展到了具有亚高斯元素的矩阵, 尽管估计性能变差了。注意, 如(Donoho and Tanner, 2009)以及(Foucart et al., 2010; Garnaev and Gluskin,1984)的相变论文所示, 由于例1中估计的阶与 l_1^N 球的盖尔范德宽度的下界有关, 故不能得到改进。

根据(Rudelson and Vershynin, 2008), 还可看出对于另外两种类型的矩阵, RIP 也是满足的。该估计更进一步的改进可参见(Cheraghchi et al., 2013)。

注意, 本章中提出的结果对于任意固定支撑的信号来说都是一致的。对于非一致结果, 可参考(Candès and Plan, 2011)以及最近的几部专著(Eldar and Kutyniok, 2012; Foucart and Rauhut, 2013; Chafai et al., 2012)。

第 5 章　稀疏复原问题的算法

本章将对几种常用的稀疏信号复原算法，如贪婪方法、有效集方法(如 LARS 算法)、块坐标下降、迭代阈值与近端法等进行总结。主要针对前面介绍的含噪稀疏复原问题，即最终不易处理的 l_0 范数最小化问题：

$$(P_0^{\varepsilon}):\quad \min_{x} \|\boldsymbol{x}\|_0 \text{ s.t. } \|\boldsymbol{y}-\boldsymbol{A}\boldsymbol{x}\|_2 \leqslant \varepsilon \tag{5.1}$$

与 l_1 范数松弛，也称为 LASSO 或基追踪：

$$(P_1^{\varepsilon}):\quad \min_{x} \|\boldsymbol{x}\|_1 \text{ s.t. } \|\boldsymbol{y}-\boldsymbol{A}\boldsymbol{x}\|_2 \leqslant \varepsilon \tag{5.2}$$

以及等价的拉格朗日形式：

$$(P_1^{\lambda}):\quad \min_{x} \frac{1}{2}\|\boldsymbol{y}-\boldsymbol{A}\boldsymbol{x}\|_2^2+\lambda\|\boldsymbol{x}\|_1 \tag{5.3}$$

其中，$\boldsymbol{x}$ 为 n 维未知稀疏信号，从统计学角度来说对应于线性回归中的稀疏向量，每一个系数 x_i 表示第 i 个输入或预测因子 A_i 对输出 $\boldsymbol{y}$ 的影响程度，$\boldsymbol{y}$ 为目标变量 Y 的 m 维观测向量。$\boldsymbol{A}$ 为 $m\times n$ 维设计矩阵，其第 i 列为随机变量 A_i 的 m 维样本，即 $\boldsymbol{A}$ 为 m 个独立同分布的观测集合。

在开始讨论稀疏复原问题的特定算法之前，有必要说明问题 (P_1^{ε}) 与 (P_1^{λ}) 可以利用一般的优化技术求解。例如，任意无约束的凸问题，如 (P_1^{λ})，可以利用次梯度下降法求解，在每一步迭代中选择可使目标函数具有最大降幅方向的过程。该方法为全局收敛的，然而在实际应用中，收敛速度可能比较慢(Bach et al., 2012)，而且解通常为非稀疏的。另一方面，此类方法中的一个子类，称为近端法，较为适合求解稀疏问题，将在本章后续内容中进行讨论。

而且，如前面所提到的，问题 (P_1^{λ}) 可以转化为一个二次规划问题，从而应用一般的工具箱，如 CVX 对其进行求解①。该方法适用于小规模情况，但是如(Bach et al., 2012)中讨论的那样，一般的二次规划问题求解复杂度并不与问题规模成正比，因此有必要挖掘稀疏复原问题的特定结构。本章将专门研究求解问题 (P_1^{λ}) 与 (P_0^{ε}) 的特定方法，并将问题扩展至其他类型的目标函数与正则函数。

此外，在开始介绍求解上述问题的方法前，将先考虑正交设计矩阵的特殊情况。事实证明，当 l_0 与 l_1 范数优化问题分解为独立的一元问题时，其最优解可以通过非常简单的一元阈值过程得到。该结论也提供了对本章后续介绍的更一般的迭代阈值方法的直观解释。

5.1　一元阈值是正交设计的最优方法

正交或正交标准矩阵 $\boldsymbol{A}$ 是一个 $n\times n$ 维方阵，且满足：

---

① http://cvxr.com/cvx/。

$$A^{T}A = AA^{T} = I$$

其中，I 表示单位阵，即对角线元素均为1，非对角线元素均为0。由一个正交矩阵 A 定义的线性变换具有一个很好的性质：保持向量的 l_2 范数不变，即

$$\|Ax\|_2^2 = (Ax)^{T}(Ax) = x^{T}(A^{T}A)x = x^{T}x = \|x\|_2^2$$

对于 A^{T}，具有同样的性质。因此，可以得到

$$\|y - Ax\|_2^2 = \|A^{T}(y - Ax)\|_2^2 = \|\hat{x} - x\|_2^2 = \sum_{i=1}^{n} (\hat{x}_i - x_i)^2$$

其中，当 A 为正交阵时，$\hat{x} = A^{T}y$ 对应于普通最小二乘(OLS)解，即

$$\hat{x} = \arg\min_{x} \|y - Ax\|^2$$

接下来，将说明上述平方和损失函数的变换如何极大简化 l_0 范数与 l_1 范数优化问题。

5.1.1 l_0 范数最小化

现在问题 (P_0^{ε}) 可以改写为

$$\min_{x} \|x\|_0 \text{ s. t. } \sum_{i=1}^{n} (\hat{x}_i - x_i)^2 \leqslant \varepsilon^2 \tag{5.4}$$

换句话说，我们正在寻找最稀疏解 x^*（即最小 l_0 范数解），该解与普通最小二乘解 $\hat{x} = A^{T}y$ 的 l_2 范数距离不大于 ε。通过选择 $\hat{x}$ 中 k 个最大(绝对值)坐标且将其他坐标值设为0，可以很容易地构造这样的解。其中，k 为与 $\hat{x}$ 距离不大于 ε 的坐标最小数目，即使得解可行的坐标最小数目。该方法也可以视为普通最小二乘解 $\hat{x}$ 的一元硬阈值方法，即

$$x_i^* = H(\hat{x}_i, \varepsilon) = \begin{cases} \hat{x}_i, & |\hat{x}_i| \geqslant t(\varepsilon) \\ 0, & |\hat{x}_i| < t(\varepsilon) \end{cases}$$

其中，$t(\varepsilon)$ 为阈值，小于 $\{|\hat{x}_i|\}$ 中第 k 个最大值但大于第 $k+1$ 个最大值。这里，将一元硬阈值运算表示为 $H(x, \varepsilon)$，如图5.1(a)所示。

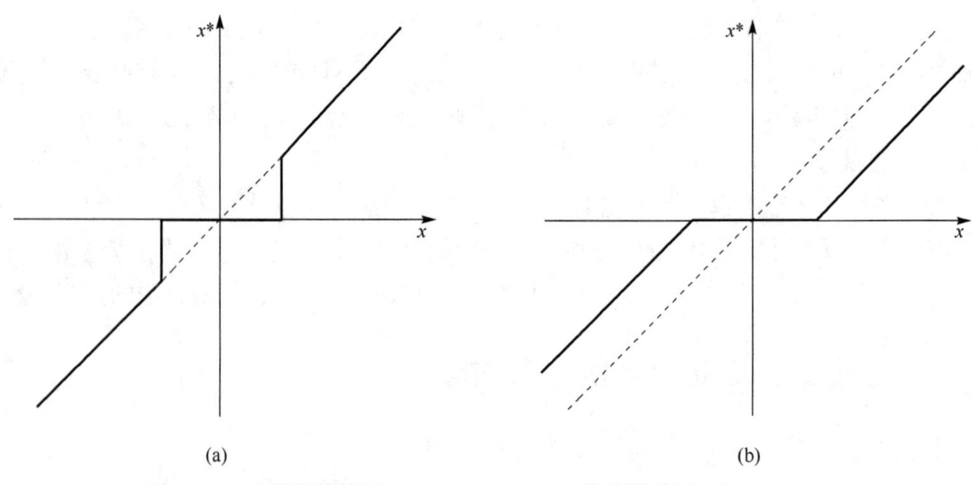

图5.1 (a)硬阈值算子 $x^* = H(x, \cdot)$；(b)软阈值算子 $x^* = S(x, \cdot)$

5.1.2　l_1 范数最小化

对于正交矩阵 $\boldsymbol{A}$, LASSO 问题 (P_1^λ) 可变为

$$\min_{x} \frac{1}{2}\sum_{i=1}^{n} (\hat{x}_i - x_i)^2 + \lambda\sum_{i=1}^{n} |x_i| \tag{5.5}$$

这就将原问题分解为 n 个独立的、一元优化问题。对于每一个变量 x_i, $i = 1,\cdots,n$, 有

$$\min_{x_i} \frac{1}{2} (\hat{x}_i - x_i)^2 + \lambda|x_i| \tag{5.6}$$

当目标函数为凸的且可微时, 通过将其导数设为0, 很容易找到其最小值。然而, 虽然上述一元最小化问题的目标函数为凸的, 但在零点并不可微, 因为 $|x|$ 在零点不可微。因此, 代之以使用次微分的概念。给定函数 $f(x)$, 其在 x 处的次微分定义为

$$\partial f(x) = \{z \in R^n | f(x') - f(x) \geqslant z(x' - x), \quad x' \in R^n\}$$

其中, 每一个 z 称为次微分, 并对应于 $f(x)$ 在 x 处的切线斜率。图 5.2(a)显示了可微函数的情况, 其中次微分为 x 处的导数(单切线); 图 5.2(b)以 $f(x) = |x|$ 为例显示了零点不可微情况, 其切线集合对应于次微分

$$\partial f(x) = \begin{cases} 1, & x > 0 \\ [-1,1], & x = 0 \\ -1, & x < 0 \end{cases}$$

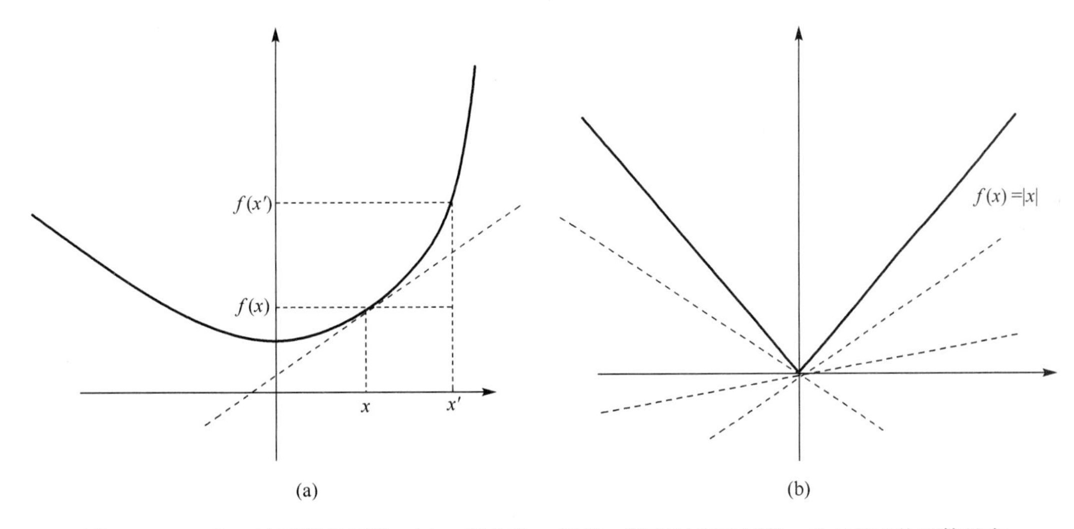

图 5.2　(a)在 x 处可微的函数 $f(x)$, 存在唯一切线, 斜率对应于导数; (b)不可微函数具有多个切线, 斜率对应于次微分, 例如, 在 $x = 0$ 处, $f(x) = |x|$ 具有次微分 $z \in [-1,1]$

给定一个凸函数 $f(x)$, 当且仅当 $0 \in \partial f(x^*)$ 时, x^* 为其全局最小值(Boyd and Vandenberghe, 2004)。在式(5.6)给出的每一个一元 LASSO 问题中, 目标函数

$$f(x) = \frac{1}{2} (x - \hat{x})^2 + \lambda|x|$$

对应的次微分为

$$\partial f(x) = x - \hat{x} + \lambda z \tag{5.7}$$

因此，条件 $0 \in \partial f(x)$ 意味着

$$z = \begin{cases} 1, & x > 0 \\ [-1,1], & x = 0 \\ -1, & x < 0 \end{cases}$$

这给出了式(5.6)每个一元 LASSO 问题的全局最小值解：

$$x_i^* = \begin{cases} \hat{x}_i - \lambda, & \hat{x}_i \geqslant \lambda \\ \hat{x}_i + \lambda, & \hat{x}_i \leqslant -\lambda \\ 0, & |\hat{x}_i| < \lambda \end{cases}$$

换言之

$$x_i^* = S(\hat{x},\lambda) = \text{sgn}(\hat{x})(|\hat{x}| - \lambda)_+$$

其中，算子 $S(\hat{x},\lambda)$ 将 $\hat{x}_i$ 变换为 x_i^*，称为软阈值算子[如图5.1(b)所示]，与图5.1(a)讨论的硬阈值算子 $H(x,\varepsilon)$ 相对应。总结如下。

> 当设计矩阵 $\boldsymbol{A}$ 为正交阵时，l_0 范数与 l_1 范数最小化问题可分解为一组独立的一元问题，分别见式(5.4)与式(5.6)。这些问题可以很容易地进行求解。首先，计算普通最小二乘解 $\hat{\boldsymbol{x}} = \boldsymbol{A}^{\mathrm{T}}\boldsymbol{y}$，然后，对每一个坐标应用阈值算子($l_0$ 范数最小化可通过一元硬阈值方法得到最优解，l_1 范数最小化可通过一元软阈值方法得到最优解)。

现在将扩展正交设计特例，从最终的 l_0 范数最小化问题开始，研究几种通用的稀疏复原优化方法。

5.2 求解 l_0 范数最小化的算法

如前所述，由式(2.12)定义的最终稀疏复原问题是一个 NP 难问题，存在两种近似技术对其进行求解：一类是用近似方法；一类是用诸如 l_1 范数的凸逼近方法。本节将专注于近似最优化方法，如用于求解 l_0 范数最小化组合问题 (P_0^ε) 的贪婪算法。(P_0^ε) 问题可写为

$$(P_0^\varepsilon): \quad \min_{\boldsymbol{x}} \|\boldsymbol{x}\|_0 \ \text{s. t.} \ \|\boldsymbol{y} - \boldsymbol{A}\boldsymbol{x}\|_2 \leqslant \varepsilon \tag{5.8}$$

也可以写为如下等价形式：

$$(P_0^k): \quad \min_{\boldsymbol{x}} \|\boldsymbol{y} - \boldsymbol{A}\boldsymbol{x}\|_2 \ \text{s.t.} \ \|\boldsymbol{x}\|_0 \leqslant k \tag{5.9}$$

其中，非零元素数量的边界 k 由 (P_0^ε) 中的参数 ε 唯一确定。问题 (P_0^k) 可称为最优子集选择问题，因为其目的在于寻找能够产生式(5.9)中最小二次损失，或者最佳线性回归拟合的 k 个变量子集。

通过穷尽搜索大小为 k 的所有变量子集来寻找最优解，很明显是非常困难的。一个成

本较低的可替代方法为贪婪方法，在每一次迭代中寻找单一“最优”变量。贪婪算法总框架概括如图 5.3 所示。

贪婪算法

1. 从一个空支撑集开始，其中支撑集为非零(“激活的”)变量的集合，将零向量作为当前解。
2. 利用某一排序准则 C_{rank} 选择最佳变量，然后将该变量添加至当前支撑集。
3. 更新当前解，并重新计算当前目标函数，也称为残差。
4. 如果当前解 $\boldsymbol{x}$ 满足给定的停止准则 C_{stop}，则退出计算过程并返回 $\boldsymbol{x}$；否则转到步骤 2。

图 5.3　贪婪算法的总框架

这里所考虑的用于稀疏信号复原的所有贪婪算法都遵循以上框架。然而，它们在步骤 2、3、4 的具体实现方式上有所区别，也就是变量排序准则 C_{rank}的选择、当前解和残差的更新表达式以及所使用的停止准则不同。接下来，我们讨论这些步骤的可能实现方式以及由此产生的贪婪方法。

步骤 2：用于最佳变量选择的排序准则

一元普通最小二乘拟合考虑当 $k=1$ 时，式(5.9)的最优子集选择问题。换句话说，寻找最佳一元最小二乘拟合，即产生式(5.9)中最小平方差损失的某一变量。该问题可以通过评估与每个不同变量所对应的 $\boldsymbol{A}\in\mathbb{R}^{M\times N}$ 的每一列而轻松地在 $O(N)$ 时间内求解。也就是说，对于每一列 $\boldsymbol{a}_i$，通过最小化下面的一元普通最小二乘目标函数来计算相应的平方和损失：

$$L_i(x)=\|\boldsymbol{a}_i x-\boldsymbol{y}\|_2^2=\|\boldsymbol{y}\|_2^2-2x\boldsymbol{a}_i^{\mathrm{T}}\boldsymbol{y}+\|\boldsymbol{a}_i\|_2^2x^2 \tag{5.10}$$

对上述函数取导并将其设为 0，可得

$$\frac{\mathrm{d}L_i(x)}{\mathrm{d}x}=-2\boldsymbol{a}_i^{\mathrm{T}}\boldsymbol{y}+2x\|\boldsymbol{a}_i\|_2^2=0$$

从而产生第 i 个变量的最优系数选择

$$\hat{x}_i=\arg\min_{x}L_i(x)=\frac{\boldsymbol{a}_i^{\mathrm{T}}\boldsymbol{y}}{\|\boldsymbol{a}_i\|_2^2} \tag{5.11}$$

上述一元普通最小二乘准则用于贪婪算法中下一最佳变量的选择，如匹配追踪(MP，在统计学中也称为前向逐段回归)、正交匹配追踪(OMP)。这些算法将在本章后续进行详细讨论。

完全普通最小二乘拟合另一个用于选择下一最佳变量的评估准则是，通过在当前支撑中增加一个候选变量，计算其对式(5.9)中目标函数的改进。这就需要求解完全普通最小二乘回归问题，其中变量集合被限制为当前支撑集以及候选变量。令 $S=\{i_1,\cdots,i_k\}$ 为当前大小为 k 的支撑集，其中，i_j 为第 j 次迭代所添加的变量($\boldsymbol{A}$ 的列)的索引。令 i 表示正在被评估的列/变量的索引，$\boldsymbol{A}|_S$ 为矩阵 $\boldsymbol{A}$ 的一个列子集(索引为 S)的限制。那么，完全普通最小二乘方法就是计算当前解的估计值，即

$$\hat{\boldsymbol{x}}=\arg\min_{\boldsymbol{x}}\|\boldsymbol{y}-\boldsymbol{A}|_{S\cup\{i\}}\boldsymbol{x}\|_2^2 \tag{5.12}$$

那么，当前 $\boldsymbol{y}$ 的估计值为

$$\hat{\boldsymbol{y}} = \boldsymbol{A}\big|_{S\cup\{i\}}\hat{\boldsymbol{x}} \tag{5.13}$$

而新的残差，即 $\boldsymbol{y}$ 中未被当前“解释”的部分为

$$\boldsymbol{r} = \boldsymbol{y} - \hat{\boldsymbol{y}} \tag{5.14}$$

因此，根据完全普通最小二乘准则，下一个最佳变量为使得残差最小，即式(5.12)中平方和最小的变量。注意，虽然完全普通最小二乘方法在计算上比单一变量拟合方法成本更高，但是如(Elad, 2010)中所示，它可以获得比严格稀疏解更为精确的近似，具体可见(Elad, 2010)第3章对该步骤的高效实现内容。如(Elad, 2010)中所示，最小二乘匹配追踪(LS-OMP)中使用了完全普通最小二乘拟合方法，用来进行变量选择，在统计学中也称为前向逐步回归(Hastie et al., 2009; Weisberg, 1980)。

注释：记住下面关于完全普通最小二乘拟合的几何解释是非常有用的：对 $\hat{\boldsymbol{y}}$ 的估计可以视为向量 $\boldsymbol{y}$ 在 $\boldsymbol{A}\big|_{S\cup\{i\}}$ 的列空间上的正交投影，因此式(5.14)中的残差与该空间正交。

同时注意，如果 $\boldsymbol{A}$ 的列经过标准化，具有单位 l_2 范数，即 $\|\boldsymbol{a}_i\|_2 = 1$，那么，估计值 $\hat{x}_i = \boldsymbol{a}_i^{\mathrm{T}}\boldsymbol{y}$。并且，如果除标准化之外，$\boldsymbol{y}$ 与 $\boldsymbol{A}$ 的列均经过中心化，具有零均值，那么第 i 个预测因子的观测值 $\boldsymbol{a}_i$ 与观测值 $\boldsymbol{y}$ 之间的相关性可写为

$$\mathrm{corr}(\boldsymbol{y},\boldsymbol{a}_i) = \boldsymbol{a}_i^{\mathrm{T}}\boldsymbol{y}/\|\boldsymbol{y}\|_2$$

因此，对于标准化与中心化的数据，最佳一元拟合可以通过与 $\boldsymbol{y}$ 最相关的列 $\boldsymbol{a}_i$ 来实现。而且，由于

$$\cos\alpha = \frac{\boldsymbol{a}_i^{\mathrm{T}}\boldsymbol{y}}{\|\boldsymbol{a}_i\|_2\|\boldsymbol{y}\|_2}$$

其中，α 为 $\boldsymbol{a}_i$ 与 $\boldsymbol{y}$ 的夹角，那么具有与 $\boldsymbol{y}$ 相同相关性的两个列向量 $\boldsymbol{a}_i$ 与 $\boldsymbol{a}_j$ 则具有与 $\boldsymbol{y}$ 相同的夹角。

步骤3：更新当前解与残差

一旦选择了下一个最佳变量 i，那么将其加入当前支撑。然而，在更新当前解与残差时，存在若干可能的选择。如果在步骤2中应用一元拟合方法，那么原被选择的变量的系数保持不变，仅更新当前被选的变量 i 的系数，接下来则按下式更新残差：

$$x_i = x_i + \hat{x}_i \tag{5.15}$$

$$\boldsymbol{r} = \boldsymbol{r} - \boldsymbol{a}_i^{\mathrm{T}}\hat{x}_i \tag{5.16}$$

计算更为复杂的更新方法为(Elad, 2010)，通过在新的支撑 $S\cup\{i\}$ 上求解式(5.12)的最小二乘问题，从而重新计算当前解，这通常能够得到更好的性能。该计算产生了新的残差[见式(5.14)]。注意，这样获得的残差与当前解的支撑所对应的 $\boldsymbol{A}$ 的列空间是正交的。因此，当前解支撑中的变量将不会被认为是后续迭代中的潜在候选变量。然而，当使用式(5.16)中的简单更新时，该结论并不是完全正确的。以与残差正交的形式进行更新，该方式用于贪婪方法时产生了正交匹配追踪方法。

步骤4：停止准则

常用的停止准则是，当达到目标函数某一足够小的误差时，迭代停止。误差阈值作为

算法的输入来给定。例如，在 (P_0^ε) 表达式中设定误差阈值为 ε，可以保证解满足约束 $\|\boldsymbol{y}-\boldsymbol{A}\boldsymbol{x}\|_2 \leqslant \varepsilon$。另外一个可用的准则是，当不存在更多的预测因子（$\boldsymbol{A}$ 的列）与当前残差相关时，那么就不会再得到对目标函数值的改进，此时算法停止。例如，在前向逐段回归问题中就应用了这一准则（Hastie et al., 2009）。

5.2.1　贪婪方法综述

用于稀疏信号复原的贪婪算法在信号处理与统计学领域均具有悠久的历史。有时，同一算法在不同的研究领域以不同的名称出现。这里主要介绍几种最常用的方法，一些扩展与改进会出现在上面提到的一般贪婪算法框架中。如统计学文献一样，从现在开始，假定向量 $\boldsymbol{y}$ 已经中心化，具有零均值，而且 $\boldsymbol{A}$ 的列已经过标准化与中心化，具有单位 l_2 范数以及零均值。在这样的假定下，当前残差 $\boldsymbol{r}$ 的最佳一元拟合可以通过与残差具有最大相关性的列 $\boldsymbol{a}_i$ 来实现。

图 5.4 所示的算法在统计信号处理领域称为匹配追踪（Mallat and Zhang, 1993；Elad, 2010），本质上等价于统计学中的前向逐段回归（Hastie et al., 2009），虽然两种算法在停止准则上表述不同。MP 方法利用平方和误差阈值（Elad, 2010）；前向逐段回归方法直到不存在更多的预测因子（$\boldsymbol{A}$ 的列）与当前残差相关时，才停止迭代（Hastie et al., 2009）。MP 算法是最简单的贪婪方法，使用最简单的一元普通最小二乘拟合来寻找下一最佳变量，解与残差的更新也较为简单，仅涉及被选变量系数的改变。然而，如前所述，这样的更新导致残差与当前支撑中的变量并不正交，因此，同一变量可能在后续仍然被选择。因此，虽然每一步迭代是非常简单的，但 MP 或前向逐段回归可能在收敛之前需要进行大量的迭代。

匹配追踪

输入：$\boldsymbol{A}, \boldsymbol{y}, \varepsilon$

1. 初始化

   $k=0, \boldsymbol{x}^k=0, S^k=\mathrm{supp}(\boldsymbol{x}^0)=\emptyset, \boldsymbol{r}^k=\boldsymbol{y}-\boldsymbol{A}\boldsymbol{x}^0=\boldsymbol{y}$

2. 选择下一变量

   $k=k+1$　　//下一次迭代

   寻找与残差 $\boldsymbol{r}^{k-1}$ 之间相关性最大的预测因子（$\boldsymbol{A}$ 的列）：

   $i^k=\arg\max_i \boldsymbol{a}_i^{\mathrm{T}}\boldsymbol{r}^{k-1}$

   $\hat{x}_{i^k}=\max_i \boldsymbol{a}_i^{\mathrm{T}}\boldsymbol{r}^{k-1}$

3. 更新

   $S^k \leftarrow S^{k-1}\cup\{i^k\}$　　//更新支撑

   $\boldsymbol{x}^k=\boldsymbol{x}^{k-1}, x_i^k=x_i^k+\hat{x}_{i^k}$　　//更新解

   $\boldsymbol{r}^k=\boldsymbol{r}^{k-1}-\boldsymbol{a}_i^{\mathrm{T}}\hat{x}_{i^k}$　　//更新残差

4. 如果当前残差 $\boldsymbol{r}^k$ 与所有的 $\boldsymbol{a}_i$ 不相关，$1\leqslant i\leqslant n$，或者如果 $\|\boldsymbol{r}^k\|_2\leqslant\varepsilon$，那么返回 $\boldsymbol{x}^k$；

   否则跳转到步骤 2（算法的下一次迭代）

图 5.4　匹配追踪或前向逐段回归算法

下面讨论贪婪方法族中的正交匹配追踪算法，该算法在 MP 后很快由(Pati et al., 1993)与(Mallat et al., 1994)提出。如图 5.5 所示，其在解与残差更新方式(步骤 3)上与 MP 不同。如前所述，在讨论步骤 3 的不同实现方式时，将新变量加入支撑后，OMP 通过在增加新变量的支撑上求解完全普通最小二乘问题，从而重新计算当前支撑中所有变量的系数。在 OMP 中，残差与支撑变量正交，因此才在算法名称中冠以“正交”一词。前面也谈到，OMP 的更新过程比 MP 计算成本更高，但是由于正交性，它对每一个变量仅考虑一次，因此需要的迭代次数较少。同时，OMP 通常能够获得比 MP 更精确的稀疏解。

正交匹配追踪

输入：$\boldsymbol{A}, \boldsymbol{y}, \varepsilon$

1. 初始化

   $k=0$, $\boldsymbol{x}^k=0$, $S^k=\text{supp}(\boldsymbol{x}^0)=\emptyset$, $\boldsymbol{r}^k=\boldsymbol{y}-\boldsymbol{A}\boldsymbol{x}^0=\boldsymbol{y}$

2. 选择下一变量

   $k=k+1$　　//下一次迭代

   寻找与残差 $\boldsymbol{r}^{k-1}$ 相关性最大的预测因子($\boldsymbol{A}$ 的列)

   $i^k=\arg\max_i \boldsymbol{a}_i^{\mathrm{T}}\boldsymbol{r}^{k-1}$

   $\hat{x}_{i^k}=\max_i \boldsymbol{a}_i^{\mathrm{T}}\boldsymbol{r}^{k-1}$

3. 更新

   $S^k \leftarrow S^{k-1}\cup\{i^k\}$　　//更新支撑

   $\boldsymbol{x}^k=\arg\min_{\boldsymbol{x}}\|\boldsymbol{y}-\boldsymbol{A}|_{S^k}\boldsymbol{x}\|_2^2$　　//在更新后的支撑上进行完全 OLS 运算

   $\boldsymbol{r}^k=\min_{\boldsymbol{x}}\|\boldsymbol{y}-\boldsymbol{A}|_{S^k}\boldsymbol{x}\|_2^2$　　//更新残差

4. 如果当前残差 $\boldsymbol{r}^k$ 与所有的 $\boldsymbol{a}_i$ 不相关，$1\leqslant i\leqslant n$，或者如果 $\|\boldsymbol{r}^k\|_2\leqslant\varepsilon$，那么返回 $\boldsymbol{x}^k$；

   否则跳转到步骤 2(算法的下一次迭代)

图 5.5　正交匹配算法

最后，遵循从简单到复杂的贪婪算法介绍顺序，我们考虑(Elad, 2010)中所提出的称为最小二乘 OMP 的算法(LS-OMP)，该方法在统计学文献中称为前向逐步回归(forward stepwise regression)(Hastie et al., 2009)，参见图 5.6 以获得更多细节。该方法有时与 OMP 会混淆[(Blumensath and Davies, 2007)对两个算法进行了详细讨论]，因此有必要澄清 OMP 与前向逐步回归之间的区别。这两个方法之间关键的区别在于步骤 2 中所使用的变量选择准则：OMP 与 MP 相似，寻找与当前残差相关性最大的预测因子(即完成一元 OLS 拟合)；LS-OMP 或前向逐步回归，搜索能够使得整体拟合改进最大的预测因子，即在当前支撑以及候选变量上求解完全 OLS 问题。虽然该步骤比单一变量拟合计算成本高，但是由于存在可用的高效实现工具，因此可以提高计算速度，如可参考(Elad, 2010)与(Hastie et al., 2009)。结果是，当前解中的所有元素均被更新，那么 LS - OMP 的步骤 3(即更新解与残差)与 OMP 的步骤 3 是一致的。

最小二乘正交匹配追踪

输入：$\boldsymbol{A}$, $\boldsymbol{y}$, ε

1. 初始化

   $k = 0$, $\boldsymbol{x}^k = 0$, $S^k = \text{supp}(\boldsymbol{x}^0) = \emptyset$, $\boldsymbol{r}^k = \boldsymbol{y} - \boldsymbol{A}\boldsymbol{x}^0 = \boldsymbol{y}$

2. 选择下一变量

   $k = k + 1$　　//下一次迭代

   寻找在 S^{k-1} 上对完全 OLS 改进最大的预测因子（$\boldsymbol{A}$ 的列）

   $i^k = \arg\min_i \min_{\boldsymbol{x}} \| \boldsymbol{y} - \boldsymbol{A}|_{S\cup\{i\}} \boldsymbol{x} \|_2^2$

   $\hat{x}_{i^k} = \arg\min_{\boldsymbol{x}} \| \boldsymbol{y} - \boldsymbol{A}|_{S\cup\{i^k\}} \boldsymbol{x} \|_2^2$

3. 更新

   $S^k \leftarrow S^{k-1} \cup \{i^k\}$　　//更新支撑

   $\boldsymbol{x}^k = \arg\min_{\boldsymbol{x}} \| \boldsymbol{y} - \boldsymbol{A}|_{S^k} \boldsymbol{x} \|_2^2$　　//在更新后的支撑上进行全 OLS 运算

   $\boldsymbol{r}^k = \min_{\boldsymbol{x}} \| \boldsymbol{y} - \boldsymbol{A}|_{S^k} \boldsymbol{x} \|_2^2$　　//更新残差

4. 如果当前残差 $\boldsymbol{r}^k$ 与所有的 $\boldsymbol{a}_i$ 不相关，$1 \leqslant i \leqslant n$，或者如果 $\| \boldsymbol{r}^k \|_2 \leqslant \varepsilon$，那么返回 $\boldsymbol{x}^k$；

   否则跳转到步骤 2（算法的下一次迭代）

图 5.6　最小二乘正交匹配算法或前向逐步回归

综上，我们讨论了三种常用于最佳子集选择或稀疏复原问题的贪婪方法：匹配追踪，也称为前向逐段回归；正交匹配追踪，与最小二乘匹配追踪（等价于前向逐步回归）。不过如前所述，存在其他对基本匹配追踪的扩展与改进方法，包括逐段正交匹配追踪（Stagewise OMP）（Donoho et al.，2012）、压缩采样匹配追踪（CoSaMP）（Needell and Tropp，2008）、正则正交匹配追踪（ROMP）（Needell and Vershynin，2009）、子空间追踪（SP）（Dai and Milenkovic，2009）、稀疏自适应匹配追踪（SAMP）（Do et al.，2008）以及其他方法。

5.3　用于 l_1 范数最小化的算法

如上所述，求解难处理的 l_0 范数最小化问题（P_0^ε）的一个方法就是利用强化解稀疏性的凸函数，如用 l_1 范数代替 l_0 范数，从而得到问题（P_1^ε）或具有与之等价且常用的拉格朗日形式——LASSO 问题（$P^\lambda{}_1$）。存在大量的文献研究求解该问题的不同方法，并且具有多个在线可用的软件包（例如，http://dsp.rice.edu/cs 上的压缩感知库）。因此，我们从（Efron et al.，2004）的 LARS 方法开始，简要回顾用于求解 LASSO 问题的常用算法。

5.3.1　用于求解 LASSO 的最小角回归方法

最小角回归方法（LAR）由（Efron et al.，2004）提出，是对增量前向逐段过程的改进。如（Efron et al.，2004）所述，经过较小改进，LAR 可变得等价于 LASSO。另一个对 LAR 的简单改进使其等价于无限小前向逐段回归，即步长 $\varepsilon \to 0$ 的增量前向逐段回归，表示为 FS_0（Hastie et al.，2009）。LAR 常常也称为 LARS，其中的“S”表示与逐段以及 LASSO 的密切关系。LARS 最吸引人的性质为计算高效性：以一元 OLS 拟合的成本，LARS 可以找到全部的

正则路径，即与正则参数 $\lambda(\lambda>0)$ 相对应的所有 LASSO 解序列

$$\hat{\boldsymbol{x}}(\lambda) = \arg\min_{\boldsymbol{x}} f(\boldsymbol{x},\lambda) = \arg\min_{\boldsymbol{x}} \frac{1}{2}\|\boldsymbol{y}-\boldsymbol{A}\boldsymbol{x}\|_2^2 + \lambda\|\boldsymbol{x}\|_1$$

LARS 的效率源自于这样的事实：如第 2 章所示，LASSO 的路径是分片线性的。事实上，在与路径方向变化相对应的每一步骤，LARS 仅评估新的方向与步长，因此避免了导致效率降低的增量步骤。LASSO 解的分片线性通常也被与 LARS 相似的同伦方法所利用，同伦方法由(Osborne et al., 2000a)提出。注意，计算全部正则路径的高效方式简化了选择正则参数的交叉验证过程，而该正则参数在预留(交叉验证)的数据上产生了预测性能最佳的解。

一方面，LARS 可以看成是前向逐步回归的更为谨慎的版本，另一方面，也可以看成是增量前向逐段回归更为高效的版本，因为其步长比前者小，但是比后者大。更为特别的是，LARS 从空的预测因子集合开始，选择与响应变量具有最大绝对相关的预测因子。然而，与过于贪婪的前向逐步回归方法不同的是，LARS 仅沿被选方向进行，直到另一预测因子与当前残差具有同样的相关性。那么，LARS 选择与两个预测值等角的新方向①，并沿该新方向继续前进，直到第三个预测因子进入"最相关"集合，该集合也称为有效集。LARS 选择与三个预测因子等角的新方向，继续前进，直到解中含有算法所要求的预测因子数量，或者直到所有路径均已获得，这需要完成 $\min(m-1,n)$ 个步骤。图 5.7 给出了 LARS 方法的框架。如前所述，假定所有的 $\boldsymbol{A}_i$ 与 $\boldsymbol{y}$ 已经中心化，具有零均值，且 $\boldsymbol{A}_i$ 已经标准化，具有单位范数。LARS 的更多细节可参见(Efron et al., 2004)。该算法多个公开可用的实现程序可以在线找到，例如，LARS 的 Splus 与 R 实现包(Efron and Hastie, 2004)，(Sjöstrand, 2005)提供的 MATLAB 实现包以及其他工具包等。

最小角回归

输入：$m \times n$ 维矩阵 $\boldsymbol{A}$，$\boldsymbol{y}$

1. 初始化
   $\boldsymbol{x}=0$，$S=\mathrm{supp}(\boldsymbol{x})=\emptyset$，$\boldsymbol{r}=\boldsymbol{y}-\boldsymbol{A}\boldsymbol{x}=\boldsymbol{y}$
2. 选择第一个变量
   寻找与残差 $\boldsymbol{r}$ 具有最大相关性的预测因子($\boldsymbol{A}$ 的列)
   $i=\arg\max_i \boldsymbol{a}_i^{\mathrm{T}}\boldsymbol{r}$
   $\hat{x}_i=\max_i \boldsymbol{a}_i^{\mathrm{T}}\boldsymbol{r}$
   $S\leftarrow S\cup\{i\}$ //更新支撑
3. 将系数 x_i 从 0 变化到其最小二乘系数 $\hat{x}_{i^k}$，同时更新相应的残差 $\boldsymbol{r}$，直到某一个预测因子 $\boldsymbol{a}_j$ 与当前残差具有与 $\boldsymbol{a}_i$ 相同的相关性，然后将其加入到支撑中，即 $S\leftarrow S\cup\{j\}$
4. 将 x_i 与 x_j 在联合最小二乘系数 $\delta_k=(\boldsymbol{A}_{S^k}^{\mathrm{T}}\boldsymbol{A}_{S^k})^{-1}\boldsymbol{A}_{S^k}^{\mathrm{T}}\boldsymbol{r}$ 定义的方向上移动，直到另一预测因子 $\boldsymbol{a}_k$ 与当前残差具有与 $\boldsymbol{a}_i$ 相同的相关性，然后将其加入到支撑中，即 $S\leftarrow S\cup\{k\}$
5. 继续增加预测因子，共执行 $\min(m-1,n)$ 步，直到获得所有的完全 OLS 解。如果 $n<m$，所有的预测因子均在模型中

图 5.7 最小角回归

① 与 $\boldsymbol{y}$ 具有相同相关性的两个列向量 $\boldsymbol{a}_i$ 与 $\boldsymbol{a}_j$，也具有与 $\boldsymbol{y}$ 相同的夹角。

LASSO 改进：如文献(Efron et al., 2004)所述，如果增加下面的细微改进，LARS 可等价于 LASSO，且该方法可找到 LASSO 问题的最优解路径：如果一个非零系数变为 0，那么将相应的变量从有效集中移除，并且根据剩下的变量重新计算当前 LARS 的联合最小二乘方向。例如，图 5.8 给出了上述改进 LARS 路径前后的情况比较：一个变量的非零系数变为 0，则该变量必须从有效集中删除。

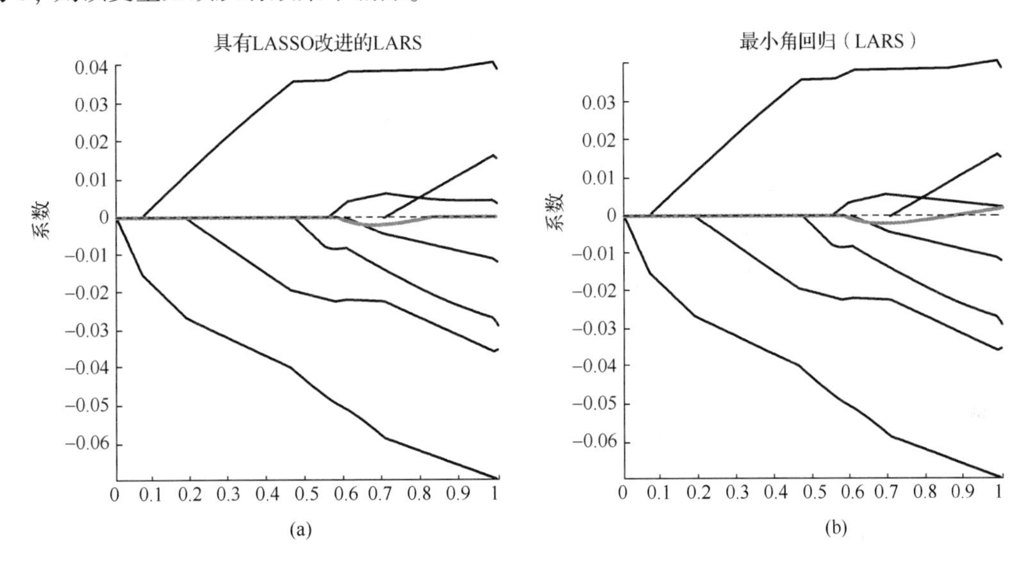

图 5.8　比较 LARS 在 fMRI 数据集的正则路径：(a)改进前；(b)增加 LASSO 改进后。该数据集根据文献(Rish et al.,2010)在病痛感知分析实验中收集得到，其中，受试者报告的病痛等级从受试者的 fMRI数据中预测得到。x轴表示LARS第k次迭代获得的且经过标准化的l_1范数稀疏解。为便于表示，避免在绘制正则路径时产生聚类现象，将高维fMRI数据集降低为少量体素($n=4000$个预测因子)，仅使用$m=9$(共120)个样本。因此，LARS选择$\min(m-1, n)=8$个变量并结束计算

总而言之，LARS 是与诸如 OMP、前向逐步回归(如 LS-OMP)以及前向逐段回归(如 MP)此类贪婪算法非常接近的逐段计算过程，但是不像贪婪方法，LARS(在经过细微改进后)能够产生式(2.14)中 LASSO 问题 (P_1^λ) 的精确解。

- 当系数不跨越0时，LARS 产生与 LASSO 同样的解路径(否则，对 LASSO 进行改进以达到该等价性)。
- 如果系数单调，则 LARS 产生与 FS_0 同样的解路径[否则，应用(Hastie et al., 2009)讨论的 FS_0 简单改进以达到该等价性]。
- LARS 非常高效：以求解 OLS 的代价，LARS 产生全部正则(解)路径，即随着 λ从非常大(与空解对应)到0(与 OLS 解对应)的变化，产生解的序列。

如前所述，因为 LASSO 的路径是分片线性的，所以如此高效的计算是可能的。该性质对于更为一般的具有凸损失的函数 $L(\boldsymbol{x})$ 与正则函数 R 的正则化问题也是满足的，即

$$\hat{\boldsymbol{x}}(\lambda) = \arg\min_{\boldsymbol{x}}[L(\boldsymbol{x}) + \lambda R(\boldsymbol{x})]$$

其中，

$$L(\boldsymbol{x}) = \sum_{i=1}^{m} \text{Loss}\left(y_i, \sum_{j}^{n} a_{ij}x_j\right)$$

也就是说，如文献(Rosset and Zhu，2007)所述，如果 $L(\boldsymbol{x})$ 为二次的或分片二次的，且 $R(\boldsymbol{x})$ 为分片线性的，那么如 l_1 范数情况一样，解路径为分片线性的。

5.3.2 坐标下降法

另外一种求解 LASSO 问题及其一般形式的流行方法为坐标下降法(CD)，该方法具有其他损失函数与正则函数的一般形式的情况将在本书后续讨论。如同方法名字所暗示的，该常用的优化技术固定除一个变量之外的所有变量(坐标)，并对留下的那个变量执行一元优化过程。该过程以某循环顺序在所有变量上进行迭代，直至收敛①。如同下面所讨论的，由于对一元优化步骤的高效实现，坐标下降也是高效的过程，可以与求解 LASSO 问题的 LARS 方法相媲美，甚至优于 LARS 方法(Hastie et al.，2009)。然而，不同于 LARS，坐标下降并不是路径产生方法，仅仅能够通过利用 λ 值网格上的热重启来计算解，从而近似解路径。

仍然假定所有的 $\boldsymbol{A}_i$ 与 $\boldsymbol{y}$ 已经中心化，具有零均值，且所有的 $\boldsymbol{a}_i$ 已经标准化，具有单位范数。用 $\hat{x}_i(\lambda)$ 表示当前估计 x_i，其中，λ 为式(2.14)中 LASSO 问题的正则化参数。假定除第 i 个系数以外的所有系数均固定，可以将式(2.14)中的目标函数重写为关于单一变量 x_i 的函数，即

$$L(x_i,\lambda) = \frac{1}{2}\sum_{j=1}^{m}\left(\left[y_j - \sum_{k\neq i} a_{jk}\hat{x}_k(\lambda)\right] - a_{ji}x_i\right)^2 + \lambda\sum_{k\neq i}|\hat{x}_k(\lambda)| + \lambda|x_i| \tag{5.17}$$

$$= \frac{1}{2}\|\boldsymbol{r} - \boldsymbol{a}_i^{\mathrm{T}}x_i\|_2^2 + \lambda|x_i| + \text{const} \tag{5.18}$$

其中，当前残差向量 $\boldsymbol{r}$ 的元素 $r_j = y_j - \sum_{k\neq i} a_{jk}\hat{x}_k(\lambda)$，因此，上述目标函数与一元 LASSO 问题相对应。与本章前面讨论的正交设计矩阵情况下 LASSO 解的获取方法相似，计算 $L(x_i,\hat{\boldsymbol{x}}(\lambda))$ 的次微分，即

$$\partial L(x_i,\lambda) = \sum_{j=1}^{m} a_{ji}(a_{ji}x - r_j) + \lambda\partial|x|$$

$$= \boldsymbol{a}_i^{\mathrm{T}}\boldsymbol{a}_i x - \boldsymbol{a}_i^{\mathrm{T}}\boldsymbol{r} + \lambda\partial|x| = x - \boldsymbol{a}_i^{\mathrm{T}}r + \lambda\partial|x|$$

其中，由于 $\boldsymbol{A}$ 的列已经标准化，具有单位 l_2 范数，因此 $\boldsymbol{a}_i^{\mathrm{T}}\boldsymbol{a}_i = 1$。与式(5.7)相似，条件 $0 \in \partial L(x,\lambda)$ 意味着一元 LASSO 问题的解可通过将软阈值算子应用于一元 OLS 解 $\boldsymbol{a}_i^{\mathrm{T}}\boldsymbol{r}$ 来得到，因此下式给出了第 i 个系数 x_i 的更新规则：

$$\hat{x}_i = S(\boldsymbol{a}_i^{\mathrm{T}}\boldsymbol{r},\lambda) = \text{sgn}(\boldsymbol{a}_i^{\mathrm{T}}\boldsymbol{r})\,(|\boldsymbol{a}_i^{\mathrm{T}}\boldsymbol{r}| - \lambda)_+ \tag{5.19}$$

坐标下降在所有变量上以某预先确定的循环顺序进行迭代，直至收敛。而且，根据式(5.19)，每一步的计算都非常高效，故计算速度非常快。图 5.9 给出了该算法的框架。

① 具有非平滑目标函数的坐标下降方法的收敛性，可参见(Bach et al.，2012)及其参考文献。

坐标下降方法

输入: $m \times n$ 维矩阵 $\boldsymbol{A}$, $\boldsymbol{y}$, λ, ε

1. 初始化: $k = 0$, $\boldsymbol{x} = 0$, $\boldsymbol{r} = \boldsymbol{y}$

　在所有变量上循环直至收敛:

2. $k = k + 1$, $i = k \bmod (n + 1)$

3. 计算部分残差

$$r_j = y_j - \sum_{k \neq i} a_{jk} x_k$$

4. 计算一元 OLS 解

$$x = \boldsymbol{a}_i^{\mathrm{T}} \boldsymbol{r}$$

5. 更新 x_i (一元 LASSO 解)

$$x_i = S(x, \lambda) = \operatorname{sgn}(x)\,(|x| - \lambda)_+$$

6. 如果(全)残差 $\boldsymbol{r} - \boldsymbol{a}_i x_i < \varepsilon$, 返回 $\boldsymbol{x}$; 否则, 跳转到步骤 2(算法的下一次迭代)

图 5.9　用于求解 LASSO 的坐标下降方法

注意,存在多个方法将上述坐标下降算法扩展至其他损失函数, 突破了 LASSO 中平方和损失的限制, 例如在第 8 章中讨论的稀疏逻辑回归(Tseng and Yun, 2009), 稀疏高斯马尔科夫网络模型(Banerjee et al., 2006; Friedman et al., 2007b), 以及突破了基本 l_1 范数正则化限制的扩展, 如本书后续讨论的借助于分组正则函数构造的结构化稀疏性, 如 l_1/l_q (Yuan and Lin, 2006)。

5.3.3　近端方法

本节将介绍近端法, 也称为前向-后向分裂算法, 这是一类通用的凸优化技术, 有很多有名的方法, 如迭代阈值、次梯度与投影梯度方法以及其他投影方法均为其特例。可以参考(Combettes and Pesquet, 2011; Bach et al., 2012)及其参考文献以获得更多细节。近端法在优化领域具有悠久的历史, 在过去的 10 年中, 已被引入到信号处理与稀疏优化领域, 并迅速流行。

5.3.3.1　问题描述

考虑下面的一般性问题情况, 包括作为特例的多个稀疏复原问题, 如本书其他章讨论的基本 LASSO 与突破 l_1 范数正则函数和二次损失函数的扩展情况, 即

$$(P): \quad \min_{\boldsymbol{x}} f(\boldsymbol{x}) + g(\boldsymbol{x}) \tag{5.20}$$

其中

- $f: R^n \to R$ 为平滑凸函数, 具有利普希茨梯度且连续可微, 即

$$\| \nabla f(\boldsymbol{x}) - \nabla f(\boldsymbol{y}) \| \leq L(f) \, \| \boldsymbol{x} - \boldsymbol{y} \|, \quad \boldsymbol{x}, \boldsymbol{y} \in R^n \tag{5.21}$$

　其中, $L(f) > 0$, 为 ∇f 的利普希茨常数。

- $g: R^n \to R$ 为连续凸函数, 可以是非平滑的。

例如，$f(\boldsymbol{x})$ 可以为损失函数，而 $g(\boldsymbol{x})$ 为正则函数，在 LASSO 问题中，$f(\boldsymbol{x}) = \|\boldsymbol{y} - \boldsymbol{A}\boldsymbol{x}\|_2^2$，$g(\boldsymbol{x}) = \|\boldsymbol{x}\|_1$。很明显，当 $g(\boldsymbol{x}) = 0$ 时，式(5.20)中的问题退化为标准的无约束平滑凸最小化问题。

近端方法为迭代算法，从某原始点 $\boldsymbol{x}_0$ 开始，计算 $\boldsymbol{x}_k$ 的更新序列，该序列收敛于问题 (P) 的实际解。给定当前在 k 次迭代中得到的 $\boldsymbol{x}_k$，下一次迭代 $\boldsymbol{x}_{k+1}$ 可以通过最小化下面的目标函数的二次近似来找到：

$$\min_{\boldsymbol{x} \in R^n} f(\boldsymbol{x}_k) + \nabla f(\boldsymbol{x}_k)^{\mathrm{T}}(\boldsymbol{x} - \boldsymbol{x}_k) + \frac{L}{2}\|\boldsymbol{x} - \boldsymbol{x}_k\|_2^2 + g(\boldsymbol{x})$$

其中，前两项构成了 f 在当前点 $\boldsymbol{x}_k$ 的线性化，第三项(二次项)称为近端项，有助于使得下一个更新值 $\boldsymbol{x}_{k+1}$ 接近当前点 $\boldsymbol{x}_k$，其中 f 接近其线性近似；$L > 0$ 为常数，其上界为利普希茨常数 $L(f)$，并且在实际中通常借助线性搜索计算得到。利用简单的代数方法，并将独立于 $\boldsymbol{x}$ 的常数项移除，可以得到如下近端问题：

$$(PP):\quad \min_{\boldsymbol{x} \in R^n} \frac{1}{2}\left\| \boldsymbol{x} - \left(\boldsymbol{x}_k - \frac{1}{L}\nabla f(\boldsymbol{x}_k)\right)\right\|_2^2 + \frac{1}{L}g(\boldsymbol{x}) \tag{5.22}$$

使用下面的符号，表示标准的梯度更新步骤，如在有名的梯度下降方法中用到的，即

$$G_f(\boldsymbol{x}) = \boldsymbol{x} - \frac{1}{L}\nabla f(\boldsymbol{x}) \tag{5.23}$$

同时

$$\mathrm{Prox}_{\mu g}(\boldsymbol{z}) = \arg\min_{\boldsymbol{x} \in R^n} \frac{1}{2}\|\boldsymbol{x} - \boldsymbol{z}\|_2^2 + \mu g(\boldsymbol{x}) \tag{5.24}$$

表示近端算子(其中 $\mu = \frac{1}{L}$)，这可追溯到(Moreau，1962)以及由(Martinet，1970)与(Lions and Mercier，1979)提出的早期近端算法。近端方法可以简洁地写为从 $k = 0$ 以及初始点 $\boldsymbol{x}_0 \in R^n$ 开始的迭代更新序列：

$$\boldsymbol{x}_{k+1} \leftarrow \mathrm{Prox}_{\mu g}(G_f(\boldsymbol{x}_k)) \tag{5.25}$$

注意，在缺少(非平滑)函数 $g(\boldsymbol{x})$ 的情况下，近端方法步骤退化为标准的梯度更新步骤：

$$\boldsymbol{x}_{k+1} \leftarrow G_f(\boldsymbol{x}_k) = x_k - \frac{1}{L}\nabla f(\boldsymbol{x}_k)$$

以至于近端方法退化为著名的梯度下降算法。近端方法所包括的另一个标准技术是投影梯度，这也是近端方法的一个特例，即对于某集合 $S \subset R^n$，如果当 $\boldsymbol{x} \in S$ 时，则可令 $g(\boldsymbol{x}) = 0$；当 $\boldsymbol{x} \notin S$ 时，$g(\boldsymbol{x}) = +\infty$ [即 $g(\boldsymbol{x})$ 是 S 上的指示函数]，那么求解近端问题等价于计算

梯度更新以及该更新在 S 上的投影，即完成投影梯度步骤：

$$x_{k+1} \leftarrow \mathrm{Proj}_S(G_f(x_k))$$

其中，Proj_S 为集合 S 上的投影算子。图 5.10 给出了近端方法的算法框架。

近端算法

1. 初始化

   选择 $x_0 \in R^n$

   $L \leftarrow L(f)$，一个利普希茨常数 ∇f

   $k \leftarrow 1$

2. 迭代步骤 k

   $G_f(x_{k-1}) \leftarrow x_{k-1} - \frac{1}{L}\nabla f(x_{k-1})$

   $x_k \leftarrow \mathrm{Prox}_{\mu g}(G_f(x_{k-1}))$

   $k \leftarrow k+1$

3. 如果满足收敛准则，则结束；否则，跳转到步骤 2

图 5.10　近端算法

5.3.3.2　加速方法

近端算法吸引人的性质是简洁性。然而，它们在收敛速度上可能会比较慢。(Figueiredo and Nowak, 2003; Daubechies et al., 2004; Combettes and Wajs, 2005; Beck and Teboulle, 2009)等详细研究了近端方法的收敛性，收敛速率为 $O\left(\frac{1}{k}\right)$，其中，$k$ 为迭代次数，即

$$F(x_k) - F(\hat{x}) \simeq O\left(\frac{1}{k}\right)$$

其中，$F(x) = f(x) + g(x)$，$\hat{x}$ 为式(5.20)中问题(P)的最优解，x_k 为近端方法第 k 次迭代所得结果。

最近，提出了几种加速算法改进基本近端算法收敛较慢的问题。其中，最突出的方法为 FISTA，也称为快速迭代收缩–阈值算法(Beck and Teboulle, 2009)①。该方法与基本的近端方法相似，但是用下面的更新方法代替式(5.26)中的更新步骤：

$$x_{k+1} \leftarrow \mathrm{Prox}_{\mu g}(G_f(y_k))$$

其中，y_k 为两个点 x_{k-2} 与 x_{k-1} 的线性组合，而不是简单的一个点 x_{k-1}。图 5.11 给出了 FISTA 的算法框架。Nesterov 于 1983 年在(Nesterov, 1983)中提出了一个相似的方法用于平滑凸

① 注意，如其名所揭示的那样，该算法对近端方法在式(5.20)中做的一般设定进行了扩展，而不是仅在下一节描述的求解 LASSO 的 ISTA 方法特例中是这样的。

函数的最小化问题，并证明了解方法在复杂度分析方面为一阶即梯度最优方法，如(Nemirovsky and Yudin, 1983)所述。FISTA 将 Nesterov 的算法扩展至式(5.20)中的非平滑目标情况，将收敛速率从 $O\left(\frac{1}{k}\right)$ 改进至 $O\left(\frac{1}{k^2}\right)$。

加速近端算法 FISTA

1. 初始化

   选择 $\boldsymbol{y}_1 = \boldsymbol{x}_0 \in R^n$，$t_1 = 1$

   $L \leftarrow L(f)$，利普希茨常数 ∇f

   $k \leftarrow 1$

2. 迭代步骤 k

   $G_f(\boldsymbol{x}_{k-1}) \leftarrow \boldsymbol{x}_{k-1} - \frac{1}{L}\nabla f(\boldsymbol{x}_{k-1})$

   $\boldsymbol{x}_k \leftarrow \mathrm{Prox}_{\mu g}(G_f(\boldsymbol{y}_{k-1}))$

   $t_{k+1} = \frac{1 + \sqrt{1 + 4t_k^2}}{2}$

   $\boldsymbol{y}_{k+1} = \boldsymbol{x}_k + \left(\frac{t_k - 1}{t_{k+1}}\right)(\boldsymbol{x}_k - \boldsymbol{x}_{k-1})$

   $k \leftarrow k + 1$

3. 如果满足收敛住准则，则结束；否则，跳转到步骤 2

图 5.11 加速近端算法 FISTA

5.3.3.3 近端算子的例子

决定近端方法效率的一个重要步骤就是对式(5.25)中近端算子 $\mathrm{Prox}_{\mu g}$ 的计算。可以证明，对于很多涉及 l_q 范数的正则化函数 $g(\boldsymbol{x})$，近端算子可以以解析形式进行高效的计算。因此，这里对这些结果进行了简要总结，但不涉及由其衍生的相关内容。读者可以参阅(Combettes and Wajs, 2005)与(Bach et al.,2012)以获得更多细节内容。在本节余下内容中，使用 $\mu = \lambda/L$。

l_1 范数惩罚(LASSO)

当在式(5.20)中应用 LASSO 的罚函数 $g(\boldsymbol{x}) = \lambda\|\boldsymbol{x}\|_1$ 时，式(5.22)中的近端问题 (PP) 变为

$$\min_{x \in R^n} \frac{1}{2}\|\boldsymbol{x} - G_f(\boldsymbol{x}_k)\|_2^2 + \mu\|\boldsymbol{x}\|_1$$

其中，$\mu = \lambda/L$。注意，上述问题等价于式(5.4)，其中 $\hat{\boldsymbol{x}} = G_f(\boldsymbol{x}_k)$。也就是说，该问题可以分解为一元 LASSO 问题，而后者可以利用软阈值算子独立求解。因此，在 l_1 范数罚函数情况下，近端算子就是软阈值算子，即

$$[\mathrm{Prox}_{l_1}(\boldsymbol{x})]_i = \left(1 - \frac{\mu}{|x_i|}\right)_+ x_i = \mathrm{sgn}(x_i)(|x_i| - \mu)_+$$

因此，对于 l_1 范数正则化函数 $g(\boldsymbol{x})$，回到热门的迭代收缩-阈值算法(ISTA)，该方法由不同领域的多个研究人员独立研究并分析而来。ISTA 的一个早期版本由(Nowak and Figueiredo, 2001)与(Figueiredo and Nowak, 2003)提出，称为期望最大化(EM)方法，并于后来由(Figueiredo and Nowak, 2005)在优化最小化框架下提出。(Daubechies et al., 2004)中得到了 ISTA 方法的收敛结果。迭代收缩-阈值的算法也在同一时间由其他不同的研究人员独立提出(Elad, 2006; Elad et al., 2006; Starck et al., 2003a,b)。在(Combettes and Wajs, 2005)中，将其与一类广义的前向-后向分裂算法联系起来。

l_2^2 惩罚

岭回归罚函数 $g(\boldsymbol{x}) = \lambda\|\boldsymbol{x}\|_2^2$ 导致了如下的收缩算子：

$$\mathrm{Prox}_{l_2^2}(\boldsymbol{x}) = \frac{1}{1+\mu}\boldsymbol{x}$$

下面还将提到近端算子的两个例子，弹性网与分组 LASSO。虽然尚未对其罚函数进行正式介绍，不过，这两个罚函数将在下一章进行详细讨论。

$l_1 + l_2^2$ 弹性网惩罚

当应用弹性网(Zou and Hastie, 2005)罚函数，即 $g(\boldsymbol{x}) = \lambda(\|\boldsymbol{x}\|_1 + \alpha\|\boldsymbol{x}\|_2^2)$ 时，其中 $\alpha > 0$，近端算子具有如下的解析形式：

$$\mathrm{Prox}_{l_1+l_2^2}(\boldsymbol{x}) = \frac{1}{1+2\mu\alpha}\mathrm{Prox}_{\mu\|\cdot\|_1}(\boldsymbol{x})$$

l_1/l_2 分组- LASSO 惩罚

将 $\boldsymbol{x}$ 的坐标分成 J 组，分组- LASSO 罚函数(Yuan and Lin,2006)与 $g(\boldsymbol{x}) = \lambda\sum_{j=1}^{J}\|\boldsymbol{x}_j\|_2$ 相对应，其中，$\boldsymbol{x}_j$ 为 $\boldsymbol{x}$ 在第 j 组的投影。该罚函数的近端算子具有如下的解析形式：

$$[\mathrm{Prox}_{l_1/l_2}(\boldsymbol{x})]_j = \left(1 - \frac{\mu}{\|\boldsymbol{x}_j\|_2}\right)_+ \boldsymbol{x}_j, \quad j \in \{1,\cdots,J\}$$

换句话说，这是将 l_1 范数近端算子应用于分组层次，即应用到第 j 组的每一个投影 $\boldsymbol{x}_j$，而非每一个坐标。

参考(Bach et al., 2012)，可以获得关于近端算子的更多例子，包括融合 LASSO 罚函数(总变分) $\sum_{i=1}^{n-1}|x_{i+1} - x_i|$(其中 x_i 为 $\boldsymbol{x}$ 的第 i 个坐标)、组合 $l_1 + l_1/l_q$ 范数、分层 l_1/l_q 范数、重叠 l_1/l_∞ 范数以及迹范数等。

5.4 总结与参考书目

本章讨论了一些用于求解稀疏信号复原的流行算法，如适用于 l_0 范数最小化情况的近似贪婪搜索方法，以及几种适用于凸 l_1 范数松弛(LASSO 问题)的严格优化技术，如 LARS、坐标下降方法以及近端法。LARS 的一个有趣特征是它是一种路径构造算法，也就是说，当正则参数 λ 从无穷大(无解)下降至 0(非稀疏)时，该方法产生了 LASSO 解的全集。LARS 与同伦方法有着密切联系(Osborne et al.，2000a)。注意，路径构造方法也是因 LASSO 问题的扩展发展而来，如弹性网(Zou and Hastie，2005)与广义线性模型[(Park and Hastie，2007)的 glmpath]，该内容将在本书后续讨论。(Rosset and Zhu，2007)讨论了路径分片连续性的一般充分条件。相似地，(块)坐标下降和近端法常用于求解将 LASSO 一般化为其他损失函数与正则函数的稀疏复原问题，该内容将在本书后续讨论。读者可以参考(Bach et al.，2012)及其参考文献获得更多这些问题的细节，并更为全面地了解这些问题。

显然，这里不可能穷尽最近发表的用于稀疏复原的所有算法。读者可以参考压缩感知库，网址为 http://dsp. rice. edu/cs，从而获得更为全面的参考文献以及不同实现稀疏复原方法的可用软件包。

第 6 章　扩展 LASSO：结构稀疏性

如前所述，相比标准线性回归，LASSO 方法，即 l_1 范数正则化，具有两个主要的优点：(1)有助于避免模型在高维但数据样本数量较小情况下的过拟合；(2)便于嵌入式变量选择，即寻找相关预测因子的较小子集。然而，LASSO 也具有一定的缺陷，从而促使近几年提出了几种更为先进的稀疏方法。本章将介绍其中的几种方法，如弹性网、融合 LASSO、分组 LASSO 以及与其密切相关的同步 LASSO(即多任务学习)，并且讨论这些方法的实际应用。这些方法专注于对实际应用中相关变量以及不同的附加结构的处理，因此称为结构稀疏方法[①]。

接下来，假定响应变量 $\boldsymbol{y}$ 已经中心化，具有零均值，所有的预测因子已标准化且具有零均值和单位长度(l_2 范数)：

$$\sum_{i=1}^{m} y_i = 0, \quad \sum_{i=1}^{m} a_{ij} = 0, \quad \sum_{i=1}^{m} a_{ij}^2 = 1, \quad 1 \leqslant j \leqslant n$$

6.1　弹性网

首先讨论弹性网回归方法(Zou and Hastie, 2005)。该方法主要产生于计算生物学这一类的应用。在计算生物学应用中，预测因子往往相互关联，经常形成关于预测目标的相关(或不相关)的组或群。正如(Zou and Hastie, 2005)中讨论的那样，原始的 LASSO 对于这样的应用来说可能并不是很理想，因为：

- 当变量的数量 n 超过了观测的数量 m，且 LASSO 的解唯一时[当 $\boldsymbol{A}$ 的元素从连续概率分布中抽取，该情况以概率 1 发生(Tibshirani, 2013)]，其包含了至多 m 个非零系数(Osborne et al., 2000b)。当主要目的在于辨别重要的预测因子时，由于变量数目可能超过 m，那么该局限性是我们不希望的。
- 如果一组相关的预测因子与目标变量高度相关，那么我们希望在稀疏模型中包含所有具有相似系数的预测因子，特别地，在模型中相同的预测因子必须具有相同的系数。然而，在 LASSO 解中，该情况并不一定能实现，即它们缺乏所期望的分组属性。如(Zou and Hastie, 2005)所述，通过实验可观测到 LASSO 倾向于从一组高度相关的变量中选择其中一个(任意的)变量。

---

① 在文献中，结构稀疏方法通常是指分组 LASSO 及其相似方法。但是，这里将该术语应用到更广泛的范畴，包括所有考虑预测因子之间交互的方法。

- 在最初的 LASSO 论文(Tibshirani, 1996)中，实验结果表明，当预测因子高度相关时，LASSO 的预测性能由岭回归控制(即 l_2 范数正则的线性回归)，而当存在数量相对较少的独立变量时，情况相反。因此，若要达到这两种情况下的最优，将 l_1 范数与 l_2 范数结合起来是很有必要的。

特别地，让我们来考虑分组性质。事实上，如果两个预测因子严格相同，我们希望有一个线性模型可以将相同的系数分配给这两个变量。如(Zou and Hastie, 2005)所讨论的，当罚函数 $R(\boldsymbol{x})$ 为严格凸的(见第 2 章关于严格凸的定义)，这可以通过经惩罚的线性回归来实现：

$$\min_{x} \frac{1}{2} \| \boldsymbol{y} - \boldsymbol{A}\boldsymbol{x} \|_2^2 + \lambda R(\boldsymbol{x}) \tag{6.1}$$

注意，通常假定当 $\boldsymbol{x} \neq 0$ 时，罚函数 $R(\boldsymbol{x}) > 0$。然而，既然 l_1 范数为凸但并非严格凸，那么 LASSO 并不满足该属性，总结如下。

引理 6.1 (Zou and Hastie, 2005)令 $\boldsymbol{a}_i = \boldsymbol{a}_j$，其中 $\boldsymbol{a}_i$ 与 $\boldsymbol{a}_j$ 分别为设计矩阵 $\boldsymbol{A}$ 第 i、j 列，当 $\boldsymbol{x} \neq 0$ 时令 $R(\boldsymbol{x}) > 0$，$\hat{\boldsymbol{x}}$ 表示式(6.1)的解。

- 若 $R(\boldsymbol{x})$ 为严格凸的，那么对于任意 $\lambda > 0$，有 $x_i = x_j$；
- 若 $R(\boldsymbol{x}) = \|\boldsymbol{x}\|_1$，那么 $x_i x_j \geq 0$，并且对于任意 $0 \leq \alpha \leq 1$，存在无穷多解 $\boldsymbol{x}'$，其中，$x_i' = \alpha(\hat{x}_i + \hat{x}_j)$，$x_j' = (1-\alpha)(\hat{x}_i + \hat{x}_j)$，同时其他系数保持相同，即对于所有的 $k \neq i$，$k \neq j$，有 $x_k' = \hat{x}_k$。

为避免上述问题，(Zou and Hastie, 2005)提出了弹性网的方法，该方法用附加的平方 l_2 范数项对 LASSO 的正则化进行扩展，该平方 l_2 范数项使得正则函数严格凸。更准确讲，即下面被称为朴素弹性网的优化问题：

$$\min_{x} \| \boldsymbol{y} - \boldsymbol{A}\boldsymbol{x} \|_2^2 + \lambda_1 \| \boldsymbol{x} \|_1 + \lambda_2 \| \boldsymbol{x} \|_2^2 \tag{6.2}$$

(修正的)弹性网的解是上述朴素弹性网解的简单重定标版本，最早由(Zou and Hastie, 2005)提出。本节结尾将详细讨论重新定标问题。从式(6.2)中很容易看出：当 $\lambda_2 = 0$ 且 $\lambda_1 > 0$ 时，朴素弹性网与 LASSO 等价；当 $\lambda_1 = 0$ 且 $\lambda_2 > 0$ 时，朴素弹性网等价于岭回归(Hoerl and Kennard, 1998)，即 l_2 范数正则的线性回归。很明显，当 λ_1 与 λ_2 均为 0 时，朴素弹性网问题退化为普通最小二乘线性回归，或 OLS。

图 6.1 给出了二维情况下弹性网惩罚的几何结构。它也可以看成是 LASSO 与岭惩罚的凸组合，即

$$\alpha \| \boldsymbol{x} \|_2^2 + (1-\alpha) \| \boldsymbol{x} \|_1, \quad \alpha = \frac{\lambda_2}{\lambda_1 + \lambda_2}$$

注意，与 LASSO 的 l_1 范数相似，弹性网惩罚仍然具有尖角(奇点)，这些奇点对稀疏性起到强化作用。然而，与 LASSO 惩罚不同，弹性网惩罚为严格凸的，这就保证了相同的预测因子将分配给相同的系数。通过改进的(增广的)数据矩阵，弹性网可以很容易变换为等价的 LASSO 问题，并通过求解 LASSO 问题的标准方法进行求解，如下所示。

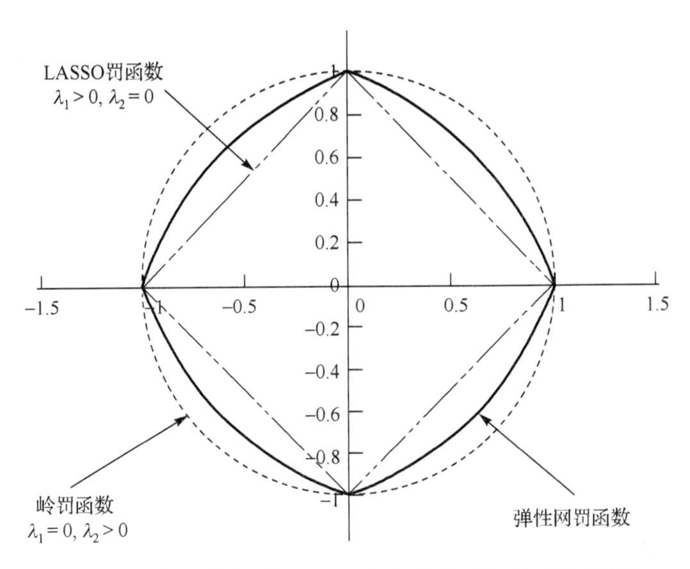

图 6.1　相同函数值下 LASSO、岭与弹性网惩罚的等高线图

引理 6.2　(Zou and Hastie, 2005) 令 $(\boldsymbol{y}^*, \boldsymbol{A}^*)$ 为增广数据集，定义为

$$\boldsymbol{A}^*_{(m+n)\times n} = \frac{1}{\sqrt{1+\lambda_2}}\begin{pmatrix}\boldsymbol{A}\\ \sqrt{\lambda_2}\boldsymbol{I}\end{pmatrix}, \quad \boldsymbol{y}^*_{(m+n)} = \begin{pmatrix}\boldsymbol{y}\\ 0\end{pmatrix}$$

令 $\gamma = \lambda_1/\sqrt{1+\lambda_2}$，$\boldsymbol{x}^* = \sqrt{1+\lambda_2}\boldsymbol{x}$，那么朴素弹性网问题可以重写为

$$\min_{\boldsymbol{x}^*} \|\boldsymbol{y}^* - \boldsymbol{A}^*\boldsymbol{x}^*\|_2^2 + \gamma\|\boldsymbol{x}^*\|_1 \tag{6.3}$$

如果 $\hat{\boldsymbol{x}}^*$ 为上式的解，那么下式为式(6.2)中朴素弹性网问题的解，为

$$\hat{\boldsymbol{x}} = \frac{1}{\sqrt{1+\lambda_2}}\hat{\boldsymbol{x}}^*$$

换句话说，求解朴素弹性网问题等价于求解式(6.3)中正则权重为 $\gamma = \lambda_1/\sqrt{1+\lambda_2}$ 的 LASSO 问题。

既然式(6.3)中描述的问题的样本数目为 $m^* = m+n$，而且 $\boldsymbol{A}^*$ 为列满秩的，那么弹性网的解可高达 n 个预测因子，即包含所有预测因子，因此消除了基本 LASSO 方法的一个局限。如前所述，(朴素)弹性网的正则函数为严格凸的，意味着相同的变量会分配到相同的系数，因此消除了 LASSO 的另一个缺陷。最后，下面结果表明，(朴素)弹性网惩罚强化了所希望的高度相关变量的分组特点。

定理 6.3　(Zou and Hastie, 2005) 给定 λ_1 与 λ_2，令 $\hat{\boldsymbol{x}}(\lambda_1, \lambda_2)$ 为式(6.2)中朴素弹性网问题的解，假定 $\boldsymbol{y}$ 已经中心化，$\boldsymbol{A}$ 的列已经标准化，令 $\hat{x}_i(\lambda_1, \lambda_2) > 0$，第 i 个系数与第 j 个系数之间的(标准化)绝对差定义为

$$d_{\lambda_1,\lambda_2}(i,j) = \frac{1}{\|\boldsymbol{y}\|_1}|\hat{x}_i(\lambda_1,\lambda_2) - \hat{x}_j(\lambda_1,\lambda_2)|$$

那么

$$d_{\lambda_1,\lambda_2}(i,j) \leqslant \frac{1}{\lambda_2}\sqrt{2(1-\rho)}$$

其中，$\rho = \boldsymbol{a}_i^{\mathrm{T}}\boldsymbol{a}_j$ 为第 i 个预测因子与第 j 个预测因子之间的样本相关性。

换句话说，两个预测因子之间的高度相关性意味着高近似性，即只要两个系数具有同一符号，那么两个系数间差距就比较小。该性质经常称为相似预测因子的分组。因为参数 λ_2 促进了这样的效应，所以称其为分组参数，l_1 范数上的 λ_1 权重称为稀疏参数。注意到，$d_{\lambda_1,\lambda_2}(i,j)$ 与 λ_2 成反比，因此当 λ_2 增加时，在朴素弹性网解中具有同一符号的变量的系数变得更为接近。然而，如后续所讨论的，在(修正)弹性网解中，这些系数将由 $(1+\lambda_2)$ 重新定标，因此，系数间的差距将仅仅由相应的预测因子之间的相关性 ρ 控制。

由于(朴素)弹性网问题在增广数据集上等价于 LASSO 问题，因此可以通过求解 LASSO 的任意方法来求解。(Zou and Hastie, 2005)提出了 LARS-EN 过程。这是对最小角回归(LARS)的简单改进(挖掘了增广数据矩阵的稀疏结构)。其中，LARS(Efron et al., 2004)是求解 LASSO 问题的流行算法，利用了一个分段过程。LARS-EN 具有两个输入参数，分组参数 λ_2 与稀疏参数 k，其中，k 指定了起作用的预测因子，即 $\hat{\boldsymbol{x}}$ 中具有非零系数的预测因子(也称为有效集)的最大数量。(Efron et al., 2004)表明每一个 k 值与式(6.2)中的唯一的 λ_1 相对应，λ_1 越大，即 l_1 范数罚函数的权重越大，可以得到更为稀疏的解，因此对应于更少的非零系数数量 k。LARS-EN 产生了一个解的集合，即 k 从 1 变化到指定的非零元素最大数目的所有值的正则化路径。稀疏参数也称为早期停止参数，因为它在 LARS-EN 增量过程中作为一种停止准则。LARS 过程的更多细节，可参见第 5 章。注意，LARS-EN 与原始 LARS 相似，是非常高效的，因为它以一次 OLS 拟合的代价寻找全部正则化路径。记住，了解正则化路径有助于选择最具预测作用的解 $\boldsymbol{x}$，并利用交叉验证选择对应的参数 λ_1。

最后，线性回归系数的弹性网估计通过对朴素弹性网的解重新定标来获得。如(Zou and Hastie, 2005)所述，由于弹性网中 LASSO 与岭回归的结合，需要这样的重新定标对系数的双重收缩进行补偿。当朴素弹性网作为变量选择方法达到所希望的性质时，即克服了 LASSO 在非零元素数量方面的局限并促进相关变量的分组时，其预测性能不如 LASSO 或岭回归。(Zou and Hastie, 2005)认为，出现该情况的原因在于，与 LASSO、岭回归中的单一罚函数相比，弹性网中由于利用了两个罚函数，出现了双重收缩或过惩罚现象。为解决该双重收缩问题，(Zou and Hastie, 2005)提出了(修正)弹性网估计方法，定义了朴素弹性网解的重新定标版本 $\hat{\boldsymbol{x}}(\mathrm{EN}) = \sqrt{1+\lambda_2}\hat{\boldsymbol{x}}^*$。根据引理 6.2，$\hat{\boldsymbol{x}}(\text{naive EN}) = \frac{1}{\sqrt{1+\lambda_2}}\hat{\boldsymbol{x}}^*$，因此，有

$$\hat{\boldsymbol{x}}(\mathrm{EN}) = (1+\lambda_2)\hat{\boldsymbol{x}}(\text{naive EN})$$

即弹性网解是朴素弹性网解的重新定标版本。

总的来说，本节描述了弹性网方法，该方法为结合了 l_1 与 l_2 范数正则函数的正则线性回归方法，并且具有如下特点：

- 当 $\lambda_2 = 0$ 时，弹性网等价于 LASSO；当 $\lambda_1 = 0$ 时，等价于岭回归。并且，如(Zou and Hastie, 2005)中式(16)所示，当 $\lambda_2 \to \infty$ 时，弹性网等价于一元软阈值方法，即具有特定阈值的基于相关性的变量选择方法。
- EN 克服了 LASSO 在非零预测因子数目上的局限，即可以选择高达 n 个非零值。
- EN 强化了解的稀疏性，同时支持分组效应，即相关预测因子的系数相似，保证相同的变量会分配到相同的系数。

6.1.1 实际中的弹性网：神经成像应用

下面讨论弹性网的实际应用，主要关注神经成像，特别是功能性磁共振成像(fMRI)分析中的高维预测问题。如第 1 章所讨论的，fMRI 分析中的常见问题就是发现与给定刺激、任务或心理状态相关的大脑区域(即体素子集)。然而，传统的大规模一元广义线性模型(GLM)方法由于基于个体体素激活(每一个体素与刺激、任务或心理状态之间的相关性)，经常会漏掉潜在的含有信息的体素交互(Haxby et al., 2001; Rish et al., 2012b)。因此，在神经成像中，多元预测模型与稀疏建模变成越来越流行的分析工具。

例如，弹性网可以在疼痛感知方面产生令人惊讶的精确预测模型(Rish et al., 2010)。出于促进对人类大脑中疼痛机理的理解以及实际医学应用的需要(Baliki et al., 2009, 2008)，疼痛的脑部成像分析成为神经科学中快速发展的研究领域。然而，大部分关于疼痛的文献专注于一元分析。最近的研究探讨了稀疏建模用于从 fMRI 数据中预测受试者疼痛感知所具有的优势(Rish et al., 2010)，同时可以很好地刻画与疼痛处理相关的脑部区域的性质(Rish et al., 2012b)。(Rish et al., 2010, 2012b; Cecchi et al., 2012)中讨论的结果是在(Baliki et al., 2009)最初提出的 fMRI 数据集上获得的。14 个健康的受试者参加了此项研究。当一系列能引起疼痛的热刺激作用于受试者背部时，要求在扫描器中的受试者确定感受到的疼痛等级(一个兼容 fMRI 的设备通过一个接触探针传递能引起快速疼痛的热刺激)。(Rish et al., 2010, 2012b)中的任务是学习回归模型，该模型能够基于 fMRI 数据预测受试者的疼痛等级。个体的时间切片(在该切片上进行“大脑快照”)与样本($\boldsymbol{A}$ 的行)相对应，体素与预测因子($\boldsymbol{A}$ 的列)相对应。这里的目标变量 $\boldsymbol{y}$ 为由受试者确定的疼痛水平。

图 6.2 是从(Rish et al., 2010)复制过来的，展示了弹性网回归的预测性能，该性能通过受试者确定的实际疼痛与预测疼痛之间的相关性进行测量。可以看到，首先，在图 6.2(a)中，EN 通常远优于未正则化的线性回归(OLS)；EN 获得的疼痛等级与实际等级之间的相关性经常能达到 0.7 ~ 0.8(从未低于 0.5)。这里显示的 EN 结果是在固定稀疏度(1000 个激活的预测因子)以及分组($\lambda_2 = 20$)的情况下得到的。另一方面，图 6.2(b)比较

了组中某一受试者在不同稀疏度与分组水平下的 EN 性能(该结果对于整个分组也是成立的)。可以看到，当 λ_2 增加时，EN 的预测越准确(λ_2 值越小，如 $\lambda_2 = 0.1$，EN 越接近 LASSO)。注意，当 λ_2 增加时，在每一固定 λ_2 上选择的最优(预测角度)激活变量的数量也随之增加。很明显，分组参数的值越高，就有越多的(相关)变量加入到模型中，并提供对目标变量、疼痛感知更为精确的预测。

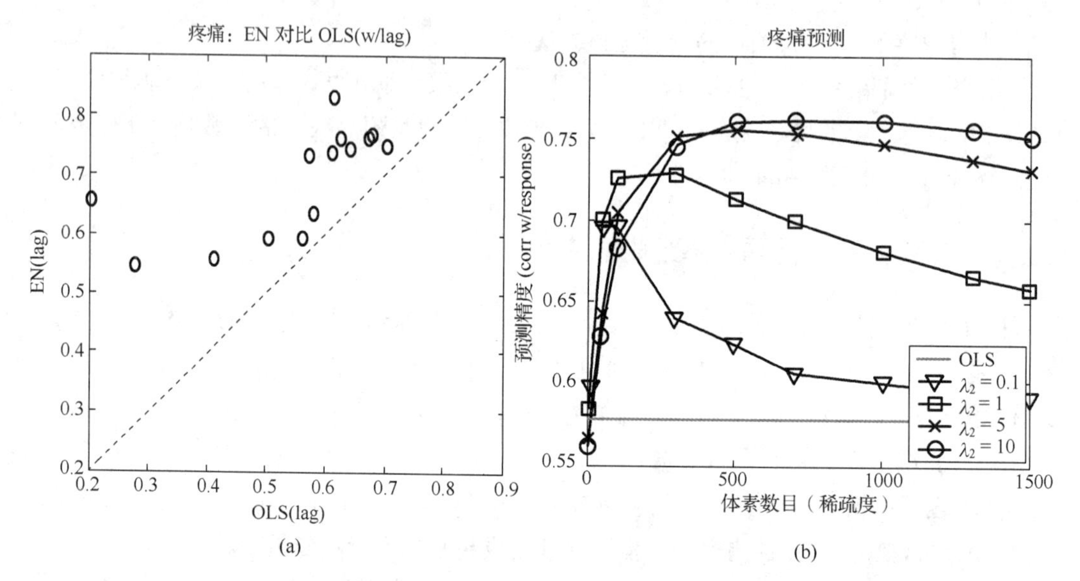

图 6.2 (a)从 fMRI 数据中预测热疼痛感知，弹性网预测精度对比 OLS 回归预测精度；(b)稀疏参数与分组参数对弹性网预测精度的影响

在 fMRI 的分析应用中，弹性网另一个成功应用的例子是基于 2007 匹兹堡脑行为解译竞赛匹兹堡 EBC 组提供的数据集，预测受试者在玩电子游戏时的精神状态(Carroll et al., 2009)。在该数据集中，存在超过 20 个不同的响应变量，包括一些“客观”与“主观”变量。客观响应变量，如在游戏中捡起某个物体或听到某指令，可以利用 fMRI 数据同步观测，而一些主观响应变量(如感觉焦虑)则可以基于电子游戏记录以离线形式进行估计：也就是说，给受试者看已经结束的电子游戏记录，并要求受试者对他或她的特殊感情状态方面进行定级。

(Carroll et al., 2009)中的一个关键观测就是调整分组参数 λ_2，以便获得有用的模型性质，如更好的解译性与更优的稳定性。在神经科学以及其他生物学应用中，因为统计数据的最终目标是阐明潜在的自然现象并引导科学上的发现，所以这样的性能起着特别重要的作用。在下面总结的实验中，对于 λ_2 的每一个值，最优稀疏性水平(即在 LARS-EN 过程中希望得到的非零系数的数目)可以通过交叉验证得到。图 6.3 显示了在受试者 fMRI 数据中训练得到的 EN 模型，该模型用于预测“指令”目标变量，该变量表示听觉回放指令的开始，且会在电子游戏过程中有规则地重复。脑图中显示了对应于脑体素的回归系数绝对值(每一幅图与三维 MRI 图像不同的水平切片相对应)。在该图中，非零体素利用颜色高亮显示。图 6.3(a)与图 6.3(b)分别对比了两组不同水平的 λ_2 值的情况

（低为 $\lambda_2 = 0.1$，高为 $\lambda_2 = 2$）。可以看到，分组参数的较高值产生了较大且空间连续的簇，而 λ_2 取值较小时（即与 LASSO 接近）的解更为稀疏且成点状。从神经科学解译的角度来看，与给定任务或刺激（如聆听指令）有关的空间连续的体素簇使得点状图更有意义，即使两个模型预测性能相同［见图 6.4（a）］。这是因为邻近体素的血氧水平依赖（BOLD）信号是高度相关的，反映了血液流向特别的脑区域，因此，对于给定任务，整个区域或簇显示为“激活的”或相关的。如之前所讨论的（Zou and Hastie，2005），既然 LASSO 倾向于从一簇相关的变量中选择一个具有代表性的变量，而忽略剩余的变量，那么它在这里就不是一个理想的变量选择方法。相反地，弹性网表现出了所希望的分组性质，使得稀疏解更易于解译，控制分组参数 λ_2 有助于提高模型的可解译性。

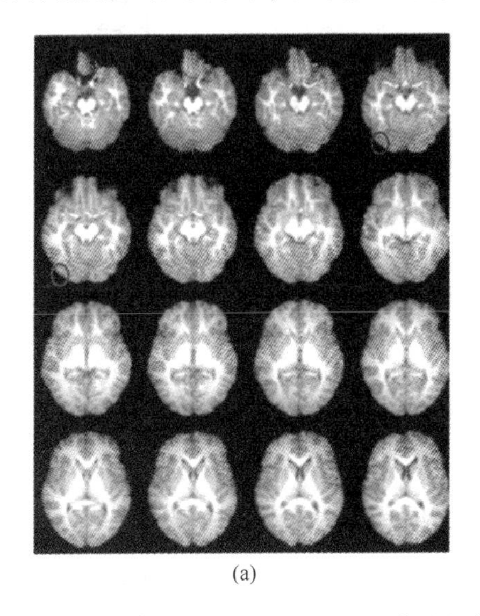
(a)

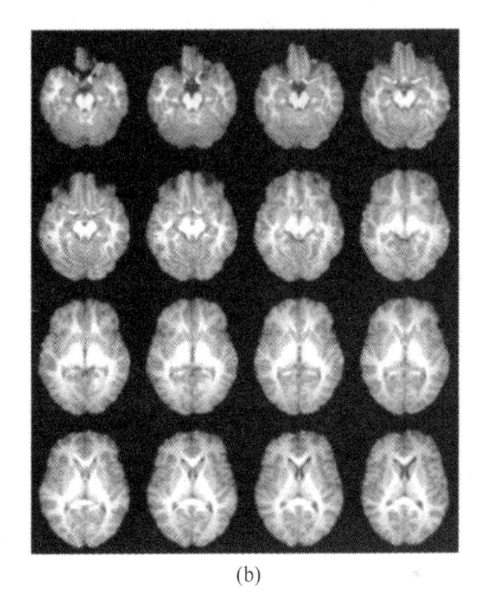
(b)

图 6.3　（见彩色插图）对于受试者 1（影像学视角），该图显示了 PBAIC 数据集中“指令”目标变量的弹性网解（即线性模型的系数 x_i）绝对值的脑部图像。将非零元素（激活变量）的数量固定为 1000。两幅图分别显示了（a）$\lambda_2 = 0.1$ 与（b）$\lambda_2 = 2$ 情况下的 EN 解（图）。当 λ_2 的值较大时，非零体素的簇也较大，包括部分但并非全部 $\lambda_2 = 0.1$ 时的非零体素簇。注意，（a）中高亮的（灰色环）簇由具有 $\lambda_2 = 0.1$ 的 EN 所辨识，但不能被具有 $\lambda_2 = 2$ 的 EN 所辨识

如（Carroll et al.，2009）所述，除了能够提高模型的解译性，对 λ_2 进行调整也可以提高模型的稳定性（也称为鲁棒性）。为了对稳定性进行测量，需要计算下面的量：V_{total} 表示对每一个受试者进行两次实验时 EN 所选择的特定体素的总数；V_{common} 表示两个模型中同时存在的体素数目。利用比率 $V_{\text{common}}/V_{\text{total}}$ 计算稳定性。假设相关簇中体素的包含物越多，导致从不同数据集中产生的两个模型的重叠体素越多。图 6.4 的结果［从（Carroll et al.，2009）中复制而来］证实了该假设。虽然当 λ_2 从 0.1 增加到 2.0［见图 6.4（a）］时，预测质量保持相同（或轻微提高），但对于所有的目标变量（响应或刺激），模型的稳定性明显提高［见图 6.4（b）］。而且，如图 6.4（c）所示，增加 λ_2 往往与更多体素的包含物相联系（被选体素的数量是通过交叉验证得到的）。这些额外的体素很可能是与其他相关

体素高度相关的体素。因此，通过包含更多相关体素，增加 λ_2 提高了模型的稳定性，但并没有降低预测性能。

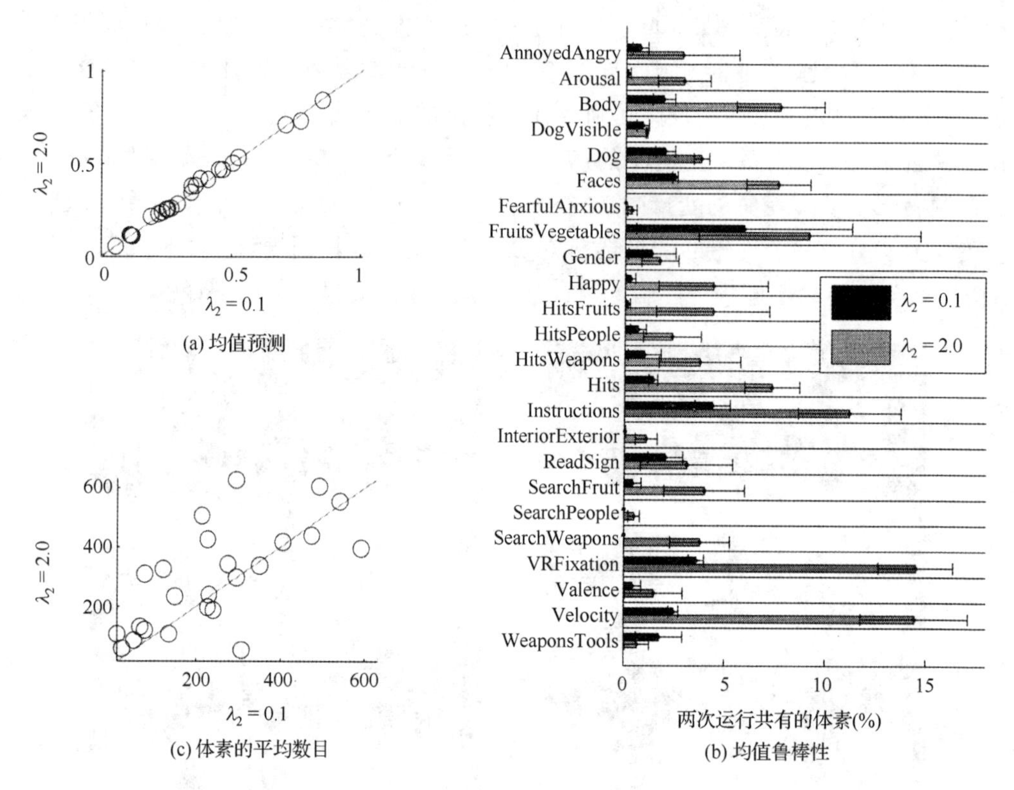

图 6.4 在同等预测性能的交叉验证模型(a)中，增加 λ_2 提高了模型的稳定性(b)，同时也略微增加了所包含的体素数目(c)。(a)由相关性测量的平均模型预测性能。$\lambda_2=2$时的预测分数被用于对比由 $\lambda_2=0.1$获得的匹配分数；(b)不同目标、不同λ_2值下的稀疏模型稳定性；(c)为当 λ_2值较小时(0.1)与λ_2值较大时(2.0)被选择的体素平均数量的对比图。(a)与(c)中的均值是在3个受试者与运行两次实验情况下获得的，而(b)中的均值是在3个受试者情况下获得的

最后，在寻找与任务相关的脑活动时，稀疏回归相比传统的一元 GLM 方法更优。事实上，GLM 究其根本是根据体素与任务的相关性对其进行分级，把通过统计显著性试验的具有高相关度的体素作为与任务相关的“脑活动”。然而，体素子集的预测精度是较好的“代理”，用于估计哪一个脑区域与任务相关或含有任务的信息，而且，还提供了研究多个相关稀疏解的工具。事实上，给定与任务相关的体素脑图，该图或者由弹性网解组成，或者由 GLM 找到的具有最高级别的体素组成，剩下的体素没有在图上显示，这说明什么呢？它们是完全不相关吗？或者，正相反，次优的体素仍然与给定任务或心理状态高度相关？如(Rish et al., 2012b)所示，可以证明对于一些任务，最后一个问题的答案是肯定的，这增加了对标准脑图方法的有效性与局限性的疑问。

众所周知，多个近最优系数解在高度相关的预测因子情况下是可能的，探索这样的解空间是一个有趣的开放性问题。例如，(Rish et al., 2012b)使用了非常简单的过程来研究

该空间，首先寻找具有 1000 个体素的最佳 EN 解，将这些体素从预测因子集合中移除，然后重复该过程直到没有遗留多余的体素。以这种方法获得的弹性网解为“受限的”，因为它们是在受限的体素子集中获得的。图 6.5(a)绘制了疼痛感知中后续受限解的预测精度。这里，x 轴显示了目前为止由前 k 个“受限”解所使用的体素总数，该总数以 1000 为增量，因为这是每一个后续解的大小，这些解由弹性网从原有解中移除相应的体素来得到。预测精度(y 轴)由实际值(如疼痛等级)与预测值之间的相关性来测量，该相关性在测试集上计算，而测试集是从训练集中分离出来的(这里，前 120 个数据用于训练，剩下的 120 个数据用于测试)。令人惊讶的是，预测性能下降很缓慢，从高预测精度到不相关体素并没有很明显的过渡，这也是“传统的”脑部映射方法所揭示的情况。换句话说，对于疼痛感知，相关与不相关区域之间不存在明显的分隔，意味着与任务相关的信息可以广泛分布于整个脑部，而不是在很少的特定区域局部化，这就是(Rish et al., 2012b)所提到的“全息”效应。

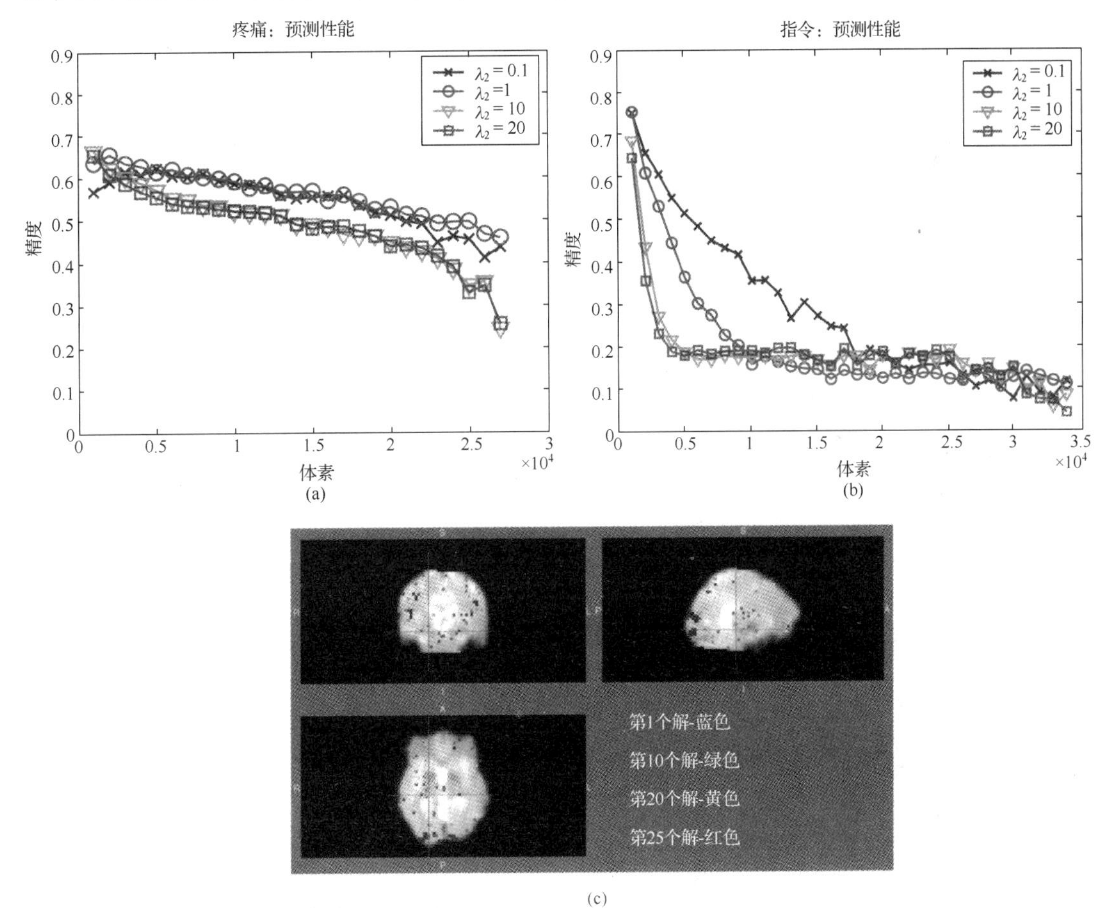

图 6.5　(见彩色插图) 后续的“受限”弹性网解的预测精度。(a)疼痛感知；(b)PBAIC 中的“指令”任务。注意，在疼痛预测情况下，移除大量的预测体素后所得到的解中，精度下降非常缓慢，意味着与疼痛有关的信息高度散布于大脑中[同时可见图(c)中某些解的空间可视化]。在“指令”情况下可观测到与之相反的行为，即前几个受限的解移除后，精度出现急剧下降，图 6.3 中显示了局部化的预测解

注意，标准的 GLM 方法并没有揭示这样的现象，因为如从(Rish et al., 2012b)复制过来的图 6.6 所示，个体的体素-任务相关性看上去经常呈指数衰减[见图 6.6(b)]。对于很多合理的预测(但是不需要最合理的)稀疏解，体素将不会达到 0.1 的相关性阈值[见图 6.6(b)]。例如，第 10 个与(特别是)第 25 个解中的体素相关性大多数分别低于 0.3 与 0.1。然而，这些解的预测能力(在 0.55 上下)仍然可以与第 1 个解得到的最佳预测精度(0.67 上下)相媲美。因此，这样的结果提供了对(Haxby et al., 2001)所获得的早期观测的进一步支持，即心理状态的高精度预测模型可以从具有较大任务相关性的体素中来构建。而且，这些结果意味着，与标准大规模一元神经成像相比，在研究散布于大脑中的与任务有关的信息方面，多元稀疏模型可以提供更好的工具。

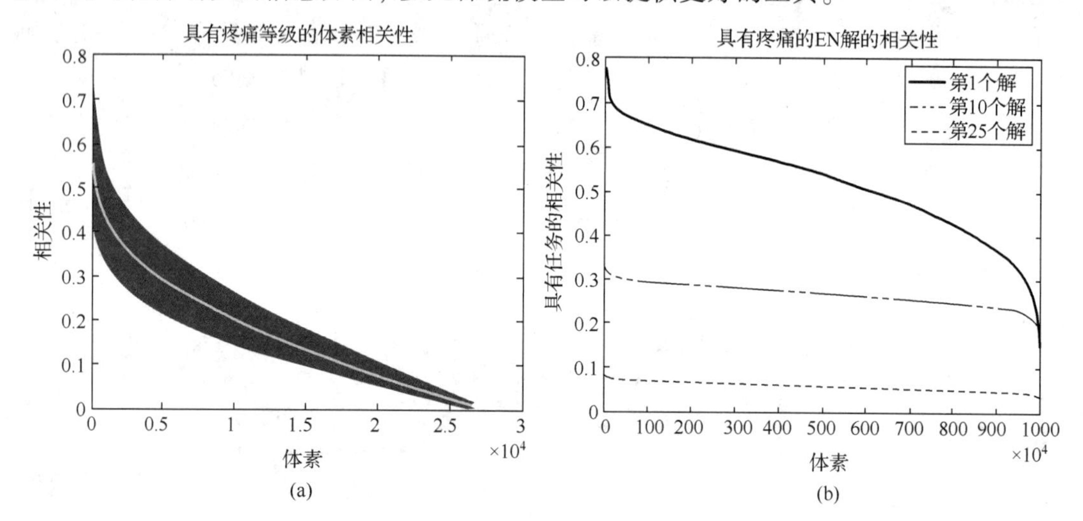

图 6.6 (a)每一个体素与疼痛等级之间的一元相关性，降序排列并在 14 个受试者上进行平均。线与平均值相对应，周围的条带为误差条(标准偏差)。注意，一元体素相关性下降非常迅速。(b)单一受试者(第 6 个受试者)与疼痛等级之间的一元相关性：$\lambda_2 = 20$ 时弹性网所找到的第 1 个、第 10 个与第 25 个“受限”解

除疼痛定级外，(Rish et al., 2012b)表明该文献中给出的有几个任务具有相似的“全息”效应，但有一个任务却不同。因为这个不同的任务具有快速(指数)的性能退化，以及相关与不相关区域之间明显的分隔。这是一个 PBAIC 中[图 6.5(b)]相对简单的听觉任务。这里，可能的假设为，虽然“简单的”任务被局部化，但更复杂的任务/经历(如疼痛)倾向于涉及更多分散的脑区域。

此外需要注意，这里也再一次证明了弹性网的分组性质是有用的。事实上，利用弹性网中分组参数的较高值在本质上是强行将与任务有关的体素类包含在一起(即在同一解中)，并且避免了像 LASSO 那样，后续的解会从原来解已经“使用”的相关区域中拉拽体素出来。如果确实存在体素相关与不相关的明显界限，就像出现在 PBAIC 数据集的“指令”任务中时，那么弹性网能够检测出来，但 LASSO(或者与 LASSO 接近的具有较小分组参数的弹性网)却检测不出来。

6.2　融合 LASSO

如前所述，弹性网对 LASSO 进行了扩展，并构建了回归模型，该模型结合了两个期望的性质：稀疏性(由 l_1 范数正则函数产生)，以及分组或高度相关的预测因子的系数相似性/平滑(由 l_2 范数正则函数产生)。然而，这样的模型系数平滑并没有用到关于问题结构的任何其他信息，这些结构信息可以在特定应用中加以利用。

例如，预测因子可能遵循某种自然顺序，系数沿该顺序平滑变化。这样的例子包括出现在不同信号处理领域(例如，成像、音频与视频处理)的时间、空间或时空顺序。其他的例子包括(Tibshirani et al., 2005)中讨论的蛋白质谱分析数据与基因表达数据。在某些应用中，如基因表达分析，可能不能预知某顺序，但是可以从数据中估计得到，如借助于层次聚类。

在构造稀疏模型时，为了强化有序预测因子的平滑性，(Tibshirani et al., 2005)提出了一种融合 LASSO 方法。除了具有 l_1 范数对模型系数的惩罚外，该方法还增加了一个 l_1 范数，对前后的预测因子的系数间差分施以惩罚。第二个罚函数支持差分的稀疏性，即沿给定顺序下系数的“局部恒定性”：

$$\min_{\boldsymbol{x}} \|\boldsymbol{y}-\boldsymbol{A}\boldsymbol{x}\|_2^2 \text{ s.t. } \|\boldsymbol{x}\|_1 \leqslant t_1 \text{且} \sum_{i=1}^{n-1} |x_{i+1}-x_i| \leqslant t_2 \tag{6.4}$$

或者，等价地利用拉格朗日乘子：

$$\min_{\boldsymbol{x}} \|\boldsymbol{y}-\boldsymbol{A}\boldsymbol{x}\|_2^2 + \lambda_1\|\boldsymbol{x}\|_1 + \lambda_2 \sum_{i=1}^{n-1} |x_{i+1}-x_i| \tag{6.5}$$

图 6.7 显示了二维情况下的融合 LASSO 的几何特征。

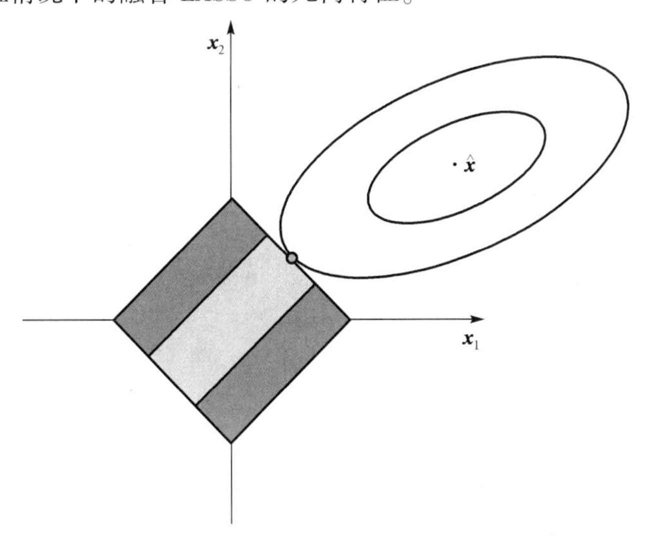

图 6.7　二维情况下融合 LASSO 问题的几何特征。解对应于二次损失函数的等高线(椭圆)与可行域(矩形)相接触的点，这里的可行域即所有满足有界 l_1 范数约束 $\|\boldsymbol{x}\|_1 \leqslant t_1$ 以及有界差分约束 $\sum_{i=1}^{n-1}|x_{i+1}-x_i| \leqslant t_2$ 的点集合

融合 LASSO 具有许多应用，如生物信息学(Tibshirani and Wang, 2008; Friedman et al., 2007a)。融合 LASSO 也与信号处理中用于去噪的总变分(TV)密切相关。例如，对于一维信号，TV 与融合 LASSO 问题形式之间唯一的区别就是 TV 仅仅包括融合 LASSO 中所利用的第二项罚函数，即 $\boldsymbol{x}$ 中连续坐标的绝对差分或变分，而省去了 $\boldsymbol{x}$ 上的 l_1 范数罚函数。总变分问题在信号与图像处理领域具有悠久的历史，是一个广为流行的图像去噪工具(Rudin et al., 1992; Blomgren and Chan, 1998; Chan and Shen, 2005)。如(Friedman et al., 2007a)所示，融合 LASSO 问题的解可以通过对 TV 解的简单软阈值处理得到，因此这两个方法在实践中均具有同样的计算复杂度，并可以用相似的方法进行求解。

除了应用于线性回归之外，融合 LASSO 类型的罚函数还可以用于其他的损失函数。例如，用于在 fMRI 分析中学习稀疏与局部恒定的高斯马尔可夫随机场(MRF)(Honorio et al., 2009)，其中，模型系数的局部恒定由 BOLD 响应信号的空间邻接表示，即用这样的事实表明大脑活动通常不仅仅涉及单一体素，还涉及该体素周围的整个脑区。

6.3 分组 LASSO：l_1/l_2 罚函数

融合 LASSO 与弹性网对模型参数施加了额外的约束，如高度相关系数的相似性或者后续系数沿给定顺序的局部恒定性/相似性。与之密切联系的方法，称为分组 LASSO，也是除基本稀疏性约束外，对模型系数强加一个额外的结构约束，即假定存在彼此互相联系的分组预测因子，他们必须同时包含进模型或排除在模型之外。是否预先已知预测因子的分组信息，导致了分组 LASSO 与弹性网之间的区别，其中后者的预测因子分组完全是一个数据驱动且基于相关性的过程。分组 LASSO 方法由不同的研究人员以不同的名字在不同的应用中提出，可参见(Bakin, 1999; Antoniadis and Fan, 2001; Malioutov et al., 2005; Lin and Zhang, 2006)，更深入的总结和分析可以参考(Yuan and Lin, 2006)。

在一些应用中，很多变量间具有很自然的分组结构，这样的分组结构可以被分组 LASSO 所利用，如 DNA 微阵列的基因功能群，或 fMRI 分析中源自同一脑区的体素集合。另一个常见的例子包括一组对分类变量进行编码的二值指示变量，或者在多任务学习中与同一预测因子但多个目标变量相联系的一组参数，这些情况将在后续进行讨论。

假定所有预测因子的集合 $\boldsymbol{A} = \{A_1, \cdots, A_n\}$ 被分成 J 个(不相交的)组 $G = \{G_1, \cdots, G_J\}$，即

$$\boldsymbol{X} = \bigcup_{j=1}^{J} G_j$$

其中，当 $i \neq j$ 时，$G_i \cap G_j = \emptyset$。$\boldsymbol{x}_{G_j}$ 表示对应于组 $g \in G$ 的线性系数向量。分组 LASSO 问题描述如下(Yuan and Lin, 2006)：

$$\min_{x} \|\boldsymbol{y} - \boldsymbol{A}\boldsymbol{x}\|_2^2 + \lambda \sum_{j=1}^{J} c_j \|\boldsymbol{x}_{G_j}\|_2 \tag{6.6}$$

其中，$\sum_{j=1}^{J} c_j \|\boldsymbol{x}_{G_j}\|_2$ 称为块 l_1/l_2 惩罚。权重 c_j 与变化的分组大小有关，通常设置为 $\sqrt{n_j}$，n_j 为

分组 G_j 的大小(规模)。由于 l_2 范数为非负的，块惩罚在每一分组中应用了 l_2 范数 $\|\boldsymbol{x}_{G_j}\|_2$，在分组间应用了 l_1 范数，就是所有 $\|\boldsymbol{x}_{G_j}\|_2$ 的和。注意，当分组由单变量组成时，即 $G_j=\{A_j\}$，$1\leqslant j\leqslant n$，则分组 LASSO 等价于标准的 LASSO，因此 $n_j=1$，且 $\sum_{j=1}^{J}c_j\|\boldsymbol{x}_{G_j}\|_2=\sum_{j=1}^{n}|x_j|=\|\boldsymbol{x}\|_1$。一般地，当分组包含超过 1 个变量时，组间 l_1 范数鼓励组间的稀疏性，即从 G 中选择相对较小的分组子集，并将所有剩余分组中的系数设置为零。另一方面，在每一分组系数上的 l_2 范数阻止每一分组内的稀疏性，也就是说，如果选定一个分组，那么分组内所有的变量倾向于具有非零系数，即这些变量一起被选择。总的来说，在分组的层次上，分组 LASSO 与标准 LASSO 等价，稀疏参数 λ 控制着模型中有多少具有非零系数的分组被选择。

注意，有时式(6.6)中权重因子 $\sqrt{n_j}$ 会被省略，即分组 LASSO 的罚函数简化为 $\sum_{j\in J}\|\boldsymbol{x}_{G_j}\|_2$。这两种形式都是(Bakin，1999)中提出的更为一般的强化分组的罚函数的特例：

$$\sum_{j=1}^{J}\|\boldsymbol{x}_j\|_{\boldsymbol{K}_j} \tag{6.7}$$

其中，$\boldsymbol{K}_1,\cdots,\boldsymbol{K}_J$ 为正定矩阵；$\|\boldsymbol{x}\|_{\boldsymbol{K}}=\sqrt{\boldsymbol{x}^{\mathrm{T}}\boldsymbol{K}\boldsymbol{x}}$，$\boldsymbol{x}^{\mathrm{T}}$ 表示 $\boldsymbol{x}$ 的转置。(Yuan and Lin，2006)中的表述简单地使用了 $\boldsymbol{K}_j=n_j\boldsymbol{I}_{n_j}$，其中，$\boldsymbol{I}_{n_j}$ 为大小为 n_j 的单位阵。不含权重的表述对应于 $\boldsymbol{K}_j=\boldsymbol{I}_{n_j}$。

6.4　同步 LASSO：l_1/l_∞ 罚函数

另一个对变量进行分组的方法由(Turlach et al.，2005)提出。该方法要解决的问题是，在同时预测几个目标(响应)变量时，如何选择预测因子的共同子集。该任务称为同步变量选择，是多响应情况下 LASSO 的扩展情况。这里的每一分组都由线性回归参数组成，这些参数与和所有回归任务相关的特定预测因子相联系。

假定存在 k 个响应变量 $Y_1,\cdots,Y_k$，要从 n 个预测因子 $A_1,\cdots,A_n$ 中对其进行预测，并且，仅有相对较少的相同预测因子子集与所有的响应变量有关。假定 $\boldsymbol{A}=\{\boldsymbol{a}_{ij}\}$ 为 $m\times n$ 维数据矩阵，$\boldsymbol{a}_{ij}$ 为第 j 个预测因子的第 i 个观测，$i=1,\cdots,m$，$j=1,\cdots,n$。用 $m\times k$ 维矩阵 $\boldsymbol{Y}=\{\boldsymbol{y}_{il}\}$ 代替向量 $\boldsymbol{y}$，表示观测到的响应变量。其中，每一列 $\boldsymbol{y}^l$ 为第 l 个响应变量的 m 维样本，$l=1,\cdots,k$。目标是同时学习 k 个线性回归模型的 $n\times k$ 维系数矩阵 $\boldsymbol{X}=\{\boldsymbol{x}_j^l\}$，每一个模型对应一个响应变量。这里，$\boldsymbol{x}_j l$ 表示第 l 个模型中第 j 个预测因子的系数。将 $\boldsymbol{X}$ 的第 j 行表示为 $\boldsymbol{x}_j$(即与所有回归任务有关的第 j 个预测因子的系数)，分别将矩阵 $\boldsymbol{Y}$ 与 $\boldsymbol{X}$ 中第 l 列表示为 $\boldsymbol{y}^l$ 与 $\boldsymbol{x}^l$。

具有多个响应的同步变量选择优化问题可描述如下(Turlach et al.，2005)：

$$\min_{\boldsymbol{x}_{11},\cdots,\boldsymbol{x}_{np}}\sum_{l=1}^{k}\sum_{i=1}^{m}\left(\boldsymbol{y}_{il}-\sum_{j=1}^{n}\boldsymbol{a}_{ij}\boldsymbol{x}_{jl}\right)^2 \tag{6.8}$$

$$\text{s.t.}\quad\sum_{j=1}^{n}\max(|\boldsymbol{x}_{j1}|,\cdots,|\boldsymbol{x}_{jk}|)\leqslant t \tag{6.9}$$

该表达式可以利用拉格朗日形式重写，其向量形式可以写为

$$\min_{X} \sum_{l=1}^{k} \| \boldsymbol{y}^l - \boldsymbol{A}\boldsymbol{x}^l \|_2^2 + \lambda \sum_{j=1}^{n} \| \boldsymbol{x}_j \|_{\infty} \tag{6.10}$$

其中，$\| \boldsymbol{x}_j \|_{\infty} = \max(|\boldsymbol{x}_1^j|, \cdots, |\boldsymbol{x}_n^j|)$ 称为 l_{∞} 范数。因为对系数“块”(分组)应用 l_1 范数(求和)，所以该正则化罚函数称为块 l_1/l_{∞} 范数，每一分组为 $\boldsymbol{X}$ 的一行(即对应一个预测因子)，在每一行中应用 l_{∞}（即跨越所有任务）。与 l_1/l_2 块范数相似，l_1 部分鼓励分组的稀疏性，即 $\boldsymbol{X}$ 行的稀疏性；而 l_{∞} 罚函数仅依赖于每一行中最大的系数，通过令所有系数为零，或令其均为最大值，并没有产生额外的惩罚。因此，没有针对分组内情况施加稀疏性的要求。如果选定一个预测因子(行)，那么其参与到所有具有非零系数的 k 个回归模型中。因此，l_1/l_2 块范数与 l_1/l_{∞} 范数具有相似的效果，均对分组间施加稀疏性要求，而对分组内没有此要求。

6.5 一般化

6.5.1 块 l_1/l_q 范数及其扩展

上述讨论的 l_1/l_2 与 l_1/l_{∞} 范数为块 l_1/l_q 范数罚函数族中最常用的两个成员。后者定义为

$$\sum_{j=1}^{J} c_j \| \boldsymbol{x}_{G_j} \|_q \tag{6.11}$$

其中，$q > 1$；G 为变量的分组(不相交)；权重 c_j 如分组 LASSO 所定义的那样，与不同的分组大小有关。

更为一般的罚函数称为复合绝对值罚函数(CAP)，由(Zhao et al., 2009)提出。假定预测因子的组 $G = \{G_1, \cdots, G_J\}$ 已知，其中，分组或者如分组 LASSO 中那样无重叠，或者形成一个重叠组的层次结构。范数参数集合 $q = (q_0, q_1, \cdots, q_J)$，$q_i > 0$，$i \in \{0, 1, \cdots, J\}$ 也预先给定。令

$$Z_j = \| \boldsymbol{x}_{G_j} \|_{q_j}$$

表示变量第 j 组 $\boldsymbol{x}_{G_j}$ 的 q_j 范数。那么，一般的 CAP 惩罚定义为向量 $\boldsymbol{Z} = (Z_1, \cdots, Z_J)$ 的 q_0 范数的 q_0 次方，即：

$$\| \boldsymbol{Z} \|_{q_0}^{q_0} = \sum_{j=1}^{J} c_j |Z_j|^{q_0} \tag{6.12}$$

其中，q_0 范数决定了分组间的关系；q_i 范数决定了每一分组内变量之间的关系。如上所述，$q_j > 1$ 导致了分组 G_j 所有的系数非零，而 $q_0 = 1$ 产生了对分组间的 l_1 范数，与 $q_j > 1$ 结合在一起，则促进了分组级的稀疏性。总而言之，CAP 罚函数将分组 LASSO 与同步 LASSO 进行了一般化，l_2 分组范数与 l_{∞} 分组范数为其特例；且允许重叠范数与层次变量选择。(Zhao et al., 2009)提出了用于学习 CAP 正则化模型参数的一些算法：在一般情况下，利用 BLASSO 算法近似正则化路径，通过将前后向步骤结合起来，如增加或删除变量达到目的(Zhao and Yu, 2007)。在通常的平方和损失与 l_∞ 组内惩罚情况下，通过与 l_1 组间惩罚相结合，产生了与 LARS(同伦方法)相似的精确路径跟踪算法，称为 iCAP(用于非重叠组)与 hiCAP(用于层次变量选择)。

6.5.2　重叠分组

原始分组 LASSO 问题中假定分组为非重叠的，而最近的一些改进将该方法扩展到更加复杂的重叠分组结构情况，可参见(Jenatton et al., 2011a; Jenatton, 2011)获得更多细节。具有重叠分组的块 l_1/l_q 罚函数导致了非常不明显的稀疏模式。为了获得所期望的非零模式(也称为解的支撑)，重叠分组集合必须精心设计。回忆一下，属于任意给定分组的变量系数同时设置为 0，因此，分组的联合与可能的零模式相对应，那么可能的支撑(非零模式)对应于分组的补集的相交。例如，考虑图 6.8 中的重叠分组集合，分组的变量具有某一线性顺序。显而易见，通过将分组的不同组合设置为 0 可以得到所有可能的邻接支撑。邻接支撑多见于涉及时间序列的实际应用中。另一种类型的序列数据，例如(Jenatton et al., 2011a)所讨论的用于肿瘤诊断的 CGH 阵列。

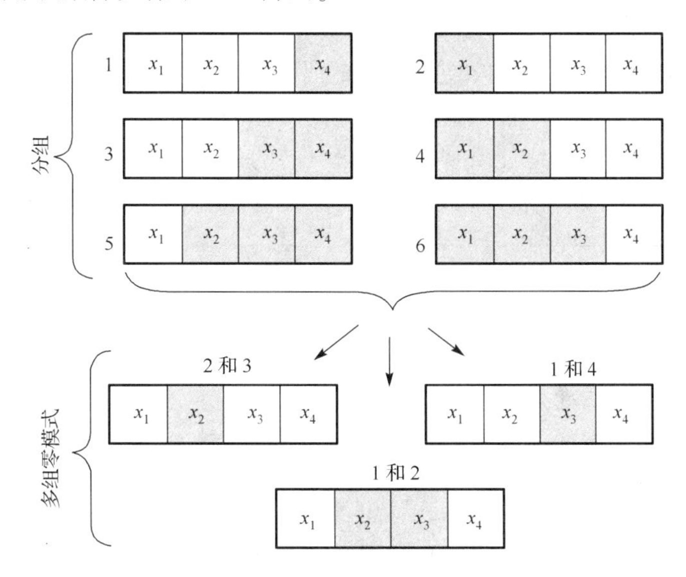

图 6.8　线性排序的预测因子序列上的重叠分组(画阴影的部分)集合；通过将某些分组设置为0，得到解的零模式(白色的)与支撑(阴影部分)

更为一般的支撑模式包括二维凸支撑、二维块结构以及层次分组结构。同样可参见(Jenatton et al., 2011a; Jenatton, 2011)获得更多细节。层次分组结构假定变量以树或森林形式来组织，模型中的变量设置为 0 表示其所有子孙变量均为 0(或者换句话说，仅当变量的祖先在支撑中时，变量才会存在于支撑或非零模式中)。例如，图 6.9 显示了包含 9 个变量的树的层次分组集合，以及通过将某些组设置为 0 得到的稀疏模式与支撑。前面提到过，层次分组首先是由(Zhao et al., 2009)提出的。另一个常见的层次分组例子是稀疏分组 LASSO(Friedman et al., 2010)，其假定了多元非重叠分组集(森林)以及由所有叶子形成的分组集。因此，变量选择过程既存在于非重叠组的层次上，如常规分组 LASSO 那样，也存在于每个分组内的变量层次上，因此称为“稀疏分组”LASSO。层次分组广泛用于不同的应用，包括计算生物学(Kim and Xing, 2010)、fMRI 分析(Jenatton et al., 2011b)、主题建模与图像复原(Jenatton et al., 2011c)以及其他应用。

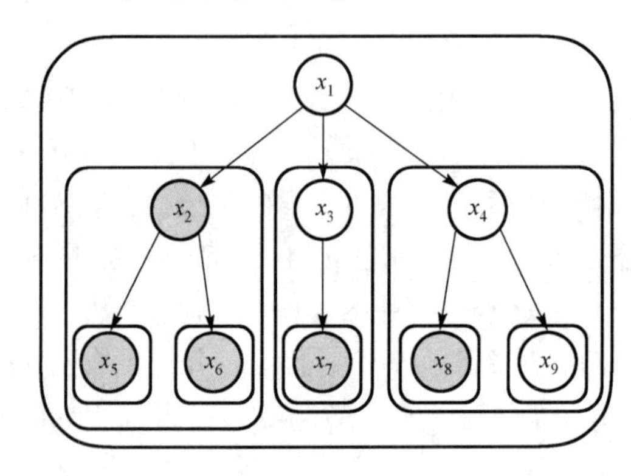

图 6.9 预测变量上的层次重叠分组集合(在轮廓线中显示)，其中预测因子以树的形式组织；通过将分组(x_2,x_5,x_6)、(x_7)与(x_8)设置为0,得到解的零模式(阴影部分)与支撑(白色)

对具有重叠分组的分组 LASSO 更进一步的研究可参考(Jacob et al., 2009; Obozinski et al., 2011)。在前面的例子中，由重叠分组产生的支撑为闭合交(即可能的支撑的相交仍属于给定的分组集合所产生的可能支撑)。与此不同的是，(Jacob et al., 2009; Obozinski et al., 2011)考虑了闭合并的情况。该表述称为“潜在分组 LASSO”，因为在潜变量或隐变量上使用了分组 LASSO 罚函数。

6.6 应用

6.6.1 时间因果关系建模

分组 LASSO 方法一个很自然的应用就是学习稀疏向量自回归模型，其中，分组对应于同一时间序列的时间滞后变量。基于该思想，(Lozano et al., 2009a)提出了一个分组图形 Granger 建模方法，用于研究基因表达调节网络。更具体的说，就是给定每一个预测因子变量观测的时间序列 $x_i^1,\cdots,x_i^t$，以及目标变量 $y^1,\cdots,y^t$，可能想要学习一个回归模型，来从所有之前达到时滞 k 的观测中预测时间 t 上的目标变量 y^t。对于每一个 i，如果预测因子 X_i 对目标变量具有因果效应，可以考虑将观测集合 $\{x_i^{t-k},\cdots,x_i^{t-1},x_i^t\}$ 作为一组变量，需要同时包含进稀疏模型，或者在不存在该效应的情况下同时从模型中排除出去。

6.6.2 广义加性模型

如前所述，许多应用中会出现一些很自然的变量分组。例如，(Bakin, 1999)利用分组 LASSO 方法来学习广义加性模型(GAM)。GAM 对传统的回归模型进行了如下扩展：

$$g(E(Y)) = \sum_i f_i(x_i), \quad f_i(\boldsymbol{x}) = \sum_{j=1}^{J} \alpha_{ij} h_k(\boldsymbol{x})$$

其中，$E(Y)$ 为响应变量 Y 的期望；$h_k(\boldsymbol{x})$ 为每一个分量函数 $f_i(\boldsymbol{x})$ 的基扩展中的基函数。注意，当 $f_i(\boldsymbol{x})$ 为线性函数且 $g(z) = z$（恒等函数）时，模型退化为简单的线性回归。在(Bakin, 1999)中，将分组 LASSO 类型的罚函数施加于参数 α_{ij}，其中每一分组包含用于同一分量函数 f_i 的系数，即 $g_i = \{\alpha_{ij}: j = 1,\cdots,J\}$。这样的参数分组与在分量函数上施加稀疏要求相对应，即选择它们的子集并将其包含到 GAM 模型中。

6.6.3　多核学习

最近，分组 LASSO 方法也用于多核学习框架中，这在(Lanckriet et al., 2004; Bach et al., 2004; Bach, 2008b)中进行了讨论。首先简要讨论一下标准的单核学习，更多细节可参阅(Shawe-Taylor and Cristianini, 2004)。此处的目的在于学习潜在的非线性模型，该模型首先将输入变量(预测因子)映射至某高维(可能无穷维)的特征中，然后利用从特征到输出变量(目标)的线性映射。该过程可以利用核戏法高效实现。核戏法避免了从输入到特征空间映射的显式计算，仅仅涉及了下面所讨论的对核 $\boldsymbol{K}(\boldsymbol{x}_1,\boldsymbol{x}_2)$ 的计算。

具体来说，给定 m 个数据点 $(\boldsymbol{x}^1, \boldsymbol{y}^1),\cdots,(\boldsymbol{x}^m, \boldsymbol{y}^m)$ 集合，其中 $\boldsymbol{x}^i$ 为输入向量 $\boldsymbol{x}$ 的第 i 个观测，$\boldsymbol{y}^i$ 为相应的输出向量 $\boldsymbol{y}$ 的第 i 个观测，传统的单核学习的目标在于构造一个预测因子，即

$$\boldsymbol{y} = \langle \boldsymbol{w}, \boldsymbol{\Phi}(\boldsymbol{x}) \rangle$$

其中，$\boldsymbol{\Phi}: X \to F$ 为输入空间 X 到特征空间 F 的函数。这里的特征空间为与核函数 $\psi(\cdot,\cdot): X \times X \to R$ 相联系的再生核希尔伯特空间，$(\cdot,\cdot): F \times F \to R$ 为该空间中的内积函数。一般地，F 为无限维函数空间，但为简便起见，当 $\boldsymbol{\Phi}(\boldsymbol{x}) \in R^p$ 时，我们专注于有限维情况，因此 $\langle \boldsymbol{w}, \boldsymbol{\Phi}(\boldsymbol{x}) \rangle = \boldsymbol{w}^{\mathrm{T}}\boldsymbol{\Phi}(\boldsymbol{x})$。注意，当映射 $\boldsymbol{\Phi}(\cdot)$ 为非线性时，上面的预测因子在特征 $\boldsymbol{\Phi}(\boldsymbol{x})$ 上是线性的，而在原始输入 $\boldsymbol{x}$ 上是非线性的。

预测因子的参数通过求解下面的优化问题来估计：

$$\min_{\boldsymbol{w} \in F} \sum_{i=1}^{m} L(\boldsymbol{y}^i, \boldsymbol{w}^{\mathrm{T}}\boldsymbol{\Phi}(\boldsymbol{x}^i)) + \lambda \| \boldsymbol{w}_i \|_2^2$$

其中，L 为某损失函数，如二次损失。根据表示定理(Kimeldorf and Wahba, 1971)，上述问题解的形式为 $\boldsymbol{w} = \sum_{j=1}^{m} \alpha_j \boldsymbol{\Phi}(\boldsymbol{x}^j)$。利用该表达式，同时令 $\boldsymbol{\alpha}$ 表示列向量 $(\alpha_1,\cdots,\alpha_m)^{\mathrm{T}}$，$(\boldsymbol{K\alpha})_i$ 表示矩阵 $\boldsymbol{K}$ 与向量 $\boldsymbol{\alpha}$ 乘积的第 i 个元素，可以将优化问题重写为

$$\min_{\boldsymbol{\alpha} \in R^m} \sum_{i=1}^{m} L(\boldsymbol{y}^i, (\boldsymbol{K\alpha})_i) + \lambda \boldsymbol{\alpha}^{\mathrm{T}} \boldsymbol{K\alpha}$$

其中，$\boldsymbol{K}$ 为核矩阵，定义为

$$K_{ij} = \psi(\boldsymbol{x}^i, \boldsymbol{x}^j) = \langle \boldsymbol{\Phi}(\boldsymbol{x}^i), \boldsymbol{\Phi}(\boldsymbol{x}^j) \rangle$$

只要核矩阵易于计算，那么上述优化问题可以高效求解。相关的例子包括线性、多项式与高斯核。关于基于核学习的更多信息，可以参考(Shawe-Taylor and Cristianini, 2004)。同时，也存在一些在线可用的教程。

当核可以看成是 s 个核的和时，多核学习(Lanckriet et al., 2004; Bach et al., 2004; Bach, 2008b)是对标准的基于核学习的扩展，即

$$K(x,x') = \sum_{i=1}^{s} \alpha_i K_i(x,x')$$

多核情况很自然地出现在一些应用中，如多个异构的数据源融合(Lanckriet et al., 2004)。多核情况下的预测因子具有如下形式：

$$\sum_{i=1}^{s} w_i^{\mathrm{T}} \Phi_i(x)$$

其中，$\Phi_i: X \to F_i$ 为从输入空间到第 i 个特征空间 F_i 的第 i 个特征映射，该映射与 i 个核相联系，且 $w \in F_i$。为简化起见，再一次假定有限维情况，即 $\Phi_i(x) \in R^{n_i}$，虽然该框架也能扩展到无限维空间情况(Bach et al., 2004；Bach, 2008b)。利用分组罚函数

$$\sum_{i=1}^{s} \| w_i \|_2$$

可以以数据驱动的方式从大量潜在的可能空间(核)中选择最佳特征空间子集(以及与其相联系的核)。其中，第 i 组与第 i 个核相联系。

6.6.4 多任务学习

(Turlach et al., 2005)中提出了具有多个响应的同步变量选择方法，是机器学习中一般问题的特例，称为多任务学习。该问题的目标是在同一预测因子集合中同时学习多个预测模型。一般地，设计矩阵可能因任务不同而不同，或者与(Turlach et al.,2005)中的同步变量选择情况一致。例如，(Liu et al., 2009a)应用多任务方法学习稀疏模型，从而预测 fMRI 中的脑活动，该活动由话语作为刺激引起。具体来说，同时学习稀疏线性模型来预测 20 000个体素活动，同时利用 l_1/l_∞ 正则化从 50000 维特征向量中提取共同的预测特征组。

除线性回归情况之外，多任务学习经常用于分类问题。在分类问题中，目标变量为离散的，即二值的。在这些情况中，用一个合适的损失函数，如逻辑损失(Obozinski et al., 2010)或铰链损失(Quattoni et al., 2009)代替平方和损失。通过与所有模型有关(即与不同的学习任务有关)的同一预测因子的系数来构成分组。

例如，(Obozinski et al., 2010)考虑了应用于多个作者的光学字符识别(OCR)问题，其中手写字符的像素级或笔画级的表示与特征/预测因子相对应，而任务在于将给定字符分类至一个特定的类(如特殊数字或字母)。图 6.10(a)显示了不同的人所写的字母‘a’，图 6.10(b)显示了从数据中提取的笔画。一般存在上千的像素级或笔画级的特征，但仅相当少的子集被证明适用于字符识别。因此，学习稀疏分类器看上去是一个很自然的方法。(Obozinski et al., 2010)利用具有 l_1 范数正则化的逻辑损失作为基准线，构建了能够区分成对字母的二值分类器。在存在多个数据集的情况下，每一个数据集对应一个个体，(Obozinski et al., 2010)的目标在于学习单一稀疏模型，该模型与不同作者共享预测因子。这些模型在所有参与的个体数据上一起训练，利用块 l_1/l_2 范数约束来选择与不同模型(预测任务)有关的预测特征。如(Obozinski et al., 2010)所论证的那样，通过这样的多任务学习方法得到的模型相较每一个作者进行单独学习得到的模型更为精确，这也许是由于尽管作者的书写方式不同，但是在字符识别中比较重要的图像特征确实在不同的受试者中共享。同时，也要注意到，每一个个体作

者的样本数量非常有限(例如，在4~30个样本之间)，因此通过增加训练集大小，将具有相似性质的数据集结合起来有利于改进模型精度。

(a) (b)

图6.10 用于光学字符识别问题的样本数据。(a)由40个不同人员书写的字母“a”；(b)从数据中提取的笔画特征

(Obozinski et al., 2010)中讨论的另一个多任务问题是DNA微阵列分析问题。一般存在几千个与基因表达水平相对应的特征，任务是预测某一表型性质，如一类病人所患的皮肤癌症。通常的假定为仅有有限的基因子集与给定的表型变量，如特殊疾病的存在，因此稀疏模型是一种可供选择的工具。如(Obozinski et al., 2010)中实验所验证的，当表型变量相关时，如在相关癌症集合情况下，利用多任务学习以及学习共享某一共同变量/基因子集的稀疏模型，是具有优势的。

6.7 总结与参考书目

本章介绍了几种最近提出的稀疏回归技术，这些技术通过综合额外的、特定领域解的结构，包括一般的稀疏假定，扩展并改进了标准的LASSO方法。这样的方法将 l_1 范数与其他 l_q 范数相结合。例如，弹性网回归中 l_1 范数与 l_2 范数的凸组合(Zou and Hastie, 2005)可以同时实现稀疏与分组，即高度相关的变量一起被包含或排除，这些变量在脑成像或基因微阵列分析应用中相关性非常强。融合LASSO(Tibshirani et al., 2005)沿特定的变量顺序对回归系数施以平滑要求，在时间序列数据中这样的平滑性要求是一个重要的特征。一般地，当数据拥有某一自然变量分组时，分组LASSO(Yuan and Lin, 2006)可以使得在分组层次上具有稀疏性。对于非重叠与重叠分组，块 l_1/l_q 惩罚都是一个受欢迎的工具，可以在广泛的应用中施加不同的分组结构，这些应用包括多任务学习、多核学习以及信号处理、生物学等。在过去几年中发展的高效分组LASSO算法包括块坐标下降法(Yuan and Lin, 2006; Liu et al., 2009a)、投影梯度(Quattoni et al., 2009)、有效集法(Roth and Fischer, 2008; Obozinski et al., 2010)、Nesterov方法(Liu et al., 2009b)，以及分组正交匹配追踪这样的贪婪技术(Lozano et al., 2009b)。分组LASSO的渐进一致性是最近几篇论文的研究焦点，包括(Bach, 2008b; Liu and Zhang, 2009; Nardi and Rinaldo, 2008)。更进一步的扩展包括用于逻辑回归的分组LASSO(Meier et al., 2008)与用于其他广义线性模型的分组LASSO(Roth and Fischer, 2008)。同时，(Jenatton, 2011)提供了对结构稀疏方法的综述。

第 7 章　扩展 LASSO：其他损失函数

在上一章中，讨论了基本 LASSO 问题扩展到更广泛正则函数的情况。现在，将讨论在第 2 章涉及过的更广泛的损失函数，称为指数族负对数似然损失。注意，其他几种热门的损失函数不在本书讨论范围内，可参见第 2 章的文献获得简要的总结。

从概率角度来讲，在线性高斯观测与模型参数服从拉普拉斯分布的假定下，LASSO 问题等价于通过最大后验概率寻找模型参数。然而，在许多实际应用中，利用观测噪声的非高斯模型可能更为恰当。例如，当观测为离散变量时（如一般情况下的二值的与分类的变量），如分布式计算机系统中的故障（Rish et al., 2005; Zheng et al., 2005）、文档中的单词数量等，常使用伯努利分布或多项式分布。另一方面，当利用事务响应时间来推断系统中存在的可能的性能瓶颈时，指数分布比高斯分布更适合，因为响应时间为非负的（Chandalia and Rish, 2007; Beygelzimer et al., 2007）。非高斯观测，包括二值的、离散的、非负等情况的变量，在计算生物学、医学成像等应用中很常见。例如，二值变量描述了给定基因微阵列数据情况下是否存在特定的疾病，而多项式变量描述了我们想基于脑图像预测情感，如生气、焦虑或快乐等的不同等级（Mitchell et al., 2004; Carroll et al., 2009）。一般地，具有离散类标签的分类问题是现代机器学习中的核心主题之一。

本章将考虑一类更为一般的噪声分布，即指数族分布（Mccullagh and Nelder, 1989）。除高斯分布外，该指数族还包括其他常用的分布，如伯努利、多项式、指数、γ、χ^2、β、威布尔、狄利克雷与泊松分布等，这里仅列出了一部分。从被指数族分布噪声污染的线性观测 $\boldsymbol{Ax}$ 的向量 $\boldsymbol{y}$ 中复原未观测向量 $\boldsymbol{x}$ 的问题，称为广义线性模型（GLM）回归。对 GLM 方法增加 l_1 范数约束可以使得稀疏信号复原方法较为高效，这一点经常在统计文献中应用（Park and Hastie, 2007）。

接下来，很自然地思考一个问题：是否稀疏信号能从指数族分布噪声污染的线性观测中精确复原？事实证明，该问题的答案是肯定的，就如（Rish and Grabarnik, 2009）中描述的那样，这篇论文中（Candès et al., 2006b）的经典结果被扩展到指数分布噪声的情况中。本章提供了对这些结果的总结，同时也给出了最近对广义正则 M 估计值（最大似然估计值）性质的理论研究成果，LASSO 与 l_1 正则 GLM 问题是该方法的特例（Negahban et al., 2009, 2012）。

7.1　含噪观测情况下的稀疏复原

首先，回顾一下从含噪观测中进行稀疏信号复原的基本结果，可参见第 3 章与第 4 章。假定 $\boldsymbol{x}^0 \in R^n$ 为 k 阶稀疏信号，即该信号具有数量不超过 k 个的非零元素，$k \ll n$。令 $\boldsymbol{A}$ 为

$m \times n$ 维矩阵，产生了线性投影向量 $\boldsymbol{y}^0 = \boldsymbol{A}\boldsymbol{x}^0$，其中 $m \ll n$。令 $\boldsymbol{y}$ 为含有 m 个含噪观测的向量，噪声服从分布 $P(\boldsymbol{y}|\boldsymbol{A}\boldsymbol{x}^0)$。根据(Candès et al., 2006b)，这里假定矩阵 $\boldsymbol{A}$ 满足稀疏水平 k 上的有限等距性质(RIP)(在第 3 章中定义)，该假定本质上描述了 $\boldsymbol{A}$ 中每一个势小于 k 的列的子集都如同一个近乎线性正交的系统。

这里关注的问题是，给定观测噪声足够小的情况下，真实信号 $\boldsymbol{x}^0$ 能否从观测 $\boldsymbol{y}$ 中精确复原？在压缩感知文献中，针对噪声分布为高斯这样的特殊情况进行了回答。事实上，如(Candès et al., 2006b)所述，如果(1) $\|\boldsymbol{y}-\boldsymbol{A}\boldsymbol{x}^0\|_{l_2} \leqslant \varepsilon$ (即噪声很小)；(2) $\boldsymbol{x}^0$ 足够稀疏；(3)矩阵 $\boldsymbol{A}$ 满足具有恰当 RIP 常数的 RIP 条件，那么，下面 l_1 范数最小化问题的解近似于真实信号：

$$\boldsymbol{x}^* = \arg\min_{\boldsymbol{x}} \|\boldsymbol{x}\|_1 \text{ s.t. } \|\boldsymbol{y}-\boldsymbol{A}\boldsymbol{x}\|_2 \leqslant \varepsilon \tag{7.1}$$

更正式的表述如(Candès et al., 2006b)中的定理 1。

定理 7.1　(Candès et al., 2006b)令 S 使得 $\delta_{3S}+3\delta_{4S}<2$，其中 δ_S 为矩阵 $\boldsymbol{A}$ 的 S-有限等距常数。那么，对于任意具有支撑 $T^0=\{t: x^0\neq 0\}$ 的信号 $\boldsymbol{x}^0$，其中 $|T^0|\leqslant S$，任意噪声向量(扰动) $\boldsymbol{e}$，$\|\boldsymbol{e}\|_2\leqslant\varepsilon$，式(7.1)的解 $\boldsymbol{x}^*$ 满足：

$$\|\boldsymbol{x}^*-\boldsymbol{x}^0\|_2 \leqslant C_S\cdot\varepsilon \tag{7.2}$$

其中，常数 C_S 仅仅依赖于 δ_{4S}。对于 δ_{4S} 的合理取值，C_S 是良态的，如当 $\delta_{4S}=1/5$ 时，$C_S\approx 8.82$；当 $\delta_{4S}=1/4$ 时，$C_S\approx 10.47$。

此外，(Candès et al., 2006b)表明：对于任意大小为 ε 的扰动，没有其他性能更好的复原方法，也就是说即使 oracle 能获得 $\boldsymbol{x}^0$ 的实际支撑 T^0，使得问题呈良态，那么最小二乘解 $\hat{\boldsymbol{x}}$ (在缺乏任何其他信息的情况下最优的最大似然解)将以正比于 ε 的误差近似真实信号 $\boldsymbol{x}^0$。

最后，(Candès et al., 2006b)将其结果从稀疏向量扩展到近似稀疏的向量。

定理 7.2　(Candès et al., 2006b)令 $\boldsymbol{x}^0\in R^n$ 为任意向量，$\boldsymbol{x}_S^0$ 为与 $\boldsymbol{x}^0$ 中 S 个最大值(绝对值)对应的截尾向量。在定理 7.1 的假定下，式(7.1)的解 $\boldsymbol{x}^*$ 满足：

$$\|\boldsymbol{x}^*-\boldsymbol{x}^0\|_2 \leqslant C_{1,S}\cdot\varepsilon + C_{2,S}\cdot\frac{\|\boldsymbol{x}^0-\boldsymbol{x}_S^0\|_1}{\sqrt{S}} \tag{7.3}$$

对于 δ_{4S} 的合理取值，上述常数为良态的。例如，当 $\delta_{4S}=1/5$ 时，$C_{1,S}\approx 12.04$，$C_{2,S}\approx 8.77$。

在本章后续内容中会将上述压缩感知的结果扩展到一般指数族分布噪声的情况，这些内容在(Rish and Grabarnik, 2009)中提出。

7.2　指数族、GLM 与 Bregman 散度

注意，$\|\boldsymbol{y}-\boldsymbol{A}\boldsymbol{x}\|_2\leqslant\varepsilon$ 约束产生于高斯变量 $\boldsymbol{y}\sim N(\mu,\boldsymbol{\Sigma})$ 的负对数似然，其中 $\mu=\boldsymbol{A}\boldsymbol{x}$，$\boldsymbol{\Sigma}=\boldsymbol{I}$ (即独立的单位方差高斯噪声)：

$$-\log p(\boldsymbol{y}|\boldsymbol{A}\boldsymbol{x}^0) = f(\boldsymbol{y}) + \frac{1}{2}\|\boldsymbol{y}-\boldsymbol{A}\boldsymbol{x}\|_2^2 \tag{7.4}$$

高斯分布是指数族分布的特殊情况。

7.2.1 指数族

定义 8 指数族分布是指具有如下概率密度的概率分布的参数族①：

$$p_{\psi,\theta}(\boldsymbol{y}) = p_0(\boldsymbol{y})\mathrm{e}^{\theta^T T(\boldsymbol{y}) - \psi(\theta)} \tag{7.5}$$

其中，θ 称为分布的自然参数。$T(\boldsymbol{x})$ 为充分统计量的向量，它在密度函数内对数据 $\boldsymbol{y}$ 进行了充分的概括，例如，对于任意的两个向量 $\boldsymbol{y}_1$ 和 $\boldsymbol{y}_2$，密度函数 $T(\boldsymbol{y}_1)$ 和 $T(\boldsymbol{y}_2)$ 的值都是相同的。函数 $\psi(\theta)$ 为严格凸且可微的，称为累积函数，或对数配分函数。该函数唯一确定了指数族的特殊分布，可以通过下式计算：

$$\psi(\theta) = \log\int p_0(\boldsymbol{y})\mathrm{e}^{\theta^T T(\boldsymbol{y})}\mathrm{d}\boldsymbol{y} \tag{7.6}$$

最后，$p_0(\boldsymbol{y})$ 为非负函数，称为基准测量，仅依赖于数据 $\boldsymbol{y}$，独立于参数 θ。

现在研究如何将两个常用的分布，高斯分布与伯努利分布写成指数族分布形式。

高斯分布，未知均值，未知方差情况。具有均值 μ 与标准差 σ 的一元高斯分布可以写为

$$\begin{aligned} p(y) &= \frac{1}{\sqrt{2\pi\sigma^2}}\exp\left\{-\frac{(y-\mu)^2}{2\sigma^2}\right\} \\ &= \frac{1}{\sqrt{2\pi}}\exp\left\{\frac{\mu}{\sigma^2}y - \frac{1}{2\sigma^2}y^2 - \frac{1}{2\sigma^2}\mu^2 - \log\sigma\right\} \end{aligned} \tag{7.7}$$

因此，其是式(7.5)定义的指数族中的成员，其中

$$\begin{aligned} T(y) &= (y, y^2)^T \\ \theta &= (\mu/\sigma^2, -1/(2\sigma^2))^T \\ \psi(\theta) &= \mu^2/(2\sigma^2) + \log\sigma = -\theta_1^2/(4\theta_2) - 0.5\log(-2\theta_2) \\ p_0(y) &= 1/\sqrt{2\pi} \end{aligned} \tag{7.8}$$

高斯分布，未知均值，单位方差。在具有已知方差的一元高斯分布特例中，特别是单位方差 $\sigma = 1$ 情况下，可以将上述表达式简化为

$$\begin{aligned} p(y) &= \frac{1}{\sqrt{2\pi}}\exp\left\{-\frac{(y-\mu)^2}{2}\right\} \\ &= \frac{\exp\{-y^2/2\}}{\sqrt{2\pi}}\exp\{\mu y - \mu^2/2\} \end{aligned} \tag{7.9}$$

因此，可得

$$\begin{aligned} T(y) &= y \\ \theta &= \mu \\ \psi(\theta) &= \mu^2/2 = \theta^2/2 \end{aligned} \tag{7.10}$$

---

① 注意，为研究简便，这里是注于标准形下的指数族。一般地，$\theta^T T(\boldsymbol{y})$ 必须由 $\eta(\theta)^T T(\boldsymbol{y})$ 所代替，其中 η 是某已知函数。不过，通常可能将指数族转化为标准形。

$$p_0(y)=\exp\{-y^2/2\}/\sqrt{2\pi}$$

另外一个常用的指数分布族成员为伯努利分布，即取值为 0 与 1 的二值随机变量的分布，其具有一个参数 $q=p(y=1)$。伯努利分布可以写为

$$\begin{aligned}p(y)&=q^y(1-q)^{1-y}=\exp\{\log(q^y(1-q)^{1-y})\}\\&=\exp\{y\log q+(1-y)\log(1-q)\}\\&=\exp\left\{y\log\frac{q}{1-q}+\log(1-q)\right\}\\&=\exp\{y\theta-\log(1+e^\theta)\}\end{aligned}\tag{7.11}$$

这样就获得了一个指数族分布，其中：

$$\begin{aligned}T(y)&=y\\\theta&=\log\frac{q}{1-q}\\\psi(\theta)&=\log(1+e^\theta)\\p_0(y)&=1\end{aligned}\tag{7.12}$$

注意，也可以将式(7.5)中指数族分布的定义重写为 $T(\boldsymbol{y})$ 的函数，而非 $\boldsymbol{y}$ 的函数，因为根据充分统计量的定义，$p_0(\boldsymbol{y})$ 可以写成某一基准测量 $p_0'(T(\boldsymbol{y}))$。因此，从现在开始，将指数族简单定义为：

$$p_{\psi,\theta}(\boldsymbol{y})=p_0(\boldsymbol{y})e^{\theta^T\boldsymbol{y}-\psi(\theta)}\tag{7.13}$$

假定 $\boldsymbol{y}$ 为充分统计量。注意，该版本的指数族定义经常用于文献中。例如，(Collins et al., 2001；Sajama and Orlitsky, 2004；Banerjee et al., 2004；Rish et al., 2008；Li and Tao,2010)，这里仅列出了部分文献。

7.2.2　广义线性模型

标准线性回归模型 $\boldsymbol{y}=\sum a_ix_i+\varepsilon=\boldsymbol{a}^{\mathrm{T}}\boldsymbol{x}+\varepsilon$，也称为普通最小二乘(OLS)，假定观测(输出)随机变量 $\boldsymbol{y}$ 的均值在随机变量的输入向量 $\boldsymbol{a}$ 上是线性的，即 $E(\boldsymbol{y})=\boldsymbol{a}^{\mathrm{T}}\boldsymbol{x}$，其中 $\boldsymbol{x}$ 为模型参数，噪声 ε 为零均值高斯噪声，这意味着 $\boldsymbol{y}$ 的分布是具有均值为 $\mu=\boldsymbol{a}^{\mathrm{T}}\boldsymbol{x}$ 的高斯分布。假定噪声方差已知(例如，数据标准化后的单位方差)，给定观测向量 $\boldsymbol{y}$ 与(行向量)输入矩阵 $\boldsymbol{A}$ 时，线性回归模型的极大似然估计存在于最小化平方和损失 $\|\boldsymbol{y}-\boldsymbol{A}\boldsymbol{x}\|^2$ 中，如式(7.4)所示。

含有指数族分布噪声的一般线性回归模型称为广义线性模型(GLM)[①]。GLM 假定均值 $\mu=E(\boldsymbol{y})$ 为线性预测因子 $\theta=\boldsymbol{a}^{\mathrm{T}}\boldsymbol{x}$ 的(一般来说为非线性)函数，θ 与描述观测噪声的指数

① 不要将广义线性模型与一般线性模型相混淆，后者也简写为 GLM。该模型仍然为线性的，虽然其输出为多元的，即 $\boldsymbol{y}$ 为 n 维随机变量，而非单变量。给定 n 个样本，一般线性模型写为 $\boldsymbol{Y}=\boldsymbol{A}\boldsymbol{X}+\boldsymbol{U}$，其中 $\boldsymbol{Y}$ 为具有多元观测的矩阵，$\boldsymbol{X}$ 为设计矩阵，$\boldsymbol{A}$ 为参数矩阵，$\boldsymbol{U}$ 为噪声矩阵。

族分布的自然参数相对应，即

$$E(\boldsymbol{y}) = \mu(\theta) = f^{-1}(\boldsymbol{a}^{\mathrm{T}}\boldsymbol{x}) \tag{7.14}$$

其中，函数f称为联系函数，因为其将均值与线性预测因子“联系”了起来，也就是说$\theta = f(\mu)$，$\mu = f^{-1}(\theta)$。可以表明：

$$\mu = E(\boldsymbol{y}) = f^{-1}(\theta) = \nabla\psi(\theta) \tag{7.15}$$

在单位方差的高斯分布情况下，$\theta = \mu$，如式(7.11)所示，因此联系函数$f(\mu)$及其逆$f^{-1}(\theta)$均为简单的恒等函数，即$f(\mu) = \mu$，这产生了标准的线性回归模型：

$$E(\boldsymbol{y}) = \boldsymbol{a}^{\mathrm{T}}\boldsymbol{x}$$

对于具有参数$q = p(y = 1)$的伯努利噪声，均值为$\mu = q$，因此联系函数为 logit 函数$f(\mu) = \log\frac{\mu}{1-\mu}$[见式(7.13)]，是逻辑函数$f^{-1}(\theta) = \frac{1}{1+\mathrm{e}^{-\theta}}$的逆，并产生了逻辑回归模型：

$$E(\boldsymbol{y}) = \frac{1}{1+E^{-\boldsymbol{a}^{\mathrm{T}}\boldsymbol{x}}}$$

7.2.3 Bregman 散度

如(Banerjee et al., 2004)所示，在指数族密度$p_{\psi,\theta}(\boldsymbol{y})$与所谓的 Bregman 散度$d_{\phi}(\boldsymbol{y},\mu)$之间存在一个双向单射，使得每一个指数族分布密度可以写为

$$p_{\psi,\theta}(\boldsymbol{y}) = \exp(-d_{\phi}(\boldsymbol{y},\mu))f_{\phi}(\boldsymbol{y}) \tag{7.16}$$

其中，$\mu = \mu(\theta) = E_{p_{\psi,\theta}}(\boldsymbol{y})$为对应于$\theta$的期望参数；如前一节所讨论的，$\phi$为$\psi$(严格凸与可微)的勒让德共轭；$f_{\phi}(\boldsymbol{y})$为唯一确定的函数；$d_{\phi}(\boldsymbol{y},\mu)$为相应的 Bregman 散度。

定义 9 给定定义在凸集$S \subseteq \mathbb{R}$的严格凸函数$\phi: S \to \mathbb{R}$，在S内部$\mathrm{int}(S)$是可微的(Rockafeller, 1970)，Bregman 散度$d_{\phi}: S \times \mathrm{int}(S) \to [0,\infty)$定义为

$$d_{\phi}(\boldsymbol{x},\boldsymbol{y}) = \phi(\boldsymbol{x}) - \phi(\boldsymbol{y}) - (\boldsymbol{x}-\boldsymbol{y})^{\mathrm{T}}\nabla\phi(\boldsymbol{y}) \tag{7.17}$$

其中，$\nabla\phi(\boldsymbol{y})$为$\phi$的梯度。

换句话说，Bregman 散度可以看成在点$\boldsymbol{x}$处的ϕ值与ϕ在点$\boldsymbol{y}$处的一阶泰勒展开在点$\boldsymbol{x}$取值之间的差分。例如，可参见图 7.1(a)与图 7.1(b)，其中$h(\boldsymbol{x}) = \phi(\boldsymbol{y}) + (\boldsymbol{x}-\boldsymbol{y})^{\mathrm{T}}\nabla\phi(\boldsymbol{y})$。

表 7.1[源于(Banerjee et al., 2005)中的表 1 与表 2]给出了常用的指数分布族及其对应的 Bregman 散度的例子。例如，单位方差的高斯分布得到平方损失，多元球形高斯(对角协方差/独立变量)得到欧几里得距离，具有逆协方差(精度)矩阵$\boldsymbol{C}$的多元高斯得到了马氏距离，伯努利距离与逻辑损失相对应，指数分布导致了 Itakura-Saito 距离，多项式分布与 KL 散度(相对熵)相对应。

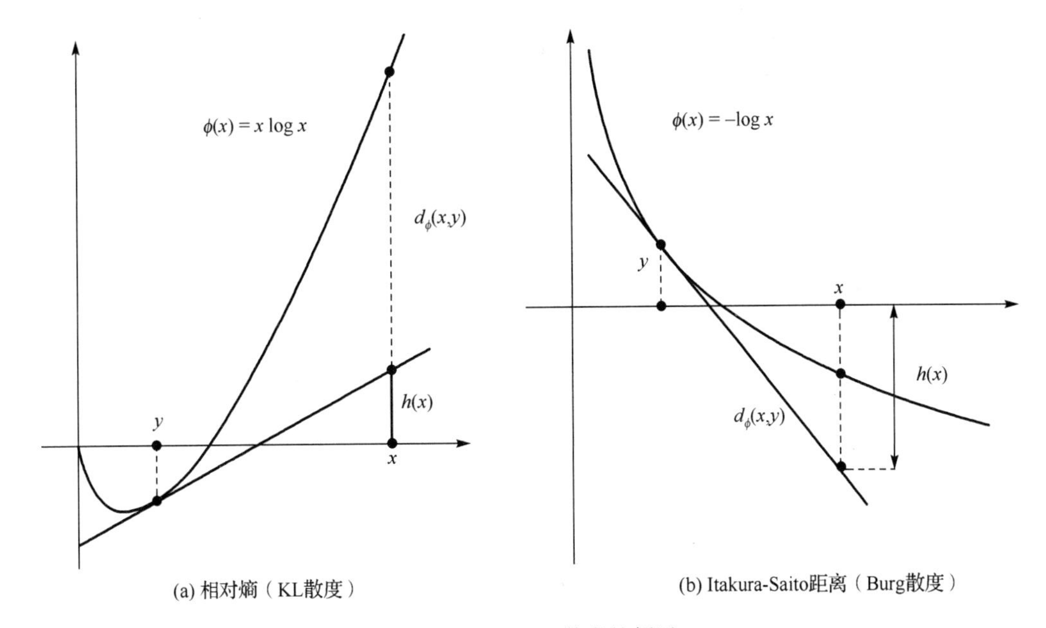

(a) 相对熵（KL散度）　(b) Itakura-Saito距离（Burg散度）

图 7.1　Bregman 散度的例子

表 7.1　常用的指数族分布与相应的 Bregman 散度的例子

分布/域	$p_\theta(y)$	μ	$\phi(\mu)$	$d_\phi(y,\mu)$	散度
一维高斯/ $\mathbb{R}$	$\frac{1}{\sqrt{2\pi\sigma^2}}e^{-\frac{(x-a)^2}{2\sigma^2}}$	a	$\frac{1}{2\sigma^2}\mu^2$	$\frac{1}{2\sigma^2}(y-\mu)^2$	平方损失
伯努利/ $\{0,1\}$	$q^y(1-q)^{1-y}$	q	$\mu\log\mu+(1-\mu)\log(1-\mu)$	$y\log\left(\frac{y}{\mu}\right)+(1-y)\log\left(\frac{1-y}{1-\mu}\right)$	逻辑损失
指数/ R_{++}	$\lambda e^{-\lambda y}$	$1/\lambda$	$-\log\mu-1$	$\frac{y}{\mu}-\log\left(\frac{y}{\mu}\right)-1$	Itakura-Saito 距离
n 维多项式/ n-simplex	$\frac{N!}{\prod_{j=1}^{n}y_j!}\prod_{j=1}^{n}q_j^{y_j}$	$[Nq_j]_{j=1}^{n-1}$	$\sum_{j=1}^{n}\mu_j\log\left(\frac{\mu_j}{N}\right)$	$\sum_{j=1}^{n}y_j\log\left(\frac{y_j}{\mu_j}\right)$	KL 散度
n 维球面高斯/ $\mathbb{R}^n$	$\frac{1}{\sqrt{(2\pi\sigma^2)^n}}e^{-\frac{\|x-a\|_2^2}{2\sigma^2}}$	$\boldsymbol{a}$	$\frac{1}{2\sigma^2}\|\mu\|_2^2$	$\frac{1}{2\sigma^2}\|\boldsymbol{y}-\mu\|_2^2$	平方的欧几里得距离
n 维高斯/ $\mathbb{R}^n$	$\frac{\sqrt{\det(C)}}{\sqrt{(2\pi)^n}}e^{-\frac{(y-a)^{\mathrm{T}}C(y-a)}{2}}$	$\boldsymbol{a}$	$\frac{\mu^{\mathrm{T}}C\mu}{2}$	$\frac{(\boldsymbol{y}-\mu)^{\mathrm{T}}C(\boldsymbol{y}-\mu)}{2}$	马氏距离

综上所述，本节介绍了三个紧密相关的概念：指数族分布、GLM 与 Bregman 散度。如图 7.2 所示，这些概念的每一对之间存在一对一的映射。特定的指数族分布与特定的 GLM 相联系，反之亦然。通过假定模型中的噪声服从指数族分布，而非高斯分布，GLM 将标准的线性回归模型进行了扩展，因此产生了线性预测因子(具有参数 $\boldsymbol{x}$ 的输入变量 $\boldsymbol{a}$ 的线性函数)与输出变量 $\boldsymbol{y}$ 的均值之间的非线性关系 $E(\boldsymbol{y}) = f^{-1}(\boldsymbol{a}^{\mathrm{T}}\boldsymbol{x})$。线性预测因子与分布 $\theta = \boldsymbol{a}^{\mathrm{T}}\boldsymbol{x}$ 的自然参数相对应,联系函数 f 与均值参数 μ 以及指数分布族的对数配分函数相关，即 $\mu = f^{-1}(\theta) = \nabla\psi(\theta)$。

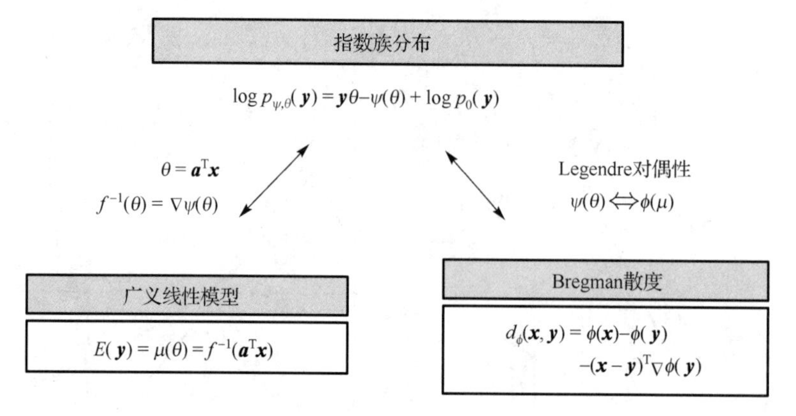

图 7.2　指数分布族、Bregman 与广义线性模型之间的一一对应关系

另一方面，如前面所讨论的，借助于 $\boldsymbol{\phi}$ 与 ψ 的 Legendre 对偶，指数分布族密度 $p_{\psi,\theta}(\boldsymbol{y})$ 与 Bregman 散度 $d_{\phi}(\boldsymbol{y},\boldsymbol{\mu})$ 之间存在一个双向单射。

因此，在指数族噪声假定情况下，拟合 GLM 模型等价于最大似然参数估计，也等价于最小化相应的 Bregman 散度。

7.3　具有 GLM 回归的稀疏复原

考虑如下具有约束的 l_1 范数最小化问题：

$$\min_{\boldsymbol{x}} \|\boldsymbol{x}\|_1 \text{ s.t. } \sum_i d(\boldsymbol{y}_i, \mu(\boldsymbol{a}_i\boldsymbol{x})) \leqslant \varepsilon \tag{7.18}$$

该问题对(Candès et al., 2006b)中标准的含噪压缩感知问题进行了一般化处理。其中，$d(\boldsymbol{y}_i,\mu(\boldsymbol{a}_i\boldsymbol{x}))$ 为含噪观测 $\boldsymbol{y}_i$ 与具有自然参数 $\theta_i = \boldsymbol{A}_i\boldsymbol{x}$ 的指数族分布的均值参数之间的 Bregman 散度。注意，利用拉格朗日形式，可以将上述问题写为

$$\min_{\boldsymbol{x}} \lambda\|\boldsymbol{x}\|_1 + \sum_i d(\boldsymbol{y}_i, \mu(\boldsymbol{a}_i\boldsymbol{x})) \tag{7.19}$$

其中，系数 λ 为拉格朗日乘子，由 ε 唯一确定。该问题称为 l_1 范数正则 GLM 回归，当 $\mu(\boldsymbol{a}_i\boldsymbol{x}) = \boldsymbol{a}_i\boldsymbol{x}$，并且 Bregman 散度退化为欧几里得距离时，标准的 l_1 范数正则线性回归为其特例。

如(Rish and Grabarnik, 2009)所示，定理 7.1 的结果可以扩展到指数分布族噪声的情况。特别地，当(1)噪声较小；(2) $\boldsymbol{x}^0$ 足够稀疏；(3)矩阵 $\boldsymbol{A}$ 满足具有恰当 RIP 常数的有限等距性质时，上述问题的解可以很好地近似真实信号。

定理 7.3　令 S 使得 $\delta_{3S} + 3\delta_{4S} < 2$，其中，$\delta_S$ 为矩阵 $\boldsymbol{A}$ 的 S-有限等距常数，$\boldsymbol{a}_i$ 表示 $\boldsymbol{A}$ 的第 i 行。那么对于具有支撑 $T^0 = \{t:\boldsymbol{x}^0 \neq 0\}$ 的任意信号 $\boldsymbol{x}^0$，其中 $|T^0| \leqslant S$，以及满足如下条件的任意含噪线性观测向量 $\boldsymbol{y} = (y_1,\cdots,y_n)$：

1. 噪声服从具有自然参数 $\theta_i = (\boldsymbol{a}_i^{\mathrm{T}}\boldsymbol{x}^0)$ 的指数分布族 $p_{\theta_i}(y_i)$；

2. 噪声足够小，即对于任意 i，有 $d_{\phi_i}(y_i, \mu(\boldsymbol{a}_i^{\mathrm{T}}\boldsymbol{x}^0)) \leqslant \varepsilon$；
3. 每一个函数 $\phi_i(\cdot)$（即相应的对数配分函数的 Legendre 共轭，唯一定义了 Bregman 散度）满足由下面至少一个引理所施加的条件。

那么，式(7.18)中问题的解满足：

$$\|\boldsymbol{x}^* - \boldsymbol{x}^0\|_{l_2} \leqslant C_S \cdot \delta(\varepsilon) \tag{7.20}$$

其中，C_S 为定理 7.1(Candès et al., 2006b)中的常数，$\delta(\varepsilon)$ 为满足 $\delta(0) = 0$ 的连续单调增函数[当 ε 小时，$\delta(\varepsilon)$ 也很小]。该函数的特定形式依赖于指数族的特定成员。

证明：根据定理 7.1(Candès et al., 2006b)中的证明，仅需证明“管状约束”(条件 1)依然满足(余下证明保持不变)，即

$$\|\boldsymbol{A}\boldsymbol{x}^* - \boldsymbol{A}\boldsymbol{x}^0\|_{l_2} \leqslant \delta(\varepsilon) \tag{7.21}$$

其中，δ 为 ε 的某个连续单调增函数，且 $\delta(0) = 0$，当 ε 小时，$\delta(\varepsilon)$ 也很小。这是三角不等式在欧几里得距离情况下的普通结果。然而，一般地，Bregman 散度并不满足三角不等式，因此对每一类型的 Bregman 散度(指数族分布)，必须针对条件 1 提供一个不同的证明过程。由于

$$\|\boldsymbol{A}\boldsymbol{x}^* - \boldsymbol{A}\boldsymbol{x}^0\|_{l_2}^2 = \sum_{i=1}^{m} (\boldsymbol{a}_i^{\mathrm{T}}\boldsymbol{x}^* - \boldsymbol{a}_i^{\mathrm{T}}\boldsymbol{x}^0)^2 = \sum_{i=1}^{m} (\theta_i^* - \theta_i^0)^2$$

需要表明 $|\theta_i^* - \theta_i^0| < \beta(\varepsilon)$，其中 $\beta(\varepsilon)$ 为 ε 的连续单调增函数，满足 $\beta(0) = 0$ [当 ε 小时，$\beta(\varepsilon)$ 也很小]。那么，在式(7.21)中，可以得到 $\delta(\varepsilon) = \sqrt{m \cdot \beta(\varepsilon)}$。引理 7.5 提供了针对一类边界为 $\phi''(y)$ 的指数分布族情况下该事实的证明(其中，$\phi(y)$ 为唯一确定分布的对数配分函数的 Legendre 共轭)。然而，对于指数族的几个成员，该条件并不满足，这些情况必须单独处理。因此，引理 7.6、引理 7.7 与引理 7.8 分别提供了针对几种指数族不同成员的证明，在每种情况下，可以获得 $\beta(\varepsilon)$ 的特殊表达式。注意，为了简便，仅考虑一元指数族分布，与每一个观测 y_i 的独立噪声相对应。使用欧几里得距离对应球形高斯分布，即独立高斯变量的向量，在这种标准问题表述中，如此假设是有效的。然而，可以将下面的引理 7.5 从标量扩展到向量情况，即不需要独立噪声的多元指数族分布。引理 7.8 提供了这样分布的特例，即具有精度矩阵 $\boldsymbol{C}$ 的多元高斯分布。

(Candès et al., 2006b)中“锥形约束”部分的证明保持不变。很容易看到，它不依赖于 l_1 最小化问题式(7.18)中的特定约束，仅仅利用了 $\boldsymbol{x}^0$ 的稀疏性与 $\boldsymbol{x}^*$ 的 l_1 最优性。因此，可以简单地将(Candès et al., 2006b)第 8 页定理 7.1 证明里式 13 中的 $\|\boldsymbol{A}h\|_2$ 用 $\delta(\varepsilon)$ 代替，或者，同样用 $\delta(\varepsilon)$ 代替式 14 中的 2ε（这表明边界为 $\|\boldsymbol{A}h\|_2$）。

证毕。

与稀疏信号情况[定理 7.1(Candès et al., 2006b)]相似，对于一般近似信号情况而非稀疏信号情况下定理 7.2 的证明，必须做的改变与管状约束有关。因此，一旦表明对于定理 7.3进行了这样的改变，对近似信号的推广也自动满足。

定理 7.4　令 $\boldsymbol{x}^0 \in R^m$ 为任意向量，$\boldsymbol{x}_S^0$ 为与 $\boldsymbol{x}^0$ 的 S 个最大值(绝对值)对应的截尾向量。在定理 7.3 的假定下，式(7.18)的解 $\boldsymbol{x}^*$ 满足

$$\| \boldsymbol{x}^* - \boldsymbol{x}^0 \|_2 \leqslant C_{1,S} \cdot \delta(\varepsilon) + C_{2,S} \cdot \frac{\| \boldsymbol{x}^0 - x_S^0 \|_1}{\sqrt{S}} \tag{7.22}$$

其中，$C_{1,S}$ 与 $C_{2,S}$ 为定理7.2中的常数(Candès et al., 2006b)；$\delta(\varepsilon)$ 为连续单调增函数，且 $\delta(0)=0$[当 ε 小时，$\delta(\varepsilon)$ 也很小]。该函数的特定形式依赖于特定的指数族成员。

下面的引理给出了公式(7.21)中“管状约束”在任意指数分布族噪声这样一般情况下满足的充分条件，只要 $\phi''(y)$ 存在并在恰当的区间上有界。

引理7.5 令 y 表示服从指数族分布 $p_\theta(y)$ 的随机变量，具有自然参数 θ，相应的均值参数为 $\mu(\theta)$，令 $d_\phi(y,\mu(\theta))$ 表示与该分布相联系的Bregman散度。如果

1. $d_\phi(y,\mu^0(\theta^0)) \leqslant \varepsilon$（噪声较小）；
2. $d_\phi(y,\mu^*(\theta^*)) \leqslant \varepsilon$[式(7.18)中GLM问题的约束]；
3. $\phi''(y)$ 存在，并在 $[y_{\min},y_{\max}]$ 上有界，其中，$y_{\min}=\min\{y,\mu^0,\mu^*\}$，$y_{\max}=\max\{y,\mu^0,\mu^*\}$。

那么，

$$|\theta^* - \theta^0| \leqslant \beta(\varepsilon) = \sqrt{\varepsilon} \cdot \frac{2\sqrt{2}\max_{\hat{\mu}\in[\mu^*;\mu^0]} |\phi''(\hat{\mu})|}{\sqrt{\min_{\hat{y}\in[y_{\min};y_{\max}]}\phi''(\hat{y})}} \tag{7.23}$$

证明：利用两个步骤来证明该引理。首先，表明当 ε 很小时，$|\mu^*(\theta^*) - \mu^0(\theta^0)|$ 也很小。然后，推断 $|\theta^* - \theta^0|$ 很小。

1. 根据式(7.17)的定义，Bregman散度为 $\phi(y)$ 在点 μ 处泰勒展开的非线性尾部，即线性逼近的拉格朗日余项：

$$d_\phi(y,\mu) = \phi''(\hat{y})(y-\mu)^2/2,\ \hat{y} \in [y_1;\ y_2]$$

其中，$y_1=\min\{y,\mu\}$；$y_2=\max\{y,\mu\}$。令 $y_1^0=\min\{y,\mu^0\}$，$y_2^0=\max\{y,\mu^0\}$，$y_1^*=\min\{y,\mu^*\}$，且 $y_2^*=\max\{y,\mu^*\}$。利用条件 $0 \leqslant d_\phi(y,\mu^0) \leqslant \varepsilon$ 与 $0 \leqslant d_\phi(y,\mu^*) \leqslant \varepsilon$，观察到

$$\min_{\hat{y}\in[y_{\min};y_{\max}]} \phi''(\hat{y}) \leqslant \min_{\hat{y}\in[y_1^0;y_2^0]} \phi''(\hat{y})$$

与

$$\min_{\hat{y}\in[y_{\min};y_{\max}]} \phi''(\hat{y}) \leqslant \min_{\hat{y}\in[y_1^*;y_2^*]} \phi''(\hat{y})$$

得到

$$\begin{aligned}
\phi''(\hat{y})(y-\mu^0)^2/2 \leqslant \varepsilon \Leftrightarrow (y-\mu^0)^2 &\leqslant \frac{2\varepsilon}{\phi''(\hat{y})} \\
\Leftrightarrow |y-\mu^0| &\leqslant \frac{\sqrt{2\varepsilon}}{\sqrt{\min_{\hat{y}\in[y_1^0;y_2^0]}\phi''(\hat{y})}} \\
&\leqslant \frac{\sqrt{2\varepsilon}}{\sqrt{\min_{\hat{y}\in[y_{\min};y_{\max}]}\phi''(\hat{y})}}
\end{aligned}$$

类似地，有

$$|y-\mu^*| \leqslant \frac{\sqrt{2\varepsilon}}{\sqrt{\min_{\hat{y}\in[y_1^*;y_2^*]}\phi''(\hat{y})}} \leqslant \frac{\sqrt{2\varepsilon}}{\sqrt{\min_{\hat{y}\in[y_{\min};y_{\max}]}\phi''(\hat{y})}}$$

利用三角不等式，可以得到

$$|\mu^*-\mu^0| \leqslant |y-\mu^*|+|y-\mu^0| \leqslant \frac{2\sqrt{2\varepsilon}}{\sqrt{\min_{\hat{y}\in[y_{\min};y_{\max}]}\phi''(\hat{y})}} \tag{7.24}$$

注意，因为 ϕ 为严格凸的，那么平方根下的 $\phi''(\hat{y})$ 总是正的。

2. 指数族分布的均值与自然参数彼此相关，$\theta(\mu)=\phi'(\mu)$（对于向量 $\boldsymbol{\mu}$，$\theta(\boldsymbol{\mu})=\nabla\phi(\boldsymbol{\mu})$），其中，$\phi'(\boldsymbol{\mu})$ 为联系函数。因此，可以得到：

$$|\theta^*-\theta^0| = |\phi'(\mu^*)-\phi'(\mu^0)| = |\phi''(\hat{\mu})(\mu^*-\mu^0)|$$

其中，$\hat{\mu}\in[\mu^*;\mu^0]$。

利用式(7.24)所得结果，可得

$$|\theta^*-\theta^0| \leqslant \beta(\varepsilon) = \sqrt{\varepsilon}\cdot\frac{2\sqrt{2}\max_{\hat{\mu}\in[\mu^*;\mu^0]}|\phi''(\hat{\mu})|}{\sqrt{\min_{\hat{y}\in[y_{\min};y_{\max}]}\phi''(\hat{y})}}$$

证毕。

上述引理中的条件 3 需要 $\phi''(y)$ 存在且在 y 与 μ^0、u^* 的区间上有界。然而，即使该条件不满足，就像在逻辑损失中那样，$\phi''(y)=\frac{1}{y(1-y)}$ 未在 0 与 1 处有界，对于在表 7.1 中所列的其他几种 Bregman 散度，仍然可以利用每一个 $\phi(y)$ 特定的性质来证明得到相似的结果，如下面引理所示。

引理 7.6　（伯努利噪声/逻辑损失）令引理 7.5 的条件(1)与(2)满足，$\phi(y)=y\log y+(1-y)\log(1-y)$ 与逻辑损失的 Bregman 散度以及伯努利分布 $p(y)=\mu^y(1-\mu)^{1-y}$ 相对应，其中均值 $\mu=P(y=1)$。假定 $0<\mu^*<1$ 且 $0<\mu^0<1$，那么

$$|\theta^0-\theta^*| \leqslant \beta(\varepsilon) = 4\varepsilon$$

证明：利用表 7.1 中的逻辑损失 Bregman 散度的定义以及引理 7.5 中的条件(1)与(2)，可得

$$d_\phi(y,\mu^0) = y\log\left(\frac{y}{\mu^0}\right)+(1-y)\log\left(\frac{1-y}{1-\mu^0}\right)\leqslant\varepsilon$$

$$d_\phi(y,\mu^*) = y\log\left(\frac{y}{\mu^*}\right)+(1-y)\log\left(\frac{1-y}{1-\mu^*}\right)\leqslant\varepsilon \tag{7.25}$$

这意味着

$$|d_\phi(y,\mu^0)-d_\phi(y,\mu^*)| \leqslant 2\varepsilon \tag{7.26}$$

将式(7.25)代入式(7.26)，进行简化，得到

$$|y\log\left(\frac{\mu^0}{\mu^*}\right)+(1-y)\log\left(\frac{1-\mu^0}{1-\mu^*}\right)|\leqslant 2\varepsilon \tag{7.27}$$

对于每一个 $y\in\{0,1\}$（伯努利分布的定义域），上式必须满足。因此，得到

(1) $|\log\left(\frac{1-\mu^0}{1-\mu^*}\right)|\leqslant 2\varepsilon,\ y=0$；

(2) $|\log\left(\frac{\mu^0}{\mu^*}\right)|\leqslant 2\varepsilon,\ y=1$。 (7.28)

或者，等价地

(1) $e^{-2\varepsilon}\leqslant\frac{1-\mu^0}{1-\mu^*}\leqslant e^{2\varepsilon},\ y=0$；

(2) $e^{-2\varepsilon}\leqslant\frac{\mu^0}{\mu^*}\leqslant e^{2\varepsilon},\ y=1$。

首先考虑 $y=0$ 的情况。从相应的不等式中减去 1，可得

$$e^{-2\varepsilon}-1\leqslant\frac{\mu^*-\mu^0}{1-\mu^*}\leqslant e^{2\varepsilon}-1\Leftrightarrow$$

$$(1-\mu^*)(e^{-2\varepsilon}-1)\leqslant\mu^*-\mu^0\leqslant(1-\mu^*)(e^{2\varepsilon}-1)$$

利用均值定理，如果 $x>0$，对于 $\hat{x}\in[0,x]$，或者当 $x<0$ 时，对于 $\hat{x}\in[x,0]$，有 $e^x-1=e^x-e^0=\frac{d(e^x)}{dx}|_{\hat{x}}\cdot(x-0)=e^{\hat{x}}x$。因此，对于 $\hat{x}\in[-2\varepsilon,0]$，$e^{-2\varepsilon}-1=e^{-\hat{x}}\cdot 2\varepsilon$。并且，由于 e^x 为连续单调增函数，$e^{\hat{x}}\leqslant 1$，因此 $e^{-2\varepsilon}-1\geqslant -2\varepsilon$。相似地，对于 $\hat{x}\in[0,2\varepsilon]$，有 $e^{2\varepsilon}-1=e^{\hat{x}}\cdot 2\varepsilon$。由于 $e^{\hat{x}}\leqslant e^{2\varepsilon}$，得到 $e^{2\varepsilon}-1\leqslant 2\varepsilon\cdot e^{2\varepsilon}$。因此，有

$$-2\varepsilon(1-\mu^*)\leqslant\mu^*-\mu^0\leqslant 2\varepsilon e^{2\varepsilon}(1-\mu^*)$$

$$\Rightarrow|\mu^*-\mu^0|\leqslant 2\varepsilon\cdot e^{2\varepsilon} \tag{7.29}$$

相似地，对于 $y=1$ 的情况，有

$$e^{-2\varepsilon}-1\leqslant\frac{\mu^0-\mu^*}{\mu^*}\leqslant e^{2\varepsilon}-1$$

可以应用与上面相同的推导过程，得到与式(7.29)中针对 $|\mu^*-\mu^0|$ 情况同样的结果。最后，由于 $\theta(\mu)=\phi'(\mu)=\log\left(\frac{\mu}{1-\mu}\right)$，可以得到

$$|\theta^0-\theta^*|=|\log\left(\frac{\mu^0}{1-\mu^0}\right)-\log\left(\frac{\mu^*}{1-\mu^*}\right)|$$

$$=|\log\left(\frac{\mu^0}{\mu^*}\right)-\log\left(\frac{1-\mu^0}{1-\mu^*}\right)|$$

从式(7.28)中，得到 $\left|\log\left(\frac{\mu^0}{\mu^*}\right)\right|\leqslant 2\varepsilon$ 以及 $\left|\log\left(\frac{1-\mu^0}{1-\mu^*}\right)\right|\leqslant 2\varepsilon$，这意味着

$$|\theta^0-\theta^*|=\left|\log\left(\frac{\mu^0}{\mu^*}\right)-\log\left(\frac{1-\mu^0}{1-\mu^*}\right)\right|\leqslant 4\varepsilon$$

证毕。

引理 7.7　（指数分布噪声/Itakura-Saito 距离）令引理 7.5 中的条件(1)与(2)满足，令 $\phi(\mu) = -\log\mu - 1$，对应于 Itakura-Saito 距离 $d_\phi(y,\mu) = \frac{y}{\mu} - \log\left(\frac{y}{\mu}\right) - 1$ 以及指数分布 $p(y) = \lambda e^{\lambda y}$，其中均值 $\mu = 1/\lambda$。同时，$\exists c_\mu > 0$，使得 $\mu \geqslant c_\mu$。那么

$$|\theta^* - \theta^0| \leqslant \beta(\varepsilon) = \frac{\sqrt{6\varepsilon}}{c_\mu}$$

证明：为了得到引理中的结果，从不等式 $|u - \log u - 1| \leqslant \varepsilon$ 开始，其中 $u = \frac{y}{\mu}$。用 $z = u - 1$ 代替 u，$z > -1$，可以得到 $|z - \log(1+z)| \leqslant \varepsilon$。不失一般性，假定 $\varepsilon \leqslant \frac{1}{18}$。那么，函数 $z - \log(1+z)$ 在 $z = 0$ 点的泰勒展开为

$$z - \log(1+z) = \frac{z^2}{2} - \frac{z^3}{3} + \frac{\theta^4}{4}, \quad \theta \in [0,z] \text{ 或 } [z,0]$$

意味着

$$\varepsilon \geqslant z - \log(1+z) \geqslant \frac{z^2}{2} - \frac{z^3}{3}\left(\text{因为}\frac{\theta^4}{4} \geqslant 0\right)$$

反过来又意味着 $z \leqslant \frac{1}{3}$，以及对于 $0 \leqslant z \leqslant \frac{1}{3}$，有 $\frac{z^2}{2} - \frac{z^3}{3} \geqslant \frac{z^2}{6}$。

因此

$$z - \log(1+z) \geqslant \frac{z^2}{2}, \quad -\frac{1}{3} \leqslant z \leqslant 0 \tag{7.30}$$

$$z - \log(1+z) \geqslant \frac{z^2}{6}, \quad 0 \leqslant z \leqslant \frac{1}{3} \tag{7.31}$$

将这两个结果结合在一起，得到 $|z| \leqslant \sqrt{6\varepsilon}$，或者

$$|y - \mu| \leqslant \sqrt{6\varepsilon} \cdot \mu$$

与

$$|\mu^0 - \mu^*| \leqslant \sqrt{6\varepsilon} \cdot \max\{\mu^0, \mu^*\}$$

那么，因为根据引理中的假定，$\min\{\mu^*, \mu^0\} \geqslant c_\mu$，可得

$$|\theta^* - \theta^0| = \left|\frac{1}{\mu^0} - \frac{1}{\mu^*}\right| \leqslant \left|\frac{\mu^* - \mu^0}{\mu^*\mu^0}\right| \leqslant \frac{\sqrt{6\varepsilon}}{\min\{\mu^*, \mu^0\}} \leqslant \frac{\sqrt{6\varepsilon}}{c_\mu}$$

证毕。

现在可以考虑多元指数族分布了。下面的引理处理一般情况下的多元高斯分布（不仅仅指具有对角协方差矩阵和对应于标准欧几里得距离的球形高斯分布）。

引理 7.8　（非独立同分布多元高斯噪声/马氏距离）令 $\phi(\boldsymbol{y}) = \boldsymbol{y}^{\mathrm{T}}\boldsymbol{C}\boldsymbol{y}$，对应于具有精度矩阵 $\boldsymbol{C}$ 的一般多元高斯分布，马氏距离 $d_\phi(\boldsymbol{y},\boldsymbol{\mu}) = \frac{1}{2}(\boldsymbol{y} - \boldsymbol{\mu})^{\mathrm{T}}\boldsymbol{C}(\boldsymbol{y} - \boldsymbol{\mu})$。如果 $d_\phi(\boldsymbol{y},\boldsymbol{\mu}^0) \leqslant \varepsilon$ 且 $d_\phi(\boldsymbol{y},\boldsymbol{\mu}^*) \leqslant \varepsilon$，那么

$$\|\theta^0 - \theta^*\| \leqslant \sqrt{2\varepsilon}\|\boldsymbol{C}^{-1}\|^{1/2} \cdot \|\boldsymbol{C}\|$$

其中，$\|\boldsymbol{C}\|$ 为算子范数。

证明：因为 $\boldsymbol{C}$ 为(对称)正定的，可以写为 $\boldsymbol{C} = \boldsymbol{L}^{\mathrm{T}}\boldsymbol{L}$，其中 $\boldsymbol{L}$ 定义了一个 $\boldsymbol{y}$ 空间上的线性算子，因此

$$\frac{\varepsilon}{2} \geqslant (\boldsymbol{y} - \mu)^{\mathrm{T}}\boldsymbol{C}(\boldsymbol{y} - \mu) = (\boldsymbol{L}(\boldsymbol{y} - \mu))^{\mathrm{T}}(\boldsymbol{L}(\boldsymbol{y} - \mu)) = \|\boldsymbol{L}(\boldsymbol{y} - \mu)\|^2$$

很容易看到 $\|\boldsymbol{C}^{-1}\|\boldsymbol{I} \leqslant \boldsymbol{C} \leqslant \|\boldsymbol{C}^{-1}\|\boldsymbol{I}$（其中，$\|\boldsymbol{B}\|$ 表示 $\boldsymbol{B}$ 的算子范数）。并且，有

$$\frac{\varepsilon}{2} \geqslant \|\boldsymbol{L}(\boldsymbol{y} - \mu)\|^2 \geqslant \|\boldsymbol{L}^{-1}\|^{-2}\|\boldsymbol{y} - \mu\|^2 \Rightarrow \|\boldsymbol{y} - \mu\| \leqslant \sqrt{\frac{\varepsilon}{2}}\|\boldsymbol{L}^{-1}\|$$

因此，根据三角不等式，得到

$$\|\mu^* - \mu^0\| \leqslant \|\boldsymbol{y} - \mu^0\| + \|\boldsymbol{y} - \mu^*\| \leqslant \sqrt{2\varepsilon}\|\boldsymbol{L}^{-1}\|$$

最后，由于 $\theta(\boldsymbol{\mu}) = \nabla\phi(\boldsymbol{\mu}) = \boldsymbol{C\mu}$，得到

$$\begin{aligned}\|\theta^0 - \theta^*\| &= \|\boldsymbol{C\mu}^0 - \boldsymbol{C\mu}^*\| \leqslant \|\boldsymbol{C}\| \cdot \|\boldsymbol{\mu}^0 - \boldsymbol{\mu}^*\| \\ &= \|\boldsymbol{C}\| \cdot \|\boldsymbol{\mu}^0 - \boldsymbol{\mu}^*\| \leqslant \sqrt{2\varepsilon}\|\boldsymbol{L}^{-1}\| \cdot \|\boldsymbol{C}\|\end{aligned}$$

注意到 $\|\boldsymbol{L}^{-1}\| = \|\boldsymbol{C}^{-1}\|^{1/2}$，这就得到了引理中的结论。

证毕。

7.4 总结与参考书目

本章将含噪信号复原标准结果扩展到更为一般的指数族噪声情况(Candès et al., 2006b)，在该情况下，LASSO 问题由 l_1 正则广义线性模型回归来代替。如(Rish and Grabarnik, 2009)中所示，在设计矩阵的标准有限等距性质假定下，如果噪声服从指数族分布，只要噪声足够小并且分布满足某一个(充分的)条件，如唯一确定分布的对数配分函数的 Legendre 共轭 $\phi(y)$ 的二阶导数有界，l_1 范数最小化可以提供对稀疏信号的稳定复原。此外，几种指数分布族成员可能不满足上述一般性条件，所以我们也提供了对特定分布的证明。

正则最大似然估计值或 M 估计值的理论分析在最近几年成为非常热门的研究方向，得到了大量新颖的理论结果，涉及估计值的各个方面，包括模型选择一致性，即对预测变量非零模式的精确复原；参数估计中的 l_2 与 l_1 范数误差(在本章中讨论)，或预测误差。

例如，最近关于 l_1 范数正则广义线性模型的研究成果包括关于风险(期望损失)一致性(van de Geer, 2008)、逻辑回归的模型选择一致性(Bunea, 2008; Ravikumar et al., 2010)，以及 l_2 与 l_1 范数中的一致性(Bach, 2010; Kakade et al., 2010)的结果。更特别地是，利用自和谐函数的性质(Boyd and Vandenberghe, 2004)以及(Bickel et al., 2009)提出的限制特征值技术，在(Bach, 2010)的定理 5 上建立了与式(7.6)相似的多维版本结果。同时，(Kakade et al., 2010)利用限制特征值技术以及费舍尔风险的强凸性获得了与式(7.6)相似的结果(推论 4.4)。

最近，(Negahban et al., 2009)的研究以及(Negahban et al.,2012)中提出的扩展版本考虑了用于正则最大似然估计(M 估计值)分析的统一框架，并提出了保证稀疏模型参数(即稀疏信号)渐进复原(即一致性)的充分条件。这些条件为：正则函数的可分解性(这对 l_1 范数来说是满足的)以及损失函数的有限强凸性(RSC)。广义线性模型被认为是一个特例，GLM 得到的一致性结果来源于利用上述两个充分条件得到的主要结果。由于 l_1 正则函数是可分解的，那么主要的挑战在于建立用于指数分布族负对数似然损失的 RSC，这可以通过分别在设计矩阵与指数分布族上强加两个(充分的)条件来达到，称为 GLM1 与 GLM2。简要地讲，GLM1 条件需要设计矩阵的行是独立同分布的样本，且具有亚高斯特征；GLM2 条件与引理 7.5 相似(限定了勒让德共轭的边界)，将累积函数的一致有界二阶导数作为可选的充分条件之一。给定 GLM1 与 GLM2 条件，(Negahban et al., 2012)得到了真实信号与 l_1 正则 GLM 回归解的差的 l_2 范数边界，其结果为概率性的，当样本数增加时，概率接近 1。然而需要注意的是，本章总结了这些结果与(Rish and Grabarnik, 2009)中早期结果之间的区别。首先，这里提出的边界是确定性的，而且设计矩阵必须满足 RIP 而非亚高斯性。其次，这里关注的焦点在于具有约束的 l_1 范数最小化形式而非拉格朗日形式。在具有约束的形式中，参数 ε 对信号的线性投影与其噪声观测(如 $\|\boldsymbol{y}-\boldsymbol{A}\boldsymbol{x}\|_{l_2}<\varepsilon$)之间的散度进行定界，并具有清晰直观的含义，刻画了观测中噪声的量级。相比之下，拉格朗日表述中的稀疏参数 λ 特定值有些难于解释。这里总结的结果提供了对(Candès et al., 2006b)中提出的标准压缩感知结果非常直观且直接的扩展。

关于求解 l_1 正则广义线性模型回归的可用算法，热门技术之一是类 LARS 的路径跟踪方法，该方法由(Park and Hastie, 2007)提出，利用凸优化中的预测因子-矫正算子方法，通过利用初始解(在参数极值下的解)并继续在当前解基础上寻找邻近解，来找到优化问题中变化参数(在该情况下，l_1 范数前面的稀疏性参数)的每一个解。(Park and Hastie, 2007)的方法将 LARS 思想一般化为 GLM 路径，后者与 LARS/LASSO 路径不同，不是分片线性的。

最近另一个重要的研究关注于学习概率图模型中的正则 M 估计值，如下一章讨论的马尔可夫网络或马尔可夫随机场。

第 8 章　稀疏图模型

在许多实际应用中，如社会网络分析、基因网络的逆向工程或探索功能性的大脑连接模式等，最终的目标是重构感兴趣的变量，如个体、基因或脑部区域等之间潜在的相关关系。概率图模型提供了便利的可视化与推断工具，可以以图的形式捕捉随机变量间明显的统计相关性。

学习概率图模型的一个常见方法是选择最简单的模型，例如可以恰当解释数据的最稀疏网络。从形式上来说，这导致了一个正则的最大似然问题，会对参数数量进行惩罚(即 l_1 范数)，一般为难以求解的组合问题。然而，与前面几章考虑的回归情况相似，用 l_1 范数对其进行凸松弛来代替难以求解的 l_0 范数，是处理稀疏图模型学习问题的流行方法。注意，如前所述，稀疏性需求不仅改进了模型的可解译性，而且在具有有限样本数量的多维问题情况下作为正则函数也有助于避免过拟合问题。

本章将主要研究马尔可夫网络或马尔可夫随机场(MRF)的无向图模型，更具体的是研究定义在高斯随机变量上的高斯 MRF。在过去 10 年中，学习稀疏高斯马尔可夫 MRF(GMRF)成为快速发展的领域，涌现了很多高效的优化方法来学习这样的模型。我们将回顾其中几个算法，并讨论神经影像中稀疏 GMRF 学习的应用，同时讨论一个重要的实际问题——正则参数选择，即选择“恰当的”稀疏水平。很明显，稀疏图模型是一个非常宽泛的领域，存在一些其他最新的研究成果，如稀疏离散变量(如二值变量)马尔可夫网络，以及稀疏有向图模型或贝叶斯网络等，这些不在本章的研究范围之内。读者可参阅 8.5 节提供的这些领域中最近进展的文献。

下面将从一些与概率图模型有关的基本概念开始论述。

8.1　背景

图 G 为二元组 $G=(V,E)$，其中，V 为顶点或节点的有限集合，$E \subseteq V \times V$ 为边或连接的集合，边将节点对 $(i,j) \in E$ 连接起来。如果 $(i,j) \in E$ 与 $(j,i) \in E$，那么节点 $i \in V$ 与 $j \in V$ 之间的边为无向的，否则称为有向边。如果 G 中所有的边为无向的，那么 G 为无向图；如果 G 中所有的边为有向的，那么 G 为有向图。

环或自环为连接节点与其本身的边。简单图是不包含自环或没有多重边的图(后者通过将 E 定义为一个集合实现，因为一个集合仅包含其每一个元素的单一实例)。从现在开始，当谈及图的时候，总是假定为简单图。

两个节点 i 与 j，如果由一条边 $(i,j) \in E$ 相连接，那么这两个节点是彼此邻近的，也称为彼此相邻。节点 i 所有邻居的集合 $\mathrm{Ne}(i)$ 称为 i 在 G 中的近邻。从节点 i_1 到节点 i_k 的路

径为不同的节点 $i_1, i_2, \cdots, i_k$ 的序列，这使得每一个后续的节点对 i_j 与 i_{j+1} 由边 $(i,j) \in E$ 来连接。

完全图是任意一对节点都由一条边来连接的图。G 的子图 G_S 为覆盖节点子集 $S \subseteq V$ 与边子集 $E_S \subseteq E$ 的图，其边连接 S 中的节点，即当且仅当 $i \in S, j \in S$ 且 $(i,j) \in E$ 时，$(i,j) \in E_S$。子图 G_S 由 S 中的节点所引起。团 C 为 G 的完全子图。最大团，即该团非任意更大的团的子图。

令 $\boldsymbol{X}$ 为一组随机变量集合，与概率测度 $p(\boldsymbol{X})$ 相关联。概率测度在离散变量情况下称为(联合)概率分布，在连续变量情况下称为(联合)概率密度。向量 $\boldsymbol{x}$ 表示指派给 $\boldsymbol{X}$ 中变量的特定值，也称为状态或配置。

给定三个不相交的随机变量子集，$\boldsymbol{X}_1 \subset \boldsymbol{X}$, $\boldsymbol{X}_2 \subset \boldsymbol{X}$, $\boldsymbol{X}_3 \subset \boldsymbol{X}$。给定 $\boldsymbol{X}_3$ 时，当且仅当 $p(\boldsymbol{X}_1, \boldsymbol{X}_2 \mid \boldsymbol{X}_3) = p(\boldsymbol{X}_1 \mid \boldsymbol{X}_3) p(\boldsymbol{X}_2 \mid \boldsymbol{X}_3)$ 或等价的 $p(\boldsymbol{X}_1 \mid \boldsymbol{X}_2, \boldsymbol{X}_3) = p(\boldsymbol{X}_1 \mid \boldsymbol{X}_3)$ 成立时，称子集 $\boldsymbol{X}_1$ 与 $\boldsymbol{X}_2$ 为条件独立的，表示为 $\boldsymbol{X}_1 \perp\!\!\!\perp \boldsymbol{X}_2 \mid \boldsymbol{X}_3$。当 $\boldsymbol{X}_3 = \emptyset$ 时，称 $\boldsymbol{X}_1$ 与 $\boldsymbol{X}_2$ 为边缘独立的。

概率图模型为三元组 $(\boldsymbol{X}, p(\boldsymbol{X}), G)$，其中 $\boldsymbol{X}$ 为与概率测度 $p(\boldsymbol{X})$ 相关联的一组随机变量，$G = (V, E)$ 表示图，V 中的节点与 $\boldsymbol{X}$ 中的变量一一对应，E 中的边被用来编码变量间的概率相关或独立关系。在下面介绍具体的有向图模型与无向图模型时，将对它们精确的含义进行定义。

图模型具有三个优点：(1)提供了便利的工具，可对随机变量集合间的统计相关与独立性进行可视化；(2)可以根据图结构，利用分解表示的方法，以紧致的方式在大规模的变量集合上对联合概率进行编码；(3)可以得到高效的基于图的推断算法。存在多种类型的概率图模型，如无向图模型(马尔可夫网络)、有向图模型(贝叶斯网络)以及更为一般的包含有向边与无向边的链图。这些模型在“表达能力”，即它们有能力表达的概率独立关系、分解的便利性、推断算法等方面各有优缺点。例如，某些独立性假定由马尔可夫网络表达比贝叶斯网络更好，反之亦然。对图模型全面的介绍，可参见(Lauritzen 1996；Pearl，1988；Koller and Friedman，2009)。

8.2　马尔可夫网络

现在从根据图团进行分解的一类常用模型开始[①]，介绍马尔可夫网络的无向图模型。

定义 10：马尔可夫网络，也称为马尔可夫随机场，是一个无向图模型 $(\boldsymbol{X}, p(\boldsymbol{X}), G)$，可表示为按如下分解的联合概率分布：

$$p(\boldsymbol{x}) = \frac{1}{Z} \prod_{C \in \text{Cliques}} \phi_C(\boldsymbol{X}_C) \tag{8.1}$$

① 注意，马尔可夫网络更为一般的定义是根据网络的马尔可夫性质来描述的，将在 8.2.1 节中进行讨论(包括未分解的不常用分布)。然而，对于任意的概率分布建立这样的性质并不总是那么容易或实际的。如下一节所示，这里描述的分解性质对应着这些马尔可夫性质。而且，当概率密度为严格正的(即没有零概率状态)时，分解性质等价于马尔可夫性质(见 8.2.1 节中的 Hammersley-Clifford 定理)，这涵盖了大多数实际生活中典型的应用。

其中，Cliques 为 G 中所有最大团的集合；$\phi_C(\boldsymbol{X}_C)$ 为定义在与每一个团相对应的变量子集上的非负势函数；$Z = \sum_x \prod_{C \in \text{Cliques}} \phi_C(\boldsymbol{X}_C)$ 为标准化常数，也称为配分函数。

给定一个分布，对其根据式(8.1)中描述的图 G 进行分解，该图满足下面三个马尔可夫性质：成对性质(给定所有其他变量的情况下，任意两个非邻近的变量为条件独立的)、局部马尔可夫性质(给定其邻居情况下，一变量条件独立于所有其他变量)以及全局马尔科夫性质(给定一个起分离作用的子集，任意两个变量子集为条件独立的)。在接下来的8.2.1节中将给出这些马尔可夫性质正式的定义。

8.2.1 马尔可夫性质：更为仔细的观察

现在，根据图的性质给出更为一般化的马尔可夫网络定义，并讨论马尔可夫性质与上一节介绍的分解性质之间的关系。注意，该节内容是为了保持完整性，对理解本章后续内容并不是必需的，如有需要可以跳过。

一般地，马尔可夫网络定义为一个无向图模型 $(\boldsymbol{X}, p(\boldsymbol{X}), G)$，其中无向图 G 满足全局马尔可夫性质[称为 (G) 性质]，表述为：对于任意两个变量子集 $\boldsymbol{Y} \subset \boldsymbol{X}$，$\boldsymbol{Z} \subset \boldsymbol{X}$，如果给定第三个子集 $\boldsymbol{S} \subset \boldsymbol{X}$，且 $\boldsymbol{S}$ 在 G 中将 $\boldsymbol{Y}$ 与 $\boldsymbol{Z}$ 分离开来，即从 $\boldsymbol{Y}$ 中节点到 $\boldsymbol{Z}$ 中节点的任意路径均包含 $\boldsymbol{S}$ 中的节点，那么 $\boldsymbol{Y}$ 与 $\boldsymbol{Z}$ 为独立的，即

$$(G) \quad \forall \boldsymbol{S}, \boldsymbol{Y}, \boldsymbol{Z} \subset V,\ \boldsymbol{S} \text{ 分离 } \boldsymbol{Y} \text{ 与 } \boldsymbol{Z} \Rightarrow \boldsymbol{X}_Y \perp\!\!\!\perp \boldsymbol{X}_Z \mid \boldsymbol{X}_S \tag{8.2}$$

其中，$\boldsymbol{X}_A \subseteq \boldsymbol{X}$ 表示对应于节点子集 $\boldsymbol{A} \subseteq \boldsymbol{V}$ 的变量子集。

满足性质 (G) 的无向图称为分布 $p(\boldsymbol{X})$ 的 I-map(Independence map，独立映射)。很明显，对于任意分布，完全图是很普通的 I-map。因此，马尔可夫网络经常定义为最小 I-map (Pearl，1988)，即在不违反 I-map 性质的情况下不可能将其中一边移除。然而需要注意，在给定一个(最小)I-map 的情况下，式(8.2)条件中的逆：

$$\text{D-map:} \quad \forall \boldsymbol{S}, \boldsymbol{Y}, \boldsymbol{Z}, X_Y \perp\!\!\!\perp X_Z \mid X_S \Rightarrow \subset V, \boldsymbol{S} \text{ 分离 } \boldsymbol{Y} \text{ 与 } \boldsymbol{Z} \tag{8.3}$$

并不是必然成立的，即存在一些独立关系的集合，是不能用 I-map 表示的概率分布来说明的。当条件式(8.3)成立时，该图称为 D-map(dependency map，依赖映射)。如果一个图同时为该分布的 I-map 与 D-map，那么该图称为分布 $P(X)$ 的 P-map(perfect map，完美映射)。

存在另外两种常用的马尔可夫性质，与图约束以及统计独立性有关。局部马尔可夫性质[称为 (L) 性质]意味着在给定变量 X_i 在 G 中邻居 $\mathrm{Ne}(i)$ 的情况下，X_i 条件独立于其他变量，即

$$(L): \quad X_i \perp\!\!\!\perp X_{V/\{i \cup \mathrm{Ne}(i)\}} \mid X_{\mathrm{Ne}(i)} \tag{8.4}$$

成对马尔可夫性质[称为 (P) 性质]表明在给定剩余变量的情况下，缺少边 (i,j) 意味着 X_i 与 X_j 之间的条件独立性(Lauritzen，1996)，即

$$(P): \quad \{i,j\} \notin E \Rightarrow X_i \perp\!\!\!\perp X_j \mid X_{V/\{i,j\}} \tag{8.5}$$

一般情况下，上述定义的三个马尔可夫性质并不需要一致(Lauritzen，1996)。而且，很容易看到

$$(G) \Rightarrow (L) \Rightarrow (P) \tag{8.6}$$

然而，如果概率测度为严格正的，即如果不存在零概率状态[对于所有的 x，有 $p(\boldsymbol{x})>0$]，那么这三个马尔可夫性质等价(Pearl, 1988; Lauritzen, 1996)。该等价性从(Pearl and Paz, 1987)中可得到，并在不同的教材中进行了介绍(Lauritzen, 1996; Pearl, 1988; Cowell et al., 1999)。

严格正条件在实际中经常能得到满足，而且对于建立概率分布定性部分与定量部分之间的联系非常重要。其中，定性部分是指图结构(独立关系)，定量部分是指参数(状态概率)。为了使得马尔可夫网络更为有用，需要以紧致的方式对数目较大的变量指定状态概率。根据图结构进行分解提供了这样的紧致表示。如果下式满足，可以称概率测度关于图 G 满足分解性质，或(F)性质：

$$p(\boldsymbol{x}) = \frac{1}{Z}\prod_{C\in \text{Cliques}} \phi_C(\boldsymbol{X}_C) \tag{8.7}$$

其中，Cliques 为 G 中所有最大团的集合；$\phi_C(\boldsymbol{X}_C)$ 为定义在与每一个团对应的变量子集上的非负势函数；$Z=\sum_{\boldsymbol{x}}\prod_{C\in\text{Cliques}}\phi_C(\boldsymbol{X}_C)$ 为标准化常数，也称为配分函数。马尔可夫网络的一个常见特例是成对马尔可夫网络，其中，势函数定义在由边连接的成对节点上。因此，在成对的马尔可夫网络中，在团 L、B、D 上的势函数将分解为 $\phi(L,B,D)=\phi_1(L,B)\phi_1(B,D)\phi_1(L,D)$。

一般地，分解性质意味着马尔可夫性质。

定理 8.1　(Lauritzen, 1996)对于任意无向图 G 与 $p(\boldsymbol{X})$ 上的任意概率测度，有

$$(F)\Rightarrow(G)\Rightarrow(L)\Rightarrow(P) \tag{8.8}$$

然而，在 $p(\boldsymbol{X})$ 为严格正的情况下，分解性质与马尔可夫性质等价。根据式(8.7)确定的图 G 进行分解的严格正概率测度也称为吉布斯随机场(GRF，该名字来源于统计物理学)。下面的关键性结果建立了 $p(\boldsymbol{X})$ 严格正情况下 MRF 与 GRF 之间的等价性。

定理 8.2　(Hammersley and Clifford, 1971)严格正概率测度 $p(\boldsymbol{X})$ 在图 G 上分解，当且仅当 $p(\boldsymbol{X})$ 关于 G 满足马尔可夫性质

$$(F)\Leftrightarrow(G)\Leftrightarrow(L)\Leftrightarrow(P) \tag{8.9}$$

即当且仅当 $p(\boldsymbol{X})$ 为 GRF 时，$p(\boldsymbol{X})>0$ 为 MRF。

该结果首先由(Hammersley and Clifford, 1971)在离散值随机场变量情况下进行了证明。(Grimmett, 1973; Preston, 1973; Sherman, 1973; Besag, 1974; Moussouris, 1974; Kindermann and Snell, 1980; Lauritzen, 1996)提供了更多最新与更简单的证明。证明思想是：使用 Möbius 逆以表明 $(P)\Rightarrow(F)$。注意，严格正条件是最本质的：(Moussouris, 1974)提供了一个四个节点的马尔可夫网络的例子("方形"，即一个没有弦的四冲程循环)，其中，当违反正性假定时，全局马尔可夫性质并不意味着分解性质。

最后，需要指出马尔可夫网络的定义在不同的出版物之间是不同的。有些将严格正作为定义的必要部分；有些将马尔可夫网络定义为分解的非负分布，然后将其与正性条件下的马尔可夫性质相关联；有些将性质 (P) 作为马尔可夫网络定义的一部分。由于马尔可夫

网络相关文献中经常进行正性假定，那么在开始使用哪一个定义并不是问题。同时，马尔可夫网络经常定义为 I-map(即满足全局马尔可夫性质)，但是极小性条件(最小 I-map)并不总明确提及。本书将按照(Pearl, 1988)中的定义，将马尔可夫网络定义为最小 I-map。

8.2.2 高斯 MRF

MRF 一个重要的特殊类型是高斯 MRF，即对多元高斯分布进行编码的 MRF。因多元高斯分布具有易于理解的数学性质，从而导致了更为简单的理论分析与计算高效的学习算法，故在实际应用中常用于对连续变量建模。

随机变量集合 $\boldsymbol{X}$ 的多元高斯密度定义为

$$p(\boldsymbol{x}) = (2\pi)^{-p/2}\det(\boldsymbol{\Sigma})^{-\frac{1}{2}}\mathrm{e}^{-\frac{1}{2}(\boldsymbol{x}-\mu)^{\mathrm{T}}\boldsymbol{\Sigma}^{-1}(\boldsymbol{x}-\mu)} \tag{8.10}$$

其中，μ 与 $\boldsymbol{\Sigma}$ 分别为分布的均值与协方差。由于 $\det(\boldsymbol{\Sigma})^{-1} = \det(\boldsymbol{\Sigma}^{-1})$，可以通过将逆协方差矩阵(也称为精度矩阵)表示为 $\boldsymbol{C} = \boldsymbol{\Sigma}^{-1}$，从而将式(8.10)重写为

$$p(\boldsymbol{x}) = (2\pi)^{-p/2}\det(\boldsymbol{C})^{\frac{1}{2}}\mathrm{e}^{-\frac{1}{2}(\boldsymbol{x}-\mu)^{\mathrm{T}}C(\boldsymbol{x}-\mu)} \tag{8.11}$$

如(Lauritzen, 1996)中所示，给定其余变量，当且仅当 $\boldsymbol{C}$ 中相应的元素为 0 时，即 $c_{ij} = c_{ji} = 0$ 时，两个高斯变量 X_i 与 X_j 为条件独立的。因此，在高斯 MRF 中，缺少边意味着 $\boldsymbol{C}$ 中元素为 0。反之也是成立的，即 $c_{ij} = 0$ 意味着高斯 MRF 中，X_i 与 X_j 之间的边缺失，虽然一般情况对 MRF 来说可能并不如此。因此，学习高斯 MRF 模型的结构等价于辨别相应精度矩阵中的零元素，这将是 8.4 节的主要内容。

8.3 马尔可夫网络中的学习与推断

在概率图模型中，面临两个主要问题：

- 怎样才能构造这样的模型？
- 怎样才能使用这样的模型？

第一个问题与从数据中学习或估计图模型有关，特别是当变量数目非常大的时候，如成百或上千的量级，这在现代应用，如生物或社会网络中很常见。在这样的应用中，仅仅利用领域专家知识人工构造一个图模型是不可行的，特别是当领域知识有限且目标是从数据中获取新颖的见解时。

第二个问题与基于图模型进行概率推断有关。虽然本章的重点在于学习图模型，但本节将在最后简要讨论推断问题，并说明马尔可夫网络在实际中的成功运用。

8.3.1 学习

在统计学与机器学习领域，学习概率图模型问题具有悠久与丰富的历史(见本章末的参考文献)。该问题涉及学习图模型的结构，即模型选择、学习联合概率分布的参数(即参

数估计，根据所用的方法，可以在结构学习步骤之前或之后完成）。常用的概率图模型方法为正则似然最大化，其中，正则函数对模型复杂度以某种方式进行惩罚。传统的模型选择准则，如 AIC、BIC/MDL 等利用与模型参数数量成比例的惩罚，即参数向量的 l_0 范数。由于寻找能很好地拟合数据的最简洁的（最小 l_0 范数）模型为 NP 难问题，因此，在过去经常应用诸如贪婪优化这样的近似算法（Heckerman，1995）。

这几年特别流行在上述优化问题中使用易于处理的松弛方法。与稀疏回归相似，难以处理的 l_0 范数优化被凸 l_1 松弛所替代（Meinshausen and Bühlmann，2006；Wainwright et al.，2007；Yuan and Lin，2007；Banerjee et al.，2008；Friedman et al.，2007b）。本章后面将讨论这些应用于连续与离散马尔可夫网络的方法。

8.3.2 推断

一旦构建了概率图模型，就可以用于对感兴趣的变量进行概率推断，如在给定观测变量情况下寻找未观测变量的概率（例如，给定一些其他的基因表示情况下，寻找某一基因的表示），或者在分类问题中预测最可能的状态（例如，从脑成像数据中区分健康与生病的受试者）。

从形式上讲，令 $\boldsymbol{Z} \subset \boldsymbol{X}$ 为观测随机变量的子集，分配其值 $\boldsymbol{Z} = z$，并且令 $\boldsymbol{Y} \subseteq \boldsymbol{X} - \boldsymbol{Z}$ 为感兴趣的未观测变量集合。那么，概率推断的任务就是寻找后验概率 $P(\boldsymbol{Y} \mid \boldsymbol{Z} = z)$。

在机器学习中，给定观测特征集合 $\boldsymbol{Z}$，概率推断可以用于预测未被观测的响应变量（或类标签）Y。给定由训练样本组成的训练数据集，即赋值给特征和响应变量，可以学习概率图模型。那么，给定由特征分配组成的测试样本，可以利用概率推断来预测未被观测的响应或类标签。

例如，在分类问题情况中，$Y \in \boldsymbol{X}$ 为离散变量（常为二进制的）。概率分类的任务是一个决策问题，涉及计算 $P(Y \mid \boldsymbol{Z} = z)$ 以及选择最可能的类标签 $y^* = \arg\max_y P(Y = y \mid \boldsymbol{Z} = z)$。利用贝叶斯准则，对于每一个配分 $Y = y$，可以得到

$$P(Y = y \mid \boldsymbol{Z} = z) = \frac{P(\boldsymbol{Z} = z \mid Y = y)P(Y = y)}{P(\boldsymbol{Z} = z)} \tag{8.12}$$

由于分母并不依赖 Y，只需计算

$$y^* = \arg\max_y P(\boldsymbol{Z} = z \mid Y = y)P(Y = y) \tag{8.13}$$

因此，给定训练数据时，可以学习模型 $P(\boldsymbol{Z} = z \mid Y = y)P(Y = y)$，例如分别针对每一类标签 $Y = y$ 学习特征集 $\boldsymbol{Z}$ 上的马尔可夫网络。然后在给定测试样本集的情况下，利用式（8.13）分配最有可能的类。

8.3.3 例子：神经影像应用

考虑这样的例子：基于脑成像数据，如功能性磁共振成像（fMRI），利用马尔可夫网络预测一个人的精神状态。数据集首先出现在（Mitchell et al.，2004）中，由一系列实验组成。在实验中，提供给受试者一幅图画或一句话。基于与任务有关的脑区域的先验知识，提取出 1700～2200 个体素的子集（具体依赖于特定的受试者）。体素与特征相对应：每一个特征是在

6台扫描器上取得的平均体素信号，同时受试者被施以特定的刺激，如观看一幅图画或阅读一句话。数据包含40个样本，其中一半样本对应图画刺激(+1)，剩下一半对应语句刺激(-1)。

(Scheinberg and Rish，2010)描述了稀疏马尔可夫分类器成功应用于该数据集的情况。对于每一类 $Y = \{-1,1\}$，利用下一节的方法从数据中估计稀疏高斯马尔可夫网络模型。这给出了一个高斯条件概率密度 $p(\boldsymbol{x} \mid y)$ 的估计，其中 $\boldsymbol{x}$ 为特征(体素)向量。在测试数据中，为每一个未标签的测试样本选择最可能的类标签 $\arg\max_y p(\boldsymbol{x} \mid y)P(y)$。图8.1给出了三个不同受试者以及模型中所包含的排序靠前的体素数目增加时的分类结果，其中，排序过程利用的是对每个体素进行两样本 t 检测中的 p 值(即较低的 p 值反映了体素的高区分能力，因此对应于较高的级别)。当采用弃一法交叉验证时，图上每一个点表示40个样本的平均分类误差。马尔可夫网络分类器是基于本章后续描述的SINCO算法学习得到的稀疏高斯MRF模型。可以看到，马尔可夫网络分类器产生了非常精确的预测结果，错误率仅为5%，性能常常优于目前常使用的支撑向量机(SVM)分类器。

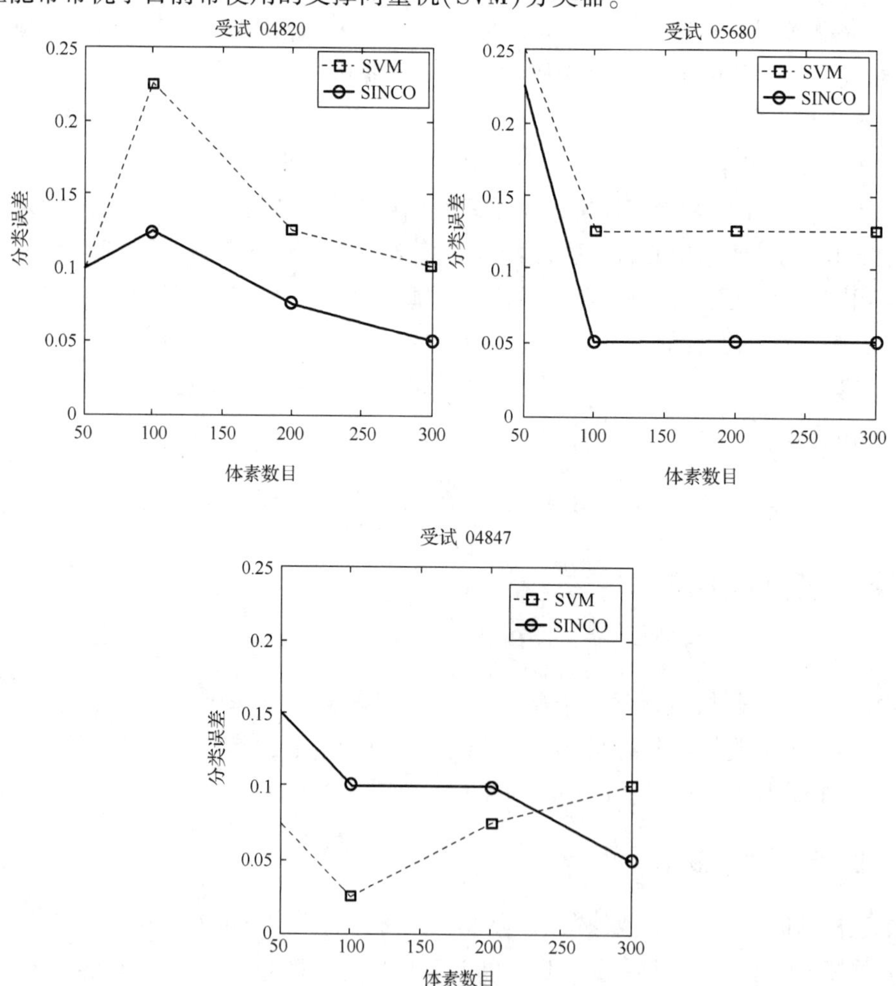

图8.1　利用稀疏高斯马尔可夫分类器从fMRI数据中预测受试者的认知状态，如阅读一个句子或观看一幅图片

(Cecchi et al., 2009; Rish et al., 2013)描述了马尔可夫网络分类器在精神状态预测方面另一个成功的应用，其目标是发现预测特征(统计上的生物标志)，并构建精神分裂症的预测统计模型。精神分裂症是复杂的精神失调，根据脑行为的局部失常难以刻画，且被假定会影响脑部集体的、“突发的”运转。数据集由 fMRI 扫描构成，通过精神分裂症患者与健康受试者在扫描器中完成一个简单的听觉任务来收集。如(Cecchi et al., 2009; Rish et al., 2013)所述，脑部功能性网络的拓扑特征从整个脑部的阈值相关性矩阵得到，包含了大量的重要信息，可以对两组受试者进行精确区分。功能性网络是一个图，其中节点与体素对应。如果它们的血氧水平依赖(BOLD)信号高度相关(或正或负)，即它们相关性的绝对值超过给定阈值 ε，那么一对节点之间存在连接(换句话说，功能性网络的邻接矩阵是体素集合上的相关矩阵，其中，绝对值超过 ε 的元素被 1 所代替，其他元素被 0 所代替。注意，功能性网络可以不同于相应的马尔可夫网络，因为后者反映了逆协方差矩阵的稀疏模式)。在(Cecchi et al., 2009; Rish et al., 2013)中，当在 44 个样本上使用弃一法交叉验证，每个受试者有两个样本，且一半的受试者为精神分裂症患者时，功能性网络中的体素度具有高预测特征，可以获得精神分裂症受试者与健康受试者之间 86% 的分类精度。图 8.2(b)论证了当仅具有几百个区分度很高的体素时，高斯马尔可夫网络分类器有能力达到这样的精度，其中根据两个样本 t 检验的区分能力对体素进行等级排序。图 8.2(a)显示了区分度更好的体素位置(大约 1000 个)，这些体素经过了用于多重比较的伪发现率(FDR)校正，这是当进行超过

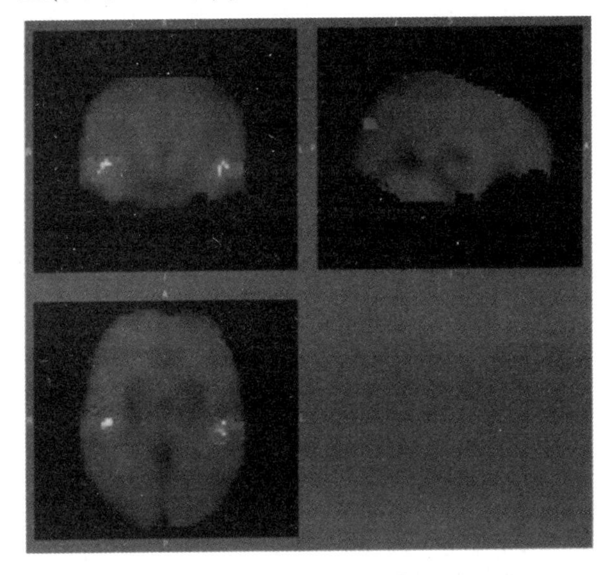

(a)

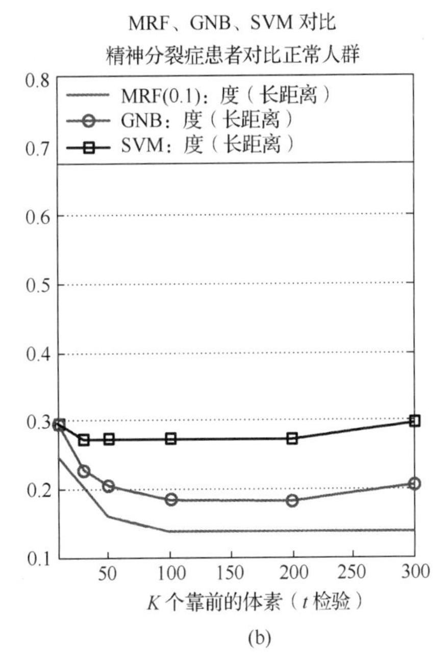

(b)

图 8.2 (见彩色插图)(a)FDR 校正的两个样本 t 检验结果，其中每一个体素的原假设都假定精神分裂症患者与正常人群之间没有区别。红/黄色表示在 $\alpha = 0.05$ 水平下通过 FDR 校正的低 p 值区域(即 5% 的假阳性率)。注意，正常人群这些体素的均值(标准化的)总是比精神分裂症人群要高；(b)利用 100 个排序靠前(最局区分性)的特征，如泛函网络中的体素度，高斯 MRF 分类器可以 86% 的精度预测精神分裂症

50 000 个体素的假设检验时去除虚假结果的必要步骤。高斯 MRF 分类器远远胜过高斯朴素贝叶斯与线性 SVM 分类器，明显捕捉到了变量(体素度)之间的关系，而这经过证明正是两组之间具有区分性的特征。

稀疏马尔可夫网络模型最近也应用于几种其他的脑失调分析中，如老年痴呆症(Huang et al., 2009)与毒瘾(Honorio et al., 2009, 2012)实验。这些研究可以鉴别与相应疾病相关联的网络结构的异常变化。例如，(Honorio et al., 2012)通过允许节点选择以及边选择进一步改进了标准的稀疏马尔可夫网络。这可以借助于与(Friedman et al., 2010)相似的稀疏分组 LASSO 的正则化来达到(即将基本 l_1 惩罚与分组 LASSO 惩罚结合在一起)。这里的分组对应于与同一变量邻近的边集合，因此将其设置为零并作为一组，从而从图中消除节点。这可以显著地改善马尔可夫网络的可解译性，特别是在节点数量以千计的高维数据集中。例如，图 8.3 是从(Honorio et al., 2012)复制过来的，表明了与下一节介绍的标准(边稀疏)方法相比，稀疏分组(变量选择)方法在学习稀疏马尔可夫网络方面所具有的优势。图 8.3 显示了用于可卡因上瘾与健康控制受试者学习的网络结构，并对两种方法进行了比较。未连接的变量并没有显示出来。变量选择稀疏马尔可夫网络方法产生了更少的连接变量，但是如(Honorio et al., 2012)所报告的那样，与图 LASSO 方法相比，具有较高的对数似然，这意味着抛弃未相互连接的节点的边对于数据集的精确建模来说并不重要。而且，移除大量令人讨厌的变量(体素)可以得到更具解译性的模型，很明显地验证了存在结构模型差别的脑区，这些差别可以区分可卡因上瘾与健康控制受试者。注意，如图 8.3 底部所示，稀疏

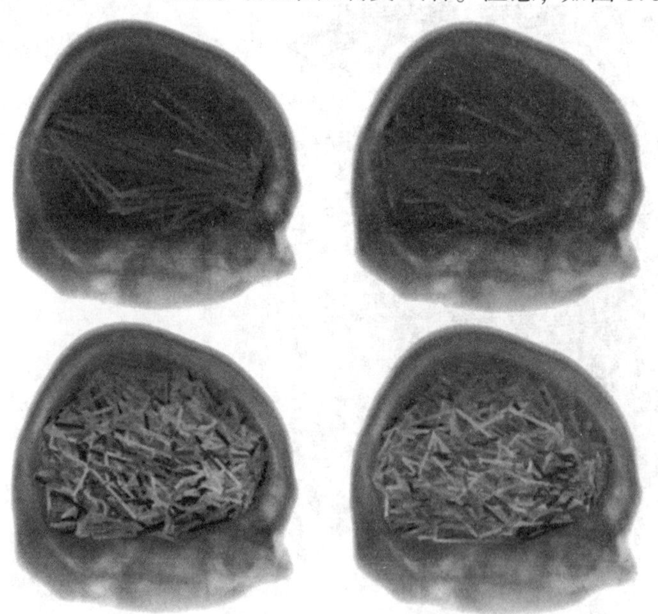

图 8.3 (见彩色插图)用于可卡因上瘾(左)与控制受试者(右)学习的结构，顶部为借助 $l_{1,2}$ 方法进行变量选择的马尔可夫网络学习方法得到的结构，底部为未进行变量选择的马尔可夫网络学习方面，即标准图形化 LASSO 方法得到的结构。正交互作用显示为蓝色，负交互作用显示为红色。注意，顶部的结构(密度为 0.001 6)比底部的结构(密度为 0.023)更为稀疏，其中，完全图中边的数量约为 378 000

马尔可夫学习的标准方法，例如 8.4.2 节中描述的 GLASSO 算法，将两个群组中的大多数脑体素连接起来，使得在实践中不可能检测两组受试者之间的任意网络差别。分组惩罚方法产生了更为“局部化”的网络（图 8.3 的顶部），该方法涉及数量相对较少的脑部区域。可卡因上瘾表现为视觉皮层（脑后部、左边）与前额皮层（脑部图像的前面、偏右）之间交互增加，而同时视觉皮层与其他脑部区域（在健康控制受试者中更为明显）之间的交互密度降低。从神经系统科学前景上来说，上瘾群组中的路径变化非常重要。首先，用于奖励的触发器为视觉刺激。当对可卡因滥用者与控制受试者进行比较时，(Lee et al., 2003) 中报告了视觉皮层的异常。其次，前额皮层与高阶感知功能有关，如做决策或者处理奖赏问题。当比较可卡因上瘾个体与控制个体时，(Goldstein et al., 2009) 报告了在前额皮层中的异常。虽然，在不久的将来需要对观测结果进行更为认真的解译，但这些结果是鼓舞人心的，且适用于具体的神经系统科学假设检验。

8.4　学习稀疏高斯 MRF

现在详细讨论学习稀疏高斯 MRF 问题，这是在实践中广泛应用的 MRF 的重要子类，且适用高效的优化方法。学习高斯 MRF 模型的结果等价于在相应的精度或逆协方差矩阵中识别零元素（见 8.2.2 节）。该问题首先由 (Dempster, 1972) 提出，经常被称为协方差选择问题 (Dempster, 1972) 或高斯浓度图模型中的模型选择问题 (Cox and Wermuth, 1996)。

假定数据集由 n 个独立同分布的样本 $D = \{\boldsymbol{x}_1, \cdots, \boldsymbol{x}_n\}$ 组成，其中每个样本为 p 维向量，是 $\boldsymbol{X}$ 中向量的配分。这样，数据集的对数似然可写为

$$L(D) = \frac{n}{2}\det(\boldsymbol{C}) - \frac{1}{2}\sum_{i=1}^{n}(\boldsymbol{x}_i - \mu)^{\mathrm{T}}C(\boldsymbol{x}_i - \mu) + \text{const} \tag{8.14}$$

其中，const 为不依赖于参数 μ 与 $\boldsymbol{C}$ 的常数。不失一般性，进一步假定数据已经中心化，即 $\mu = 0$。那么，目的是估计 $\boldsymbol{\Sigma}$ 或其逆 $\boldsymbol{C}$。因此，式 (8.14) 中的第二项可以重写为 $\frac{1}{2}\sum_{i=1}^{n}\boldsymbol{x}_i^{\mathrm{T}}\boldsymbol{C}\boldsymbol{x}_i = \frac{n}{2}\mathrm{tr}(\boldsymbol{AC})$，似然为

$$L(D) = \frac{n}{2}[\det(\boldsymbol{C}) - \mathrm{tr}(\boldsymbol{AC})] + \text{const} \tag{8.15}$$

因此，对数似然最大化问题可以写为

$$(P_1):\quad \max_{C>0}\det(\boldsymbol{C}) - \mathrm{tr}(\boldsymbol{AC}) \tag{8.16}$$

其中，$\boldsymbol{A} = \frac{1}{n}\sum_{i=1}^{n}\boldsymbol{x}_i^{\mathrm{T}}\boldsymbol{x}_i$ 为经验协方差矩阵或 $\boldsymbol{\Sigma}$ 的最大似然估计。注意，$\boldsymbol{C} > 0$ 约束确保了 $\boldsymbol{C}$ 为正定的。

式 (8.14) 的解为最大似然估计值 (MLE) $\hat{\boldsymbol{C}} = \boldsymbol{A}^{-1}$，这似乎是处理协方差选择问题最简单的方式。然而，最大似然方法具有几个缺点。首先，当变量数量超过样本数量，

即 $p>n$ 时，经验协方差矩阵的逆 $\boldsymbol{A}^{-1}$ 甚至可能不存在。其次，即使 $\boldsymbol{A}^{-1}$ 存在(例如当 $n \geqslant p$ 时)，它通常不包含任何零元素，即使当样本数目非常大时①。因此，为了学习高斯 MRF 的结构，即为了复原精度矩阵的零元素，必须在最大似然表达式中包含明确的强化稀疏约束。

稀疏逆协方差选择问题是为了寻找具有参数数量约束(即 $\boldsymbol{C}$ 的较小的 l_0 范数)的最大似然模型。一般地，这是一个难以求解的组合问题。早期方法使用贪婪前向或后向搜索，需要 $O(p^2)$ 次 MLE 来拟合不同的模型，以增加(删除)一个边(Lauritzen, 1996)，其中，p 为变量数量。该方法并不随变量数量而成比例变化②。而且，如上所述，当变量数量超过观测数量时，$\boldsymbol{C}$ 的 MLE 的存在都无法保证(Buhl, 1993)。

然而，最近(Yuan and Lin, 2007; Banerjee et al., 2008)提出了一个用于求解上述问题的可替代的近似方法，用强化稀疏性的 l_1 松弛代替难以处理的 l_0 约束，得到了一个可以高效求解的凸优化问题。在接下来的内容中，将对该问题进行描述并讨论相应的优化方法。

8.4.1 稀疏逆协方差选择问题

与稀疏回归相似，强化 $\boldsymbol{C}$ 的稀疏性常用的方法就是对 $\boldsymbol{C}$ 中的元素施加拉普拉斯先验 $p(C_{ij})=\dfrac{\lambda_{ij}}{2}\mathrm{e}^{-\lambda_{ij}|C_{ij}|}$，其中常数参数 $\lambda>0$，这等价于在式(8.15)中的对数似然函数上增加 l_1 范数惩罚，即

$$L_{l_1}(D)=\frac{n}{2}[\ln\det(\boldsymbol{C})-\operatorname{tr}(\boldsymbol{AC})]-\lambda\|\boldsymbol{C}\|_1 \tag{8.17}$$

其中，$\boldsymbol{C}$ 的 l_1 范数为向量范数 $\|\boldsymbol{C}\|_1=\sum_{i,j}|C_{ij}|$。一般地，假定 $\lambda\geqslant 0$，当 $\lambda=0$ 时，对应标准的最大似然表达式。那么，由(Banerjee et al., 2006)首先提出的联合对数似然最大化问题为

$$\max_{C>0}\ \ln\det(\boldsymbol{C})-\operatorname{tr}(\boldsymbol{AC})-\rho\|\boldsymbol{C}\|_1 \tag{8.18}$$

其中，$\rho=\dfrac{2}{n}\lambda$。同时，可对 $p(\boldsymbol{C})$ 做更为一般的假定，可以使得矩阵 $\boldsymbol{C}$ 的不同元素在相应的拉普拉斯先验中具有不同的参数 λ_{ij}。这导致出现了下面的表达式(Duchi et al., 2008; Scheinberg and Rish, 2010)：

$$\max_{C>0}\ \ln\det(\boldsymbol{C})-\operatorname{tr}(\boldsymbol{AC})-\sum_{ij}\rho_{ij}|\boldsymbol{C}_{ij}| \tag{8.19}$$

当对于任意 $i,j\in\{1,\cdots,p\}$，有 $\rho_{ij}=\rho$ 时，上式明显退化为式(8.18)中的问题。这里，主

---

① 这起初可能看上去比较令人惊讶，因为 $\boldsymbol{A}^{-1}$ 为真实的协方差矩阵 $\boldsymbol{C}$ 的一致最大似然估计，即当 $n\to\infty$ 时，其收敛于 $\boldsymbol{C}$。然而，一致性意味着依概率收敛，也意味着对于每一个 c_{ij} 以及所有的 $\varepsilon>0$，$\lim_{n\to\infty}Pr(|a_{ij}-c_{ij}|\geqslant\varepsilon)=0$，即当样本数量增加时，估计值将以高概率接近真实的 c_{ij}。即使对于很大的 n，如果真实的 c_{ij} 不严格为 0，其估计值也不严格为 0。事实上，当样本数量增加时，该情况在不同的仿真实验中均可观测到。

② 例如，(Meinshausen and Bülhmann, 2006)介绍了当对超过 30 个节点的图运行“前向选择 MLE”时的困难。

要关注式(8.18)中更为简单的表述，虽然讨论的方法很容易扩展到式(8.19)中更为一般的情况。

对于每一个给定的$\rho > 0$，式(8.18)中的问题为凸的，且具有唯一解(Banerjee et al., 2006, 2008)，可以被标准内点法(IPM)在多项式时间内求解。例如，(Yuan and Lin, 2007)利用内点法求解(Vandenberghe et al., 1998)提出的 maxdet 问题。然而，在距离最优解为ε的误差范围内寻找解的计算复杂度为$O(p^6\log(1/\varepsilon))$，这对变量数目为几百量级的中等规模情况也是难以承受的。而且，内点法并不能产生包含严格零的解，因此需要对矩阵元素进行阈值化处理，但又可能在零模式复原过程中产生误差。

最近，有不同的用于求解式(8.18)问题的高效方法提出，并可作为 IPM 的代替方法。下一节将讨论其中部分方法。这些方法(Banerjee et al.,2008；Friedman et al., 2007b；Duchi et al., 2008；Lu, 2009)主要用于求解对偶问题，即

$$\max_{W \succ 0}\{\ln\det(\boldsymbol{W}) : \|\boldsymbol{W} - \boldsymbol{A}\|_\infty \leqslant \rho\} \tag{8.20}$$

其中，$\|\boldsymbol{X}\|_\infty = \max_{i,j}|X_{ij}|$。注意，原问题与对偶问题均为凸的，而且不像原问题，对偶问题为平滑的。原问题与对偶问题的最优性条件意味着，当$C_{ij} > 0$时，$W_{ij} - A_{ij} = \rho_{ij}$；当$C_{ij} < 0$时，$W_{ij} - A_{ij} = -\rho_{ij}$且$\boldsymbol{W} = \boldsymbol{C}^{-1}$，即对偶问题的解给出了协方差的估计$\hat{\Sigma}$，而原问题得到逆协方差的估计$\hat{\boldsymbol{\Sigma}}^{-1}$。注意，这里并没有明确要求约束$\boldsymbol{W} \succ 0$，因为当$\boldsymbol{W}$非正定时，$\ln\det(\boldsymbol{W}) = -\infty$。

8.4.2 优化方法

在过去几年中，学习稀疏逆协方差矩阵问题成为一个活跃的研究领域，产生了大量高效的算法，如(Meinshausen and Bühlmann, 2006；Banerjee et al., 2006,2008；Yuan and Lin, 2007；Friedman et al., 2007b；Rothman et al., 2008；Duchi et al., 2008；Marlin and Murphy, 2009；Schmidt et al., 2009；Honorio et al., 2009；Lu, 2009；Scheinberg and Rish, 2010；Scheinberg et al., 2010a)等提出的方法。本节将简要描述其中几种方法。

8.4.2.1 借助于 LASSO 的近邻选择方法

这是首先应用l_1松弛来学习稀疏逆协方差矩阵的零结构的方法之一，由(Meinshausen and Bühlmann, 2006)提出。该方法思想很简单，也很简洁。对于每一个变量X_i，通过求解l_1正则线性回归(LASSO)问题对其邻居(即精度矩阵第i行/列中的非零值)进行学习，其中，X_i为目标变量，其余变量为回归变量。如果X_i在X_j上的回归系数，或X_j在X_i上的回归系数非零，那么两个变量X_i与X_j之间的连接被加入到马尔可夫网络中(即C_{ij}非零)。[或者，可以使用一个 AND 准则(Meinshausen and Bühlmann, 2006)]。如(Meinshausen and Bühlmann, 2006)所述，只要 LASSO 问题中的稀疏参数选择正确，例如，当p与n增加时，参数也以特定速度增长，那么该方法可对网络结构，即$\boldsymbol{\Sigma}^{-1}$的零模式进行一致估计。该方法是比较简单的，而且可以扩展到上千个变量的情况，然而需要注意，它不必提供与精度矩阵的实际参数一致的估计，而且解可能违背精度矩阵必须满足的对称性与正定约束。如

下所述，(Meinshausen and Bühlmann, 2006)的近邻选择方法可看成是式(8.18)中“严格” l_1 正则最大似然问题的近似。下面将回顾用于求解后者问题的几种最新方法。

8.4.2.2 块坐标下降

在首先用于求解 l_1 正则似然最大化问题的方法中，有(Banerjee et al., 2006)提出的COVSEL和(Friedman et al., 2007b)提出的GLASSO方法，这两个方法都是块坐标下降(BCD)算法，被用于式(8.20)的对偶问题。BCD方法的思想将在图8.4中进行介绍。两个BCD方法均在迭代中更新矩阵 $\boldsymbol{W}$(协方差矩阵的估计)的一列/行，直至收敛。其中，足够小的对偶间隙用作收敛准则(Banerjee et al., 2006,2008)，即

$$\mathrm{tr}(\boldsymbol{W}^{-1}A) - p + \rho \|\boldsymbol{W}^{-1}\|_1 \leqslant \varepsilon \tag{8.21}$$

块坐标下降

1. 初始化：$\boldsymbol{W} \leftarrow \boldsymbol{A} + \rho \boldsymbol{I}$
2. for $i = 1,\cdots,p$
   (a)求解式(8.23)中框式约束二次规划问题，即
   $$\hat{\boldsymbol{y}} = \arg\min_{\boldsymbol{y}} \{\boldsymbol{y}^{\mathrm{T}} \boldsymbol{W}_{/i}^{-1} \boldsymbol{y} : \|\boldsymbol{y} - \boldsymbol{A}_i\|_\infty \leqslant \rho\}$$
   (b)更新 $\boldsymbol{W}$：用 $\hat{\boldsymbol{y}}$ 代替第 i 列，用 $\hat{\boldsymbol{y}}^{\mathrm{T}}$ 代替第 i 行
3. 结束 for
4. 如果达到收敛，那么返回 $\boldsymbol{W}$；否则跳转到步骤2

图8.4 用于求解对偶稀疏逆协方差问题的块坐标下降方法

在BCD方法的步骤2中，$\boldsymbol{W}_{/i}$ 与 $\boldsymbol{A}_{/i}$ 分别表示从矩阵 $\boldsymbol{W}$ 与 $\boldsymbol{A}$ 中移除第 i 列与第 i 行得到的矩阵，$\boldsymbol{W}_i$ 与 $\boldsymbol{A}_i$ 分别表示矩阵移除对角线元素后的相应矩阵的第 i 列。因此，在每次迭代中，经验协方差矩阵 $\boldsymbol{A}$ 与当前 $\boldsymbol{W}$ 的估计可以按照下式进行分解：

$$\boldsymbol{W} = \begin{pmatrix} \boldsymbol{W}_{/i} & \boldsymbol{W}_i \\ \boldsymbol{W}_i^{\mathrm{T}} & w_{ii} \end{pmatrix}, \quad \boldsymbol{A} = \begin{pmatrix} \boldsymbol{A}_{/i} & \boldsymbol{A}_i \\ \boldsymbol{A}_i^{\mathrm{T}} & a_{ii} \end{pmatrix} \tag{8.22}$$

假定 $\boldsymbol{W}_{/i}$ 固定，步骤2就是式(8.20)中优化问题的求解。它表明，该问题退化为前面的框式约束二次规划问题，即

$$\hat{\boldsymbol{y}} = \arg\min_{\boldsymbol{y}} \{\boldsymbol{y}^{\mathrm{T}} \boldsymbol{W}_{/i}^{-1} \boldsymbol{y} : \|\boldsymbol{y} - \boldsymbol{A}_i\|_\infty \leqslant \rho\} \tag{8.23}$$

该子问题可以由COVSEL(Banerjee et al., 2006)与GLASSO(Friedman et al., 2007b)进行求解。COVSEL方法使用内点法求解该二次规划问题，总计算复杂度为 $O(Kp^4)$，其中，K 为迭代次数，每一次迭代由步骤2中对所有列的全扫描组成。GLASSO方法(Tibshirani, 1996)使用一个交替且更高效的方法来求解上述二次规划子问题，求解式(8.23)的对偶问题为

$$\min_{\boldsymbol{x}} \boldsymbol{x}^{\mathrm{T}} \boldsymbol{W}_{/i} \boldsymbol{x} - \boldsymbol{A}_i^{\mathrm{T}} \boldsymbol{x} + \rho \|\boldsymbol{x}\|_1 \tag{8.24}$$

通过使用符号 $\boldsymbol{Q} = (\boldsymbol{W}_{/i})^{1/2}$ 以及 $\boldsymbol{b} = \frac{1}{2}\boldsymbol{Q}^{-1}\boldsymbol{A}_i$，上述对偶问题可以重写为LASSO问题，即

$$\min_{\boldsymbol{x}} \|\boldsymbol{Q}\boldsymbol{x} - \boldsymbol{b}\|_2^2 + \rho \|\boldsymbol{x}\|_1 \tag{8.25}$$

为了求解上述 LASSO 问题，(Tibshirani，1996)利用(Friedman et al.，2007a)所提出的高效的坐标下降方法。结果是，GLASSO 比 COVSEL 速度快很多，虽然(Tibshirani，1996)原文中没有提供明确的分析，但如(Duchi et al.，2008)所述，该方法的计算复杂度近似为 $O(Kp^3)$。

注意，GLASSO 阐明了 l_1 正则似然最大化方法与(Meinshausen and Bühlmann，2006)中基于 LASSO 近邻选择方法之间的关系。事实上，如果用经验协方差矩阵 $\boldsymbol{A}$ 代替更新 $\boldsymbol{W}$，那么 $\boldsymbol{W}_{/i} = \boldsymbol{A}_{/i}$，式(8.25)中的问题就等价于 $\boldsymbol{X}_i$ 在其余变量上的 l_1 罚回归。然而，除了第一次迭代外，一般地，$\boldsymbol{W}_{/i} \neq \boldsymbol{A}_{/i}$。换句话说，GLASSO 中迭代更新 $\boldsymbol{W}$ 的过程考虑了回归变量之间的相关性，即求解一系列对偶的 LASSO 问题。相比之下，(Meinshausen and Bühlmann，2006)中的方法将迭代更新 W 看成是完全独立的子问题来处理。因此，(Meinshausen and Bühlmann，2006)的方法可以看成是"严格" l_1 正则最大似然的近似。

8.4.2.3　投影梯度方法

与 GLASSO 相似，高效的投影梯度(PG)方法由几位作者(Duchi et al.，2008；Schmidt et al.，2008)成功应用于式(8.20)的对偶问题中，且时间复杂度为 $O(Kp^3)$，即与 GLASSO 的复杂度同量级，但实验表明，其胜过 GLASSO 两倍(Duchi et al.，2008)。投影梯度方法的思想在图 8.5 中进行了介绍，具有凸约束集的一般优化问题可写为

$$\min_{x}\{\boldsymbol{f}(\boldsymbol{x}) : \boldsymbol{x} \in S\} \tag{8.26}$$

投影梯度方法

1. $\boldsymbol{x} \leftarrow \boldsymbol{x} + \alpha \nabla f(\boldsymbol{x})$ (梯度方向上的步长为 α)
2. $\boldsymbol{x} \leftarrow \prod_S(\boldsymbol{x}) = \arg\min_z \{\|\boldsymbol{x} - \boldsymbol{z}\|_2 : z \in S\}$ (投影到 S)
3. 如果满足收敛准则，则退出；否则跳转到步骤 1

图 8.5　投影梯度方法

如其名所示，投影梯度方法迭代更新 $\boldsymbol{x}$ 直至收敛，在梯度方向上存在一个计算步骤，然后在每次迭代中将结果投影至约束集 S (Bertsekas，1976)。一阶投影梯度算法经常用于高维问题，而二阶方法难以处理这些问题。(Duchi et al.，2008)对式(8.20)的对偶问题应用投影梯度方法，其中 $\boldsymbol{x} = \boldsymbol{W}, f(\boldsymbol{W}) = -\ln\det(\boldsymbol{W})$，且凸集 S 由式(8.20)中相应的框式约束来定义，且与 COVSEL 以及 GLASSO 相似，式(8.21)中的对偶间隙用作收敛准则。在(Schmidt et al.，2008)中，改进的版本称为谱投影梯度(SPG)，可用于同样的问题。最近，(Schmidt and Murphy，2010)提出了更为高效的投影梯度方法版本，称为投影准牛顿(PQN)方法，性能优于之前的 PG 方法。

在过去几年中，投影梯度方法被认为是用于稀疏逆协方差选择问题的最快速的技术。然而，最近有更高效的技术被提出，如本节后续所描述的交替线性化方法(ALM)(Scheinberg et al.，2010a)。

8.4.2.4　原问题中的贪婪坐标上升

如前所述，多个求解稀疏逆协方差选择问题的方法将焦点置于对偶形式上。而最近，

则提出了一些直接求解原问题的方法，如贪婪坐标下降法(Scheinberg and Rish，2010)、块坐标下降方法(Sun et al.，2009；Honorio et al.，2009)，以及交替线性化方法(Scheinberg et al.，2010)。这里更多地讨论(Scheinberg and Rish，2010)中提出的方法，并称之为 SINCO。[我们将根据(Scheinberg and Ma，2011)对该方法进行更为简洁的阐述]。

SINCO 为一种贪婪坐标上升算法，不像 COVSEL 或 GLASSO 优化对偶矩阵 $\boldsymbol{W}$ 的一行(列)，该方法在每一次迭代中仅优化 $\boldsymbol{C}$ 的一个对角线或两个对称的非对角线元素。从形式上来讲，在每一次迭代中，对逆协方差矩阵 $\boldsymbol{C}$ 的更新步骤可以写为 $\boldsymbol{C}+\theta(\boldsymbol{e}_i\boldsymbol{e}_j^{\mathrm{T}}+\boldsymbol{e}_j\boldsymbol{e}_i^{\mathrm{T}})$，其中，$i$ 与 j 为被更新的元素索引，θ 为步长。因此，给定 $\boldsymbol{C}$ 与 (i,j)，式(8.18)中原问题的目标函数可以写为 θ 的函数，即

$$f(\theta;\boldsymbol{C},i,j)=\ln\det(\boldsymbol{C}+\theta\boldsymbol{e}_i\boldsymbol{e}_j^{\mathrm{T}}+\theta\boldsymbol{e}_j\boldsymbol{e}_i^{\mathrm{T}})-\operatorname{tr}(\boldsymbol{A}(\boldsymbol{C}+\theta\boldsymbol{e}_i\boldsymbol{e}_j^{\mathrm{T}}+\theta\boldsymbol{e}_j\boldsymbol{e}_i^{\mathrm{T}}))-\rho\|\boldsymbol{C}+\theta\boldsymbol{e}_i\boldsymbol{e}_j^{\mathrm{T}}+\theta\boldsymbol{e}_j\boldsymbol{e}_i\|_1 \tag{8.27}$$

为了计算该函数，(Scheinberg and Rish，2010)使用了行列式及其逆的两个性质：给定 $p\times p$ 维矩阵 $\boldsymbol{X}$ 以及向量 $\boldsymbol{u},\boldsymbol{v}\in\mathbb{R}^p$，可得

$$\det(\boldsymbol{X}+\boldsymbol{u}\boldsymbol{v}^{\mathrm{T}})=\det(\boldsymbol{X})(1+\boldsymbol{v}^{\mathrm{T}}\boldsymbol{X}^{-1}\boldsymbol{u}) \tag{8.28}$$

$$(\boldsymbol{X}+\boldsymbol{u}\boldsymbol{v}^{\mathrm{T}})^{-1}=\boldsymbol{X}^{-1}-\boldsymbol{X}^{-1}\boldsymbol{u}\boldsymbol{v}^{\mathrm{T}}\boldsymbol{X}^{-1}/(1+\boldsymbol{v}^{\mathrm{T}}\boldsymbol{X}^{-1}\boldsymbol{u}) \tag{8.29}$$

其中，第二个方程称为 Sherman-Morrison-Woodbury 公式。在每一次迭代中，SINCO 贪婪地选择能够产生对目标函数与步长 θ 最佳改善的 (i,j) 对，然后用 $\boldsymbol{C}+\theta(\boldsymbol{e}_i\boldsymbol{e}_j^{\mathrm{T}}+\boldsymbol{e}_j\boldsymbol{e}_i^{\mathrm{T}})$ 代替当前 $\boldsymbol{C}$ 的估计，利用上面给出的 Sherman-Morrison-Woodbury 公式更新 $\boldsymbol{W}=\boldsymbol{C}^{-1}$。图 8.6 给出了 SINCO 算法的框架。关键的观测为，给定矩阵 $\boldsymbol{W}=\boldsymbol{C}^{-1}$，沿方向 $(\boldsymbol{e}_i\boldsymbol{e}_j^{\mathrm{T}}+\boldsymbol{e}_j\boldsymbol{e}_i^{\mathrm{T}})$ 优化 $f(\theta)$ 的严格线搜索将退化为二次方程的解，因此，只需进行恒定数量的运算。而且，给定初始目标值，每一步新的函数值可以在恒定步骤内计算得到。因此，在所有 (i,j) 上的 for 循环进行 $O(p^2)$ 次。如(Scheinberg and Rish，2010)所述，更新对偶矩阵 $\boldsymbol{W}=\boldsymbol{C}^{-1}$ 也需要进行 $O(p^2)$ 次，因此迭代需要进行 $O(p^2)$ 次。SINCO 算法的步骤很明确，即二次方程总是沿选择的方向产生函数 f 的最大值。在稀疏参数变化的情况下，算法收敛到式(8.18)以及更为一般的式(8.19)问题的唯一最优解(Scheinberg and Rish，2010)。

SINCO 方法的一个主要优点在于，它很自然地保持了解的稀疏性，并倾向于避免引入不必要的(小的)非零元素。如(Scheinberg and Rish，2010)所述，在实际中，当与其他方法，如 COVSEL 或 GLASSO 相比时，SINCO 方法经常会产生比较低的假阳性误差率，同时保持了同样的假阴性率，特别是在非常稀疏的问题中。注意，虽然最新的算法在极限情况下收敛到同一最优解，但是在固定的迭代次数后获得的近最优解却具有不同的结构特点，尽管它们可以达到相似的目标函数重构精度。事实上，众所周知，由于多个薄弱环节的影响，导致了可以用两个具有不同结构的分布获得相似的似然。对于 l_1 范数正则化，虽然它倾向于强化解的稀疏性，但是它仍然是 l_0 的近似(即稀疏解可能与较稠密的解具有同样的 l_1 范数)。增加 l_1 范数惩罚仅仅保证了在某一条件下从数据中复原“真实数据”模型(这在实际中并不总能得到满足)。所以，最优解以及给定精度下的近最优解可能引入假阳性，一个优化方法可以选择更为稀疏的近似解(在同一精度下)。

SINCO

1. 初始化：$\boldsymbol{C} = \boldsymbol{I}, \boldsymbol{W} = \boldsymbol{I}, \boldsymbol{k} = 0$

2. 下一次迭代：$k = k + 1$, $\theta_k = 0$; $i^k = 1$, $j^k = 1$, $f = f(\theta_k; \boldsymbol{C}, i, j)$

3. for $i = 1, \cdots, p$, $j = 1, \cdots, p$（选择最佳 (i, j)）

   (a) $\theta_{ij} = \arg\max_\theta f(\theta)$，其中 $f(\theta)$ 在式(8.27)中给出

   (b) 如果 $f(\theta_{ij}) > f(\theta^k)$，那么 $\theta_k = \theta_{ij}$, $i^k = i$, $j^k = j$

   结束 for

4. 更新 $\boldsymbol{C} = \boldsymbol{C} + \theta \boldsymbol{e}_i \boldsymbol{e}_j^{\mathrm{T}} + \theta \boldsymbol{e}_j \boldsymbol{e}_i^{\mathrm{T}}$ 与 $\boldsymbol{W} = \boldsymbol{C}^{-1}$

5 如果 $f(\theta^k) - f > \varepsilon$，那么跳转到步骤 2；否则，返回 $\boldsymbol{C}$ 与 $\boldsymbol{W}$

图 8.6　SINCO—用于(原)稀疏逆协方差问题的贪婪梯度上升方法

SINCO 的另一个优点是，相比于之前方法的更高迭代成本，它每一次迭代仅仅进行 $O(p^2)$ 次运算。然而需要注意，SINCO 所有迭代的总次数可能会比一次更新一行/列的块坐标方法要高。(Scheinberg and Rish, 2010)中的实验结果以及图 8.7 中的结果显示出，虽然在变量数量 p 相对较小的情况下，GLASSO 比 SINCO 速度快，但是当 p 增加时(例如接近 1000 个变量时)，SINCO 具有更好的规模适应性，可以大大胜过 GLASSO(GLASSO 反过来又比 COVSEL 速度快几个数量级)。参见(Scheinberg and Rish, 2010)可获得更多实验细节。而且，SINCO 的贪婪方法将“重要的”非零元素引入到逆协方差矩阵中，这与基于序贯降低 λ 值的路径构建过程相似。对于固定(且足够小)的 λ，SINCO 可以在不用变化其值的情况下复制正则路径行为，但接下来代之以贪婪解路径，即按顺序以贪婪方式引入非零元素。因此，SINCO 可以直接得到任何所期望的网络连接数量，而不用调整 λ 的值。该行为与用于求解 LASSO 的 LARS(Efron et al., 2004)有点相似。然而与 LARS 不同，SINCO 是更新改善最优函数值的坐标，而非更新最大梯度成分。

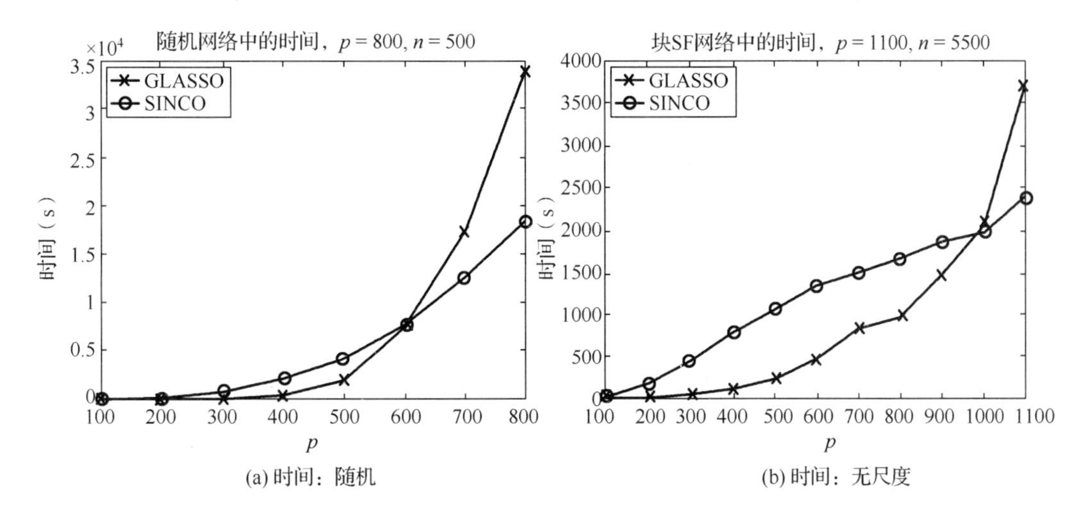

图 8.7　SINCO 与 GLASSO 在以下方面的 CPU 时间比较。(a)随机网络(n = 500, ρ 为固定区间)；(b)满足节点度幂律分布的无尺度网络(密度 21%，n 与 ρ 统一由带有 p 的因子标度，当 p = 100 时，n = 500)

最后，虽然 SINCO 在序贯情况下可能不是最快的方法[事实上，像投影梯度(Duchi et al., 2008)或平滑优化(Lu, 2009)这样的方法要胜过 GLASSO，后者与 SINCO 相若]，但不得不提到，由于其贪婪步骤，SINCO 更适合于直接的大规模并行化处理，而其他方法似乎没有一种允许这样的并行化处理。

8.4.2.5 交替线性化方法

如上所述，(Duchi et al., 2008)与(Schmidt and Murphy,2010)提出的基于梯度的方法优于坐标下降(CD)与 BCD 法。另一个最近提出的基于梯度的方法是 ALM(Scheinberg et al., 2010a)①，用于求解原问题，该方法优于(Duchi et al., 2008)与(Schmidt and Murphy, 2010)中的投影梯度方法以及(Lu, 2009)中的平滑优化等方法。而且，ALM 的迭代复杂度是可获取的，相比之下，CD、BCD 以及投影梯度方法则不能提供这样的结果。如(Scheinberg et al., 2010a)所述，ALM 在 $O(1/\varepsilon)$ 次迭代中，可获得一个 ε 最优解（即该解的目标函数与最优值之间的误差小于 ε）。

下面简要讨论 ALM 方法的主要思想，研究式(8.18)中目标函数的加性结构。更具体地，给定优化问题

$$\min_{x} f(\boldsymbol{x}) + g(\boldsymbol{x}) \tag{8.30}$$

其中，$f(\boldsymbol{x})$ 与 $g(\boldsymbol{x})$ 为凸函数。可以通过引入新的变量 $\boldsymbol{y}$ 将这两个函数区分开，这产生了一个等价问题，即

$$\min_{x,y} f(\boldsymbol{x}) + g(\boldsymbol{y}), \text{s.t.}\ \boldsymbol{x} - \boldsymbol{y} = 0 \tag{8.31}$$

可以利用交替方向增广拉格朗日(ADAL)方法求解问题式(8.31)。该方法对每一个变量 $\boldsymbol{x}$ 与 $\boldsymbol{y}$ 迭代更新，利用下面的更新规则在两个变量之间交替进行：

$$\begin{cases} \boldsymbol{x}^{k+1} = \arg\min_x L(\boldsymbol{x}, \boldsymbol{y}^k; \boldsymbol{\lambda}^k) \\ \boldsymbol{\lambda}_x^{k+1} = \boldsymbol{\lambda}_y^k - (\boldsymbol{x}^{k+1} - \boldsymbol{y}^k)/\mu \\ \boldsymbol{y}^{k+1} = \arg\min_y L(\boldsymbol{x}^{k+1}, \boldsymbol{y}; \boldsymbol{\lambda}_x^{k+1}) \\ \boldsymbol{\lambda}_y^{k+1} = \boldsymbol{\lambda}_x^{k+1} - (\boldsymbol{x}^{k+1} - \boldsymbol{y}^{k+1})/\mu \end{cases} \tag{8.32}$$

其中，μ 为惩罚参数；$L(\boldsymbol{x}, \boldsymbol{y}; \boldsymbol{\lambda})$ 为增广拉格朗日算子，有

$$L(\boldsymbol{x}, \boldsymbol{y}; \lambda) = f(\boldsymbol{x}) + g(\boldsymbol{x}) - \lambda^{\mathrm{T}}(\boldsymbol{x} - \boldsymbol{y}) + \frac{1}{2\mu}\|\boldsymbol{x} - \boldsymbol{y}\|^2 \tag{8.33}$$

在平滑 f 与 g 的情况下，可以有 $\boldsymbol{\lambda}_x^{k+1} = \nabla f(\boldsymbol{x}^{k+1})$ 与 $\boldsymbol{\lambda}_y^{k+1} = -\nabla g(\boldsymbol{y}^{k+1})$，因此在每一次迭代中，更新 $\boldsymbol{x}$ 等价于在当前 $\boldsymbol{y}^k$ 上最小化 $f(\boldsymbol{x})$ 与近似的 $g(\boldsymbol{x})$ 之和，其中的近似建立在 $g(\boldsymbol{x})$ 的线性化与增加“误差”(“prox”)项 $\frac{1}{2\mu}\|\boldsymbol{x} - \boldsymbol{y}^k\|_2^2$ 的基础上。相似地，更新 $\boldsymbol{y}$ 等价于在当前 $\boldsymbol{x}^{k+1}$ 上最小化 $g(\boldsymbol{y})$ 与线性化的 $f(\boldsymbol{y})$ 之和，并加上相应的误差项。因此，该方法称为交替线性化。

① 不要与表示增广拉格朗日乘因子方法的 ALM 相混淆。

注意，式(8.18)中的原问题具有与上面相同的可分解形式，即可以写为

$$\min_{C>0} f(\boldsymbol{C}) + g(\boldsymbol{C}) \tag{8.34}$$

其中，$f(\boldsymbol{C}) = -\ln\det(\boldsymbol{C}) + \mathrm{tr}(\boldsymbol{AC})$；$g(\boldsymbol{C}) = \rho\|\boldsymbol{C}\|_1$。虽然这些函数非平滑，且在 $\boldsymbol{C}$ 上施加了正定约束，但是也可以得到相似的交替线性化方法，如(Scheinberg et al., 2010a)所述[也可参见(Scheinberg and Ma, 2011)获得更多细节]。

8.4.3　选择正则化参数

前面讨论了几种最近提出的、用于求解稀疏逆协方差问题的方法。然而，仍留下了一个重要的开放性问题，即如何选择"正确的"稀疏水平，也即如何选择正则化参数 λ。很明显，网络结构重构的精度对选择的正则化参数非常敏感，在实际应用中最优 λ 的选择仍然是一个开放性问题。文献中提出的几种方法包括：(1)交叉验证；(2)渐进角度下的理论推导；(3)稳定性选择(Meinshausen and Bühlmann, 2010)；(4)正则参数的贝叶斯方法。下面将简要讨论这些方法，主要专注于(Asadi et al., 2009；Scheinberg et al., 2009)所提出的贝叶斯方法。

起初，标准的交叉验证方法看上去似乎是最自然的方法。对于每一个固定的 λ，在训练数据上学习得到一个模型，并在单独的交叉验证数据集上进行评估。选择在该数据集上产生的最佳似然，即能够对未观测数据产生最佳预测的 λ 值。然而需要注意，使预测性能最优的 λ 可能不一定会导致最佳的结构重构精度。而且众所周知，具有不同图结构的概率模型可能对应于非常相似的分布，特别是在出现多个"弱"或"含噪"边的情况下(Beygelzimer and Rish, 2002)。事实上，就像几位作者的经验观测那样，由交叉验证方法根据似然来选择的 λ 过小，从而不能提供精确的结构复原，即它产生了不必要的稠密网络，因此导致了较高的假阳性误差率。事实上，(Meinshausen and Bühlmann, 2006)提供的近邻选择方法的理论分析证明，交叉验证得到的 λ 并不能导致一致模型选择，因为该方法倾向于包含太多变量间的含噪连接。

另一个替代方法是从理论上分析产生精确结构复原的正则参数。然而，大多数现存的方法(Meinshausen and Bühlmann, 2006；Banerjee et al., 2008；Ravikumar et al., 2009)主要从渐进角度进行研究，当样本数量 n 与维数 p 增加时，为保证网络结构的一致性估计，给出 λ 的增长率的充分条件。如(Meinshausen and Bühlmann, 2006)所述，"在特定的问题中，这样的渐进考虑在如何选择特定的惩罚参数方面能够给出的建议很少"。(Meinshausen and Bühlmann, 2006)在提出的近邻选择方法中给出了 λ 的值，作为"最佳 λ"的代替品，可以使得协方差(而非逆协方差)矩阵进行稀疏结构的一致性复原，即第 i 个与第 j 个变量间的边缘独立性复原，而非给定其余变量情况下的条件独立性复原。(Banerjee et al., 2008)使用了相似方法得到 λ 并用于式(8.17)的优化问题。然而在实际中，该方法得到的 λ 值偏高，即得到的结构过于稀疏，丢失了变量间的连接，因此导致了较高的假阴性率。我们将给出证实该倾向性的实验结果。

(Meinshausen and Bühlmann, 2010)中的稳定性选择方法在几种稀疏优化问题，包括LASSO与稀疏逆协方差选择中，通过改进稀疏解的稳定性来选择 λ参数。该方法从思想上与(Bach, 2008a)中的BOLASSO相似，对给定数据集子集进行随机采样，并在每一个子集上求解稀疏复原问题。一个变量，如逆协方差矩阵的一个元素(即图中的一个连接)，仅当其出现在从数据子集学习得到的足够多的模型中时，才会被包含进最后的模型。如(Meinshausen and Bühlmann, 2010)与(Bach, 2008a)所述，该方法降低了稀疏解对正则参数选择的强敏感性。然而，由于需要在多个数据子集上求解同一优化问题，所以稳定性选择的计算成本较高。

另一个可选方法是应用贝叶斯方法，将 λ作为具有某先验概率密度 $p(\lambda)$ 的随机变量。这里，重点研究(Asadi et al., 2009)中提出的较为简单的交替最大化方法，该方法寻找 λ与 $\boldsymbol{C}$ 的最大后验概率(MAP)估计。如(Asadi et al., 2009)中的实验结果以及(Scheinberg et al., 2009, 2010b)中所示，该方法倾向于产生假阳性误差与假阴性误差之间更为平衡的折中，以及“过于包容”的交叉验证参数与(Banerjee et al., 2008)中“过于排除”的理论推导参数。$\boldsymbol{C}$、λ与 $\boldsymbol{X}$ 的联合分布按 $p(\boldsymbol{X},\boldsymbol{C},\lambda)=p(\boldsymbol{X}\mid\boldsymbol{C})p(\boldsymbol{C}\mid\lambda)p(\lambda)$ 进行分解，其中，$p(\boldsymbol{X}\mid\boldsymbol{C})$ 为具有零均值与协方差 $\boldsymbol{C}^{-1}$ 的多元高斯分布，$p(\boldsymbol{C}\mid\lambda)$ 为拉普拉斯先验 $p(C_{ij})=\dfrac{\lambda_{ij}}{2}\mathrm{e}^{-\lambda_{ij}|C_{ij}|}$。虽然(Asadi et al., 2009)的方法很容易扩展到变稀疏参数的一般情况，如(Scheinberg et al., 2009, 2010b)所示，但为简化起见，将假定对于 $\boldsymbol{C}$ 中所有元素 C_{ij} 有 $\lambda>0$ 。那么，λ与 $\boldsymbol{C}$ 的MAP估计为

$$\max_{C>0,\ \lambda}\ln p(\boldsymbol{C},\lambda\mid\boldsymbol{X})=\max_{C>0,\ \lambda}\ln p(\boldsymbol{X},\boldsymbol{C},\lambda)=\max_{C>0,\ \lambda}\ln[p(\boldsymbol{X}\mid\boldsymbol{C})p(\boldsymbol{C}\mid\lambda)p(\lambda)] \tag{8.35}$$

这导致了下述MAP问题，其本质上是在式(8.17)的基础上增加两个额外的项，即

$$\max_{\lambda,C>0}\frac{n}{2}[\ln\det(\boldsymbol{C})-\mathrm{tr}(\boldsymbol{AC})]-\lambda\|\boldsymbol{C}\|_1+p^2\ln\frac{\lambda}{2}+\ln p(\lambda)$$

在(Asadi et al., 2009; Scheinberg et al., 2009, 2010b)中，考虑了关于 λ 的几类先验，包括指数先验、均匀(扁平)先验与截尾高斯先验。均匀(扁平)先验对所有 $\lambda\in[0,\Lambda]$ 施加相同的权重(假定 Λ 足够高)，因此式(8.36)中的最后一项 $\ln p(\lambda)$ 可以忽略。指数先验假定 $p(\lambda)=b\mathrm{e}^{-b\lambda}$，由此产生

$$\max_{\lambda,C>0}\frac{n}{2}[\ln\det(\boldsymbol{C})-\mathrm{tr}(\boldsymbol{AC})]+p^2\ln\frac{\lambda}{2}-\lambda\|\boldsymbol{C}\|_1-b\lambda \tag{8.36}$$

(Asadi et al., 2009)使用点对点模式的近似估计 $b=\|\boldsymbol{A}_r^{-1}\|_1/(p^2-1)$，其中 $\boldsymbol{A}_r=\boldsymbol{A}+\varepsilon\boldsymbol{I}$ 为经验协方差矩阵(当 $\boldsymbol{A}$ 不可逆时，在对角线使用小的 $\varepsilon=10^{-3}$ 进行正则化来获得可逆矩阵)，而非采用代价更高的全贝叶斯方法以及在 $\boldsymbol{C}$ 外进行积分来获得 b 的估计。如此估计背后的直观解释是 $b=1/E(\lambda)$。设定 $E(\lambda)$ 为上述优化问题的解，$\boldsymbol{C}$ 固定为经验估计 $\boldsymbol{A}_r^{-1}$。(Scheinberg et al., 2009, 2010b)考虑了单位协方差高斯先验，并通过截断将 λ的负值排除在外。

这里，考虑指数先验与式(8.36)中的优化问题。对于任意固定的λ，目标函数在 $\boldsymbol{C}$ 上为凹的，但是在 $\boldsymbol{C}$ 与 λ上非凹。因此，寻找的是一个局部最优值。对于每一个给定的固定 λ 值，(Asadi et al., 2009)提出了一个交替最大化方法求解下述问题：

$$\phi(\lambda) = \max_{C} \frac{n}{2}\ln\det(\boldsymbol{C}) - \frac{n}{2}\operatorname{tr}(\boldsymbol{AC}) - \lambda \|\boldsymbol{C}\|_1 \tag{8.37}$$

给定 λ，该问题退化为标准的稀疏逆协方差问题，因此具有唯一最大值 $\boldsymbol{C}(\lambda)$ (Banerjee et al., 2008)。现在考虑下面的优化问题：

$$\max_{\lambda} \psi(\lambda) = \max_{\lambda} \phi(\lambda) + p^2 \ln \lambda - b\lambda \tag{8.38}$$

很明显，该问题的最优解也是问题式(8.36)的最优解。图 8.8 给出了(Asadi et al., 2009)中式(8.38)的简单优化方案。该方案使用了沿导数方向的线性搜索，并且只要在步骤 4 中应用某一充分的增长性条件[如 Armijo 准则(Nocedal and Wright, 2006)]，就可收敛到局部最大值(如果存在)。步骤 1 可以通过求解式(8.37)的任意凸优化方法实现。

用于正则化参数选择的交替最大化算法

1. 初始化 λ^1
2. 寻找 $\boldsymbol{C}(\lambda^k)$，$\phi(\lambda^k)$ 与 $\psi(\lambda^k)$
3. 如果 $\left|p^2/\lambda - \|\boldsymbol{C}(\lambda^k)\|_1 - b\right| < \varepsilon$，跳转到步骤 6
4. $\lambda^{k+1} = p^2/(\|\boldsymbol{C}(\lambda^k)\|_1 + b)$
5. 寻找 $\boldsymbol{C}(\lambda^{k+1})$ 与 $\psi(\lambda^{k+1})$
   如果 $\psi(\lambda^{k+1}) > \psi(\lambda^k)$，则跳转到步骤 4；否则 $\lambda^{k+1} = (\lambda^k + \lambda^{k+1})/2$，跳转到步骤 5
6. 返回 λ^k 与 $\boldsymbol{C}(\lambda^k)$

图 8.8　用于同时选择正则参数 λ与逆协方差矩阵 $\boldsymbol{C}$ 的交替最大化方案

(Asadi et al., 2009; Scheinberg et al., 2009, 2010b)提出的实验评估论证了上述 MAP 在 λ选择方面相比于交叉验证与理论推导的优点。[在所有的实验中，GLASSO(Friedman et al., 2007b)方法被用于求解交替最小化中的稀疏逆协方差选择子问题]。图 8.9 给出了随机产生的合成问题的结果。其中，利用了两级稀疏的“真实数据”随机逆协方差矩阵：一个非常稀疏的矩阵，仅有 4%(非对角线)的非零元素；以及一个相对稠密的矩阵，具有 52%的(非对角线)非零元素，从相应的 $p = 100$ 个变量的多元高斯分布中采样 $n = 30$, 50,500,1000 个实例。将贝叶斯方法得到的 λ的结构学习性能与其他两个方法，交叉验证选择的 λ以及(Banerjee et al., 2008)中理论推导得到的 λ的性能进行比较。图 8.9 显示了稀疏随机网络(4%连接密度)的结果，而稠密随机矩阵(52%连接密度)情况下也获得了非常相似的结果。从图中可以很清楚地看到：(1)交叉验证 λ(“—▽—”)明显过拟合，产生了近乎完备的矩阵(接近 100%的假阳性率)；(2)理论指导 λ(“—•—”)过于保守，丢失了几乎所有的边(具有非常高的假阴性率)；(3)基于先验的方法——扁平先验(“—⊖—”)与指数先验(“—×—”)产生了两类误差更为平衡的折中。

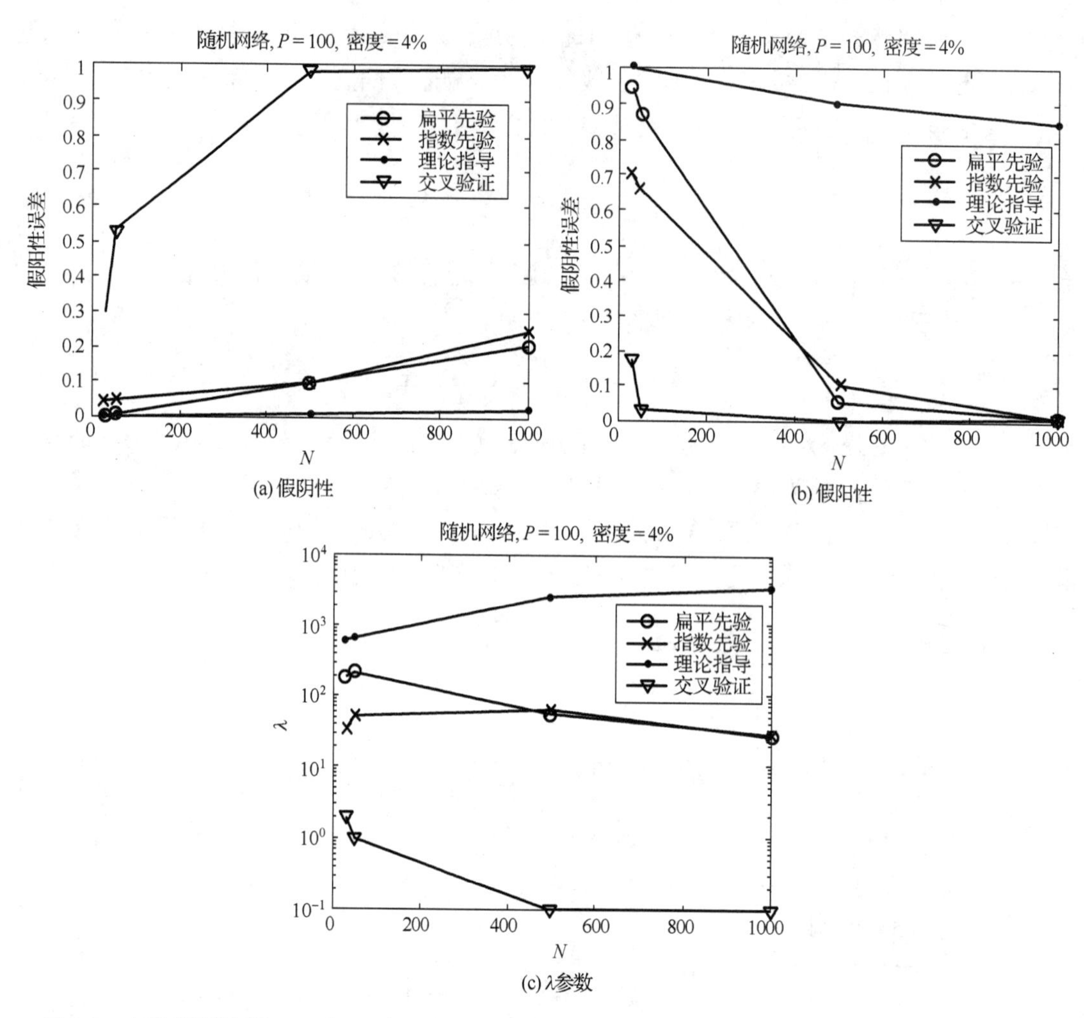

图 8.9 在稀疏随机网络(4% 密度)中，用于正则参数选择的 MAP 方法与交叉验证方法、理论方法的对比

8.5 总结与参考书目

在统计学与机器学习中，概率图模型是热门的研究方向，具有悠久的历史与大量的文献。很多书籍提供了对图模型各个方面的全面介绍，如(Peral，1988；Whittaker，1990；Lauritzen，1996；Cox and Wermuth，1996；Cowell et al.，1999；Pearl，2000；Edwards，2000；Jordan，2000；Koller and Friedman，2009)。本章仅涉及无向图模型的部分内容，主要给出了具有稀疏结构学习的高斯 MRF 方法的最近进展，一些其他稀疏图模型学习的重要研究进展则不在本书研究范围之内。例如，(Wainwright et al.，2007)通过稀疏逻辑回归，将(Meinshausen and Bühlmann，2006)中基于 LASSO 的近邻选择方法扩展到二值变量情况，研究了具有离散值稀疏学习的 MRF。(Ravikumar et al.，2009)给出了稀疏高斯 MRF 的渐进一致性分析。(Lee et al.，2006b)利用团选择启发式的与近似的推断来学习 MRF。(Schmidt et al.，2007；Huang et al.,2013；Xiang and Kim，2013)对学习稀疏有向网络，如用于离散与连续变

量的贝叶斯网络进行了研究。(Lin et al., 2009)提出了一个基于 ensemble-of-tree 的可替代方法，被证明在性能上有时优于(Banerjee et al., 2008)与(Wainwright et al., 2007)提出的方法。(Schmidt and Murphy, 2010)提出了一种用于学习具有高阶(超越成对)势的对数线性模型的方法，利用具有重叠分组的 l_1 正则化来强化势上的层次结构。最近一篇博士论文(Schmidt, 2010)讨论了几种应用于学习有向与无向稀疏图模型的最新优化方法。最后，研究人员提出了用于稀疏逆协方差估计问题的不同算法，包括上面讨论的一些方法，如 SINCO、(Scheinberg and Rish, 2010)提出的一种贪婪坐标下降方法、交替线性方法(Scheinberg et al., 2010a)、投影梯度(Duchi et al., 2008)、块坐标下降方法(Sun et al., 2009; Honorio et al., 2009)、变量选择(分组稀疏)GMRF 学习方法(Honorio et al., 2012)，以及其他几种技术(Marlin and Murphy, 2009; Schimidt et al., 2009; Lu, 2009; Yuan, 2010; Cai et al., 2011; Olsen et al., 2012; Kambadur and Lozano, 2013; Honorio and Jaakkola, 2013; Hsieh et al., 2013)。

第9章　稀疏矩阵分解：字典学习与扩展

本章将重点研究矩阵分解中的稀疏问题，并考虑由两个未观测矩阵 $\boldsymbol{A}$ 与 $\boldsymbol{X}$ 的乘积来对观测矩阵 $\boldsymbol{Y}$ 进行近似，即 $\boldsymbol{Y} \approx \boldsymbol{AX}$。通常的数据分析方法，如主成分分析(PCA)与相似的技术都可以表述为矩阵分解问题。这种表述以信号处理与统计学领域中非常热门且很有前景的研究方向，即字典学习或稀疏编码(Olshausen and Field，1996)为核心。下面将进行详细讨论。

注意，到目前为止，在标准的稀疏信号复原设定中，假定设计矩阵 $\boldsymbol{A}$ 预先已知。例如，前面讨论的傅里叶变换矩阵与随机矩阵，是在稀疏复原中产生丰富理论成果的两个“经典”的字典例子。其他不同的字典，如最近提出的小波、曲波与轮廓波以及其他变换则多用于图像处理应用中(Elad，2010)。

然而，对于特定类型的信号，固定的字典可能不能产生最佳匹配，因为给定的基($\boldsymbol{A}$ 的列，或字典元素)可能不能产生对信号足够稀疏的表示。因此，在过去几年变得热门且很有前景的方法就是字典学习，它可以在给定观测信号样本的训练集情况下产生稀疏表示。图9.1对该方法进行了说明：给定数据矩阵 $\boldsymbol{Y}$，每一列代表一个观测信号(样本)，想要找到设计矩阵或字典 $\boldsymbol{A}$，同时找到该字典中的每一个观测信号的稀疏表示，该稀疏表示结果对应于矩阵 $\boldsymbol{X}$ 的稀疏向量。

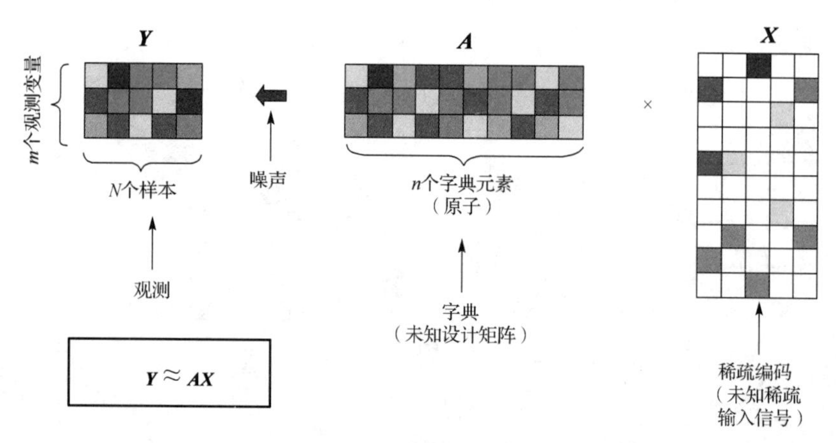

图9.1　作为矩阵分解的字典学习或字典编码。注意，“代码”矩阵 $\boldsymbol{X}$ 假定是稀疏的

稀疏矩阵分解的另一种方法是搜索稀疏字典元素($\boldsymbol{A}$ 的列)，而非寻找稀疏表示($\boldsymbol{X}$ 的列)。这么做的原因在于改善字典元素或成分的可解译性，因为稀疏成分有助于鉴别“最重要”的输入变量的较小子集，这种建模方式将用于本章后面介绍的稀疏 PCA 中。下一节将讨论字典学习并给出几种常用的算法，求解利用 l_0 与 l_1 范数约束来强化稀疏性的问题，并介绍稀疏 PCA 问题与相关方法。同时，还将讨论稀疏矩阵分解的其他例子，如(Hoyer，2004)提出的用于盲源分离问题的稀疏非负矩阵分解(NMF)方法及其在计算机网络诊断中的应用(Chandalia and Rish，2007)。

9.1　字典学习

字典学习问题，也称为稀疏编码，最初由(Olshausen and Field，1996，1997)在神经科学研究中提出。字典学习是作为进化过程的模型提出的，该进化过程导致了现存的哺乳动物视皮层中的简单细胞群体的产生。(Olshausen and Field，1996)的方法被许多研究人员，包括(Lewicki and Olshausen，1999；Lewicki and Sejnowski，2000；Engan et al.，1999；Kreutz-Delgado et al.，2003；Lesage et al.，2005；Elad and Aharon，2006；Aharon et al.，2006a，b；Yaghoobi et al.，2009；Skretting and Engan，2010；Mairal et al.，2009，2010；Tosic and Frossard，2011)等进一步扩展。出现了不同的字典学习的算法，包括(Aharon et al.，2006a)的K-SVD方法、(Engan et al.，1999)的最优方向方法(MOD)、(Mairal et al.，2009，2010)的在线字典学习方法等。在过去几年中，字典学习与稀疏编码成为机器学习领域中热门的研究方向，产生了新颖的方法与应用(Lee et al.，2006a；Gregor and LeCun，2010)。

9.1.1　问题描述

下面将正式描述字典学习或稀疏编码问题。令$\boldsymbol{Y}$为$m \times N$维矩阵，其中$m < N$，第i列或样本表示为$\boldsymbol{y}_i$，由某一未知的$m \times n$维矩阵$\boldsymbol{A}$所确定的线性投影得到，相应的稀疏列向量为$\boldsymbol{x}_i$，为(未观测的)$n \times N$维矩阵$\boldsymbol{X}$的第i列。例如，如果$\boldsymbol{Y}$的列为(向量化的)图像，如脑部的功能性磁共振成像(fMRI)扫描，那么$\boldsymbol{A}$的列为字典元素，或原子(即某一个“基本”图像，例如，对应于被特定任务与/或刺激激活的特定脑部区域)，$\boldsymbol{X}$的列对应于需要利用字典来表示的每一幅图像的稀疏编码(即可以假设给定fMRI扫描情况下，从潜在的大量活动脑部区域中选择数量相对较少的区域进行线性加权叠加，用于表示观测到的脑部激活)。

最终的稀疏编码目标是在满足某一可接受的近似误差ε的情况下，找到能产生数据$\boldsymbol{Y}$的最稀疏表示的$\boldsymbol{A}$与$\boldsymbol{X}$，即

$$(D_0^{\varepsilon}):\quad \min_{\boldsymbol{A},\boldsymbol{X}} \sum_{i=1}^{N} \|\boldsymbol{x}_i\|_0 \ \text{s.t.}\ \|\boldsymbol{Y}-\boldsymbol{A}\boldsymbol{X}\|_2 \leqslant \varepsilon \tag{9.1}$$

注意，该问题的表述与古典的稀疏信号复原问题P_0^{ε}非常相似，仅有两个改进：(1)字典$\boldsymbol{A}$为未知变量，必须通过优化过程得到；(2)存在M个而非一个观测样本和相应的稀疏信号，或稀疏编码。与稀疏信号复原问题相似，需要解决的问题是，假定由于字典元素的尺度与扰动导致的明显非唯一解问题，通过对$\boldsymbol{A}$的列进行标准化以及固定其顺序来处理，那么，上述问题是否具有一个唯一解？(Aharon et al.，2006b)的研究表明，在$\varepsilon = 0$的情况下，只要矩阵$\boldsymbol{Y}$、$\boldsymbol{A}$与$\boldsymbol{X}$满足某一条件，上述问题的答案是肯定的。也就是说，样本集合$\boldsymbol{Y}$必须“足够多样化”，这些样本在某一字典$\boldsymbol{A}$下应允许“足够稀疏”的表示[例如，利用少于$spark(\boldsymbol{A})/2$的元素]。那么，这样的字典$\boldsymbol{A}$是唯一的，符合列的重标度与扰动。

照例，通过改变目标与约束的作用，存在两个可选方法来描述上述约束优化问题，即

$$(D_0^{t}):\quad \min_{\boldsymbol{A},\boldsymbol{X}} \|\boldsymbol{Y}-\boldsymbol{A}\boldsymbol{X}\|_2^2 \ \text{s.t.}\ \|\boldsymbol{X}(i,:)\|_0 \leqslant k,\quad 1 \leqslant i \leqslant N$$

其中，k 与上述 ε 相对应。或者，利用拉格朗日松弛，即

$$(D_0^{\lambda}):\quad \min_{A,X} \| Y - AX \|_2^2 + \lambda \sum_{i=1}^{N} \| X_{i,:} \|_0$$

很明显，字典学习的计算复杂度至少与原始(NP 难) l_0 范数最小化问题一样。因此，可以像以前那样应用 l_1 范数松弛，至少可使得在矩阵 X 上优化的子问题为凸的。同时，为了在优化过程中避免 A 的元素中任意大的值(与之对应的是 X 中元素的无限小值)，常常对字典元素的范数进行约束(例如，用单位范数)，从而导致了下面的表达形式(Mairal et al., 2010)：

$$(D_1^{\lambda}):\quad \min_{A,X} \| Y - AX \|_2^2 + \lambda \sum_{i=1}^{N} \| X_{i,:} \|_1 \\ \text{s.t. } \| A_{:,j} \|_2 \leqslant 1, \quad \forall j = 1, \cdots, n \tag{9.2}$$

给定一个固定的 A，在 X 上的优化为凸的。然而需要注意，A 与 X 的联合优化依然保持非凸。

9.1.2 字典学习算法

非凸矩阵分解问题的常用方法是利用交替最小化或块坐标下降(BCD)方法，这两种方法会在以下两个优化步骤之间迭代，直至收敛：(1)给定固定的 A，关于 X 进行优化；(2)给定固定的 X，关于 A 进行优化。下一节将研究字典学习常用算法的例子。

图 9.2 显示了一个简单的交替最小化方法，即 MOD，由(Engan et al., 1999)提出，也可参见(Elad, 2010)。注意，字典可以以不同的方式进行初始化，例如随机产生或构造一个观测样本的随机子集。字典也会进行标准化以避免尺度问题。那么，在步骤 1 中，给定当前的字典 A，对 Y 中每一个样本(列 i)利用前面讨论的贪婪匹配追踪，如匹配追踪(MP)或正交匹配追踪(OMP)等方法求解标准 l_0 范数稀疏复原问题。一旦计算得到所有样本的稀疏编码集合，即矩阵 X，就可以利用最小二乘最小化完成字典更新步骤(算法中的步骤 2)，同时获得当前的近似误差 $\| Y - AX \|_2^2$。如果误差降低幅度非常小，则认为算法收敛，返回得到字典 A 与稀疏编码 X；否则继续交替迭代过程。

最优方向方法

输入：$m \times N$ 维样本矩阵 Y，稀疏水平 k，精度 ε

初始化：产生随机的 $m \times n$ 维字典矩阵 A，或利用从 Y 中随机选择的样本(列)构造 A。对 A 进行标准化

交替最小化循环：

1. 稀疏编码：对于每个 $1 \leqslant i \leqslant N$，求解以下问题(利用 MP 或 OMP 方法)：

$$x_i = \arg\min_{x} \| y_i - Ax \|_2^2 \text{ s.t. } \| x \|_0 \leqslant k$$

从而获得 X 的第 i 个稀疏列

2. 字典更新：

$$A = \arg\min_{\hat{A}} \| Y - \hat{A}X \|_2^2 = YX^{\mathrm{T}} (XX^{\mathrm{T}})^{-1}$$

3. 停止迭代：如果误差 $\| Y - AX \|_2^2$ 变化小于 ε，那么退出循环并返回当前的 A 与 X；否则跳转到步骤 1

图 9.2　字典学习的最优方向方法

另一个有名的字典学习方法 K-SVD，是(Aharon et al.，2006a)在 MOD 之后几年提出的。K-SVD 使用了一个不同的字典更新步骤，即对字典的每一列单独进行更新。实验结果表明，K-SVD 在性能上相比 MOD 有所改进(Elad，2010)。此外，在过去几年，人们还提出了很多新颖的用于字典学习的技术。

一个显著的进展是(Mairal et al.，2009，2010)提出的在线字典学习。前面讨论的批量方法试图从整个数据集中直接对字典进行学习，而在线方法与之不同，是以增量方式渐进地训练样本，一次训练一个样本(或一批训练样本)，这与随机梯度下降法类似。在每一次迭代，都会针对新样本计算一个稀疏编码，相应地进行字典更新。在线方法这么做的一个关键原因在于，在实际中，针对大量训练样本的情况，这样做比批量技术能够处理更大规模的样本量。如图像和视频处理中，字典经常从小的图像块中学习得到，但这样的图像块数量可能在百万级。而且，(Mairal et al.，2009，2010)证明了提出的算法收敛，它不管在大的还是小的数据集上，收敛速度与得到的字典质量均优于批量方法。

图 9.3 给出了由(Mairal et al.，2010)提出的在线字典学习框架。注意，不同于 MOD 算法，该方法考虑了式(9.2)中的 l_1 正则问题形式。在算法的每一次迭代 i 中，提取下一个样本 $\boldsymbol{y}_i$，然后通过求解标准的 LASSO 问题计算该样本的稀疏编码，即

$$\min_{\boldsymbol{x}\in\mathbb{R}} \frac{1}{2}\|\boldsymbol{y}_i - \boldsymbol{A}_{i-1}\boldsymbol{x}\|_2^2 + \lambda\|\boldsymbol{x}\|_1$$

其中，$\boldsymbol{A}$ 为当前字典。虽然可以应用任意 LASSO 求解方法，但(Mairal et al.，2009,2010)利用了 LARS 算法来求解该问题。在获得当前样本的稀疏编码后，算法更新了两个辅助矩阵 $\boldsymbol{U}$ 与 $\boldsymbol{V}$，这些矩阵在后续的字典更新步骤中有用到。最后，字典更新步骤在字典子集 S 上通过最小化下面的目标函数 $\hat{f}_i(\boldsymbol{A})$ 来计算新的字典：

$$\hat{f}_i(\boldsymbol{A}) = \frac{1}{i}\sum_{j=1}^{i}\left(\frac{1}{2}\|\boldsymbol{y}_i - \boldsymbol{A}\boldsymbol{x}_i\|_2^2 + \lambda\|\boldsymbol{x}_i\|_1\right)$$

其中，S 的元素或列范数有界；每个 $\boldsymbol{x}_j$，$1 \leqslant j < i$ 在第 j 次迭代中计算。计算过程使用了块坐标下降算法，如图 9.4 所示。上述函数用来替代相应的经验损失函数，即

$$f_i(\boldsymbol{A}) = \frac{1}{i}\sum_{j=1}^{i} L(\boldsymbol{y}_j, \boldsymbol{A})$$

其中

$$L(\boldsymbol{y}_j, \boldsymbol{A}) = \min_{\boldsymbol{x}}\left(\frac{1}{2}\|\boldsymbol{y}_i - \boldsymbol{A}\boldsymbol{x}\|_2^2 + \lambda\|\boldsymbol{x}\|_1\right)$$

换句话说，在给定字典 $\boldsymbol{A}$ 的情况下，假定所有样本的最优稀疏编码通过一次计算得到，从而获得(批量)经验损失函数 $f_i(\boldsymbol{A})$，而在线损失函数 $\hat{f}_i(\boldsymbol{A})$ 则利用了从前面迭代得到的稀疏编码。(Mairal et al.，2009，2010)关键的理论贡献在于表明 $f_i(\boldsymbol{A})$ 与 $\hat{f}_i(\boldsymbol{A})$ 几乎收敛至同一极限。最后，(Mairal et al.，2010)提出了对上述基准方法的若干扩展，提高了效率，包括对“过去的”数据进行缩放，以便使新的系数 $\boldsymbol{x}_i$ 具有较高权重；在每次迭代中用更小的块代替单个样本；删除使用不频繁的原子，等等。

在线字典学习

输入：输入样本 $\boldsymbol{y} \in \mathbb{R}^m$ 序列，正则化参数 λ，初始字典 $\boldsymbol{A}_0 \in \mathbb{R}^{m\times n}$，迭代次数 T，阈值 ε

初始化：$\boldsymbol{U}_0 \in \mathbb{R}^{n\times n} \leftarrow 0$，$\boldsymbol{V}_0 \in \mathbb{R}^{m\times n} \leftarrow 0$

从 $i = 1$ 到 T

1. 获得下一个输入样本 $\boldsymbol{y}_i$
2. 稀疏编码：计算稀疏编码 $\boldsymbol{x}_i$

$$\boldsymbol{x}_i = \arg\min_{\boldsymbol{x}\in\mathbb{R}} \frac{1}{2}\|\boldsymbol{y}_i - \boldsymbol{A}_{i-1}\boldsymbol{x}\|_2^2 + \lambda\|\boldsymbol{x}\|_1$$

3. $\boldsymbol{U}_i \leftarrow \boldsymbol{U}_{i-1} + \boldsymbol{x}_i\boldsymbol{x}_i^{\mathrm{T}}$，$\boldsymbol{V}_i \leftarrow \boldsymbol{V}_{i-1} + \boldsymbol{y}_i\boldsymbol{x}_i^{\mathrm{T}}$
4. 字典更新：利用输入参数 $\boldsymbol{A}_{i-1}$、$\boldsymbol{U}_i$ 与 $\boldsymbol{V}_i$ 的 BCD 算法(图 9.4)求解下式来更新当前字典，即

$$\boldsymbol{A} = \arg\min_{\boldsymbol{A}\in S} \frac{1}{i}\sum_{j=1}^{i}\left(\frac{1}{2}\|\boldsymbol{y}_i - \boldsymbol{A}\boldsymbol{x}_i\|_2^2 + \lambda\|\boldsymbol{x}_i\|_1\right) = \arg\min_{\boldsymbol{A}\in S}\frac{1}{i}\left(\frac{1}{2}\mathrm{tr}(\boldsymbol{A}^{\mathrm{T}}\boldsymbol{A}\boldsymbol{U}_i) - \mathrm{tr}(\boldsymbol{A}^{\mathrm{T}}\boldsymbol{V}_i)\right)$$

其中，$S = \{\boldsymbol{A} = [\boldsymbol{a}_1,\cdots,\boldsymbol{a}_n] \in \mathbb{R}^{m\times n}$，s. t. $\|\boldsymbol{a}_j\|_2 \leqslant 1, \forall j = 1,\cdots,n\}$

返回 $\boldsymbol{A}_i$

图 9.3 (Mairal et al., 2009)提出的在线字典学习算法

用于字典更新的块坐标下降法

输入：原始字典 $\boldsymbol{A} \in \mathbb{R}^{m\times n}$ (用于热重启动)；辅助矩阵 $\boldsymbol{U} = [\boldsymbol{u}_1,\cdots,\boldsymbol{u}_n] \in \mathbb{R}^{n\times n}$，$\boldsymbol{V} = [\boldsymbol{v}_1,\cdots,\boldsymbol{v}_n] \in \mathbb{R}^{m\times n}$，阈值 ε

重复以下步骤直至 $\boldsymbol{A}$ 收敛：

1. 对 $j = 1$ 到 n，更新第 j 个字典元素，即

$$\boldsymbol{a}_j \leftarrow \frac{1}{\max(\|z_j\|_2, 1)}z_j, \quad 其中，z_j \leftarrow \frac{1}{\boldsymbol{u}_{jj}}(\boldsymbol{v}_j - \boldsymbol{A}\boldsymbol{u}_j) + \boldsymbol{a}_j$$

2. 如果 $\|\boldsymbol{A}\|_2$ 在最后两次迭代中的变化大于 ε，则跳转到步骤 2

返回学习得到的字典 $\boldsymbol{A}_i$

图 9.4 (Mairal et al., 2009)提出的在线字典学习方法中用于字典学习的块坐标下降法

9.2 稀疏 PCA

9.2.1 背景

PCA 是流行的数据分析与降维工具，历史可追溯到 1901 年(Pearson，1901)，在统计学、科学与工程等方面都具有广泛的应用。PCA 假定高维空间中的数据点集作为输入，该空间由潜在的相关输入变量集合定义，应用正交变换将这些点映射到另一个由(更少的或相等的)不相关的新变量(称为主成分)定义的空间中。PCA 的目标在于降维，同时尽可能地保持数据中的变化性。为了达到该目标，主成分定义为能说明数据中最大方差的正交方向，也就是说，第一个主成分为具有最大的可能方差的方向，每一个接下来的成分最大化剩余的方差，并满足与前一变量不相关(即正交)的约束①。

① 注意，在高斯数据情况下，正交性或不存在相关性的约束能够充分保证成分是独立的，在更为一般的数据分布中，这并不一定满足。在这样的情况下，可应用独立成分进行分析来寻找独立(而非主要的)成分。

可以从两个方面考虑 PCA，在文献中称为分析视角与合成视角(Jenatton et al., 2010)。传统的分析视角假定上面描述的方法一次寻找一个主成分，在方差最大化与当前协方差矩阵变换之间迭代交替。前者寻找下一个成分，后者消除前一分量的影响。令 $m\times N$ 维矩阵 $\boldsymbol{Y}$ 表示包含 N 个数据点或样本作为列的数据矩阵，行对应于 m 个输入变量或维度。$\boldsymbol{Y}$ 的行，对应于输入变量，假定已经中心化，具有零均值。PCA 寻找一个(范数有界的)载荷向量 $\boldsymbol{a}\in\mathbb{R}^m$ 作为第一个主成分，从而将数据样本投影到 $\boldsymbol{a}$，产生一个新的、方差最高的一维数据集。换句话说，PCA 寻找第一个主成分 $\boldsymbol{x}_1=\boldsymbol{Y}^{\mathrm{T}}\boldsymbol{a}$ 的分数 $\boldsymbol{x}_{1i}$ 的集合，$1\leqslant i\leqslant N$ 的集合，并对分数 $\sum_i^N(\boldsymbol{y}_i^{\mathrm{T}}\boldsymbol{a})^2=\|\boldsymbol{Y}^{\mathrm{T}}\boldsymbol{a}\|_2^2=\boldsymbol{a}^{\mathrm{T}}\boldsymbol{Y}\boldsymbol{Y}^{\mathrm{T}}\boldsymbol{a}$ 的方差进行最大化，即

$$\boldsymbol{a}=\arg\max_{\|\boldsymbol{a}\|_2\leqslant 1}\boldsymbol{a}^{\mathrm{T}}\boldsymbol{C}\boldsymbol{a}$$

其中，$\boldsymbol{C}=\boldsymbol{Y}\boldsymbol{Y}^{\mathrm{T}}$ 为(正比于)经验协方差矩阵。上述问题等价于寻找最大特征值以及 $\boldsymbol{C}$ 相应的特征向量，寻找后续的主成分也等价于寻找 $\boldsymbol{C}$ 剩余的特征向量。

另一个 PCA 视角，即合成视角，有时也称为概率 PCA(Tipping and Bishop, 1999)，就如上面所讨论的，它的主要任务是寻找正交的新基向量集合，或字典元素(载荷)，并将其作为 $m\times k$ 维矩阵 $\boldsymbol{A}$ 的列(其中 k 为所期望的成分数量)以及数据样本在该基上新的表示(即相应的新坐标，也就是在新基向量上的投影)，后者由 $k\times N$ 维矩阵 $\boldsymbol{X}$ 的列给出，其中列对应于新基中表示的数据样本。在高维情况下($m\geqslant N$，即变量的数量大于样本的数量)，常常仅搜索少量的首要成分，即假定 $k\ll m$。如上所述，通过求解矩阵分解问题来寻找矩阵 $\boldsymbol{A}$ 与 $\boldsymbol{X}$，矩阵分解问题最小化数据重构误差，即

$$\min_{\boldsymbol{A},\boldsymbol{X}}\|\boldsymbol{Y}-\boldsymbol{A}\boldsymbol{X}\|_2^2 \tag{9.3}$$

其中，经常假定 $\boldsymbol{A}$ 的列具有单位有界范数，即 $\|\boldsymbol{a}_i\|_2\leqslant 1$，就像字典学习问题那样。注意，在关于 PCA 的矩阵分解(概率)方法的文献中，关于字典元素的正交性约束经常被忽略。事实上，解向量并不总与主成分相一致，而是与主成分张成同一个空间(Tipping and Bishop, 1999)。这样矩阵分解的解的正交化将复原主成分。

注意，上面的矩阵分解方法是寻找前 k 个主成分，与数据矩阵的奇异值分解(SVD)密切相关。也就是说，令 $\boldsymbol{Y}$ 的行(即输入变量)经中心化具有零均值，令 $\boldsymbol{Y}$ 的秩为 $K\leqslant\min(m,N)$。考虑转置数据矩阵 $\boldsymbol{Z}_{N\times m}=\boldsymbol{Y}^{\mathrm{T}}$ 的 SVD，因为在 PCA 文献中，假定行与样本对应，列与输入变量对应，这是很常见的。注意，$\boldsymbol{Z}_{N\times m}$ 表示一个 $N\times m$ 维矩阵，$\boldsymbol{I}_k$ 为 $k\times k$ 维单位矩阵。$\boldsymbol{Z}$ 的 SVD 可写为

$$\boldsymbol{Z}=\boldsymbol{U}\boldsymbol{D}\boldsymbol{A}^{\mathrm{T}},\quad \boldsymbol{U}^{\mathrm{T}}\boldsymbol{U}=\boldsymbol{I}_N,\quad \boldsymbol{A}^{\mathrm{T}}\boldsymbol{A}=\boldsymbol{I}_m,\quad d_1\geqslant d_2\geqslant\cdots\geqslant d_K>0$$

SVD 著名的性质是其前 $k\leqslant K$ 个成分($\boldsymbol{U}$ 的前 k 列)产生了弗洛比尼斯范数下对矩阵 $\boldsymbol{Z}$ 的最佳逼近，即

$$\sum_{i=1}^{k}d_i\boldsymbol{u}_i\boldsymbol{a}_i^{\mathrm{T}}=\arg\min_{\hat{Z}\in M(k)}\|\boldsymbol{Z}-\hat{\boldsymbol{Z}}\|_2^2$$

其中，$M(k)$ 为所有秩为 k 的 $N\times m$ 维矩阵集合。

上面简要介绍的 PCA 的两个视角，分析(求解一系列特征值问题)与合成(SVD 或矩阵分解)是等价的，即它们寻找的是同一主成分集合。然而，一旦问题增加额外的约束，如稀疏性，则等价性将不再成立。

9.2.2 稀疏 PCA：合成视角

将稀疏性融入到 PCA 中已成为热门的研究方向，目标在于改善古典 PCA 方法的可解译性。事实上，虽然 PCA 可以降低数据的维数，用少量成分捕捉数据的多样性，但从输入到主空间的映射仍然要使用所有的输入变量，即所有的载荷为非零的。这降低了结果的可解译性，特别是尝试辨别最相关的输入变量时。最近提出的几种 PCA 方法对载荷施加强化稀疏的约束，从而达到在输入空间中进行变量选择的目的。我们首先考虑合成视角或矩阵分解，比较接近式(9.3)中描述的稀疏 PCA 方法。注意，稀疏 PCA 表述与上述讨论的字典学习(稀疏编码)密切相关，与图 9.1 中所示的稀疏编码相比，主要的区别在于稀疏性并不是强加于代码(成分)矩阵 $\boldsymbol{X}$，而是施加于字典(载荷)矩阵 $\boldsymbol{A}$，如图 9.5 所示。

最近几篇文献(Zou et al., 2006; Bach et al., 2008; Witten et al., 2009)给出了稀疏 PCA 的矩阵分解表述。为了强化成分载荷上的稀疏性，对 PCA 的矩阵分解表述的一个自然扩展就是对 $\boldsymbol{A}$ 的列增加 l_1 范数正则化，这导致了在(Bach et al., 2008)与(Witten et al., 2009)中考虑的问题，即

$$\min_{\boldsymbol{A},\boldsymbol{X}} \|\boldsymbol{Y}-\boldsymbol{A}\boldsymbol{X}\|_2^2+\lambda\sum_{i=1}^{k}\|\boldsymbol{a}_i\|_1 \text{ s.t. } \|\boldsymbol{x}_i\|_2 \leqslant 1 \tag{9.4}$$

其中，$\boldsymbol{a}_i$ 与 $\boldsymbol{x}_i$ 分别表示 $\boldsymbol{A}$ 的第 i 列、$\boldsymbol{X}$ 的第 i 行；矩阵 $\boldsymbol{A}$ 与 $\boldsymbol{X}$ 的维数分别为 $m\times k$ 与 $k\times N$，k 为成分的数量。给定 $\boldsymbol{X}$ 的情况下，该问题关于 $\boldsymbol{A}$ 为凸的，反之亦然。但是在 $(\boldsymbol{A},\boldsymbol{X})$ 上为非凸的。因此，提出交替最小化方法用于解决该问题。文献中考虑了基于单列更新的高效算法，如(Lee et al., 2006a; Witten et al., 2009)。

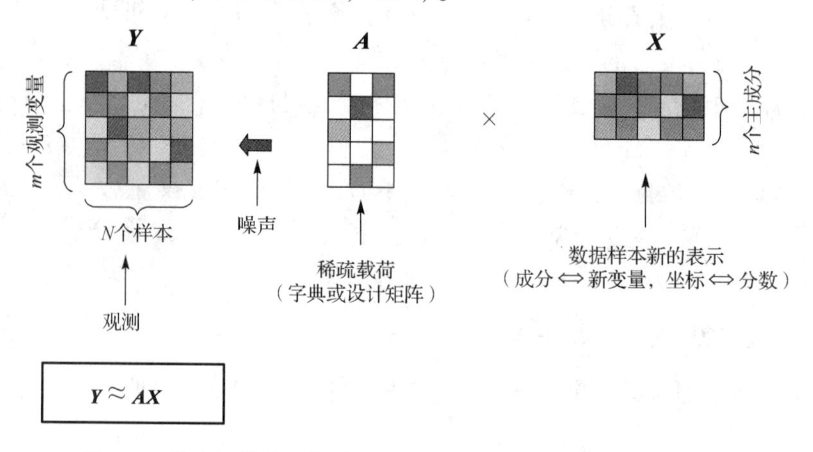

图 9.5 作为矩阵分解的稀疏 PCA。注意，假定载荷(字典)矩阵 $\boldsymbol{A}$ 为稀疏的，这与字典学习中的代码(成分)矩阵 $\boldsymbol{X}$ 相反

这里，将更为详细地讨论合成视角的稀疏 PCA 方法(Zou et al., 2006)，该方法利用了 PCA 与线性回归之间的联系，并引入了 l_1 范数约束来使得载荷稀疏。令 $\boldsymbol{Y}^{\mathrm{T}} = \boldsymbol{U}\boldsymbol{D}\boldsymbol{A}^{\mathrm{T}}$ 为(转置)数据矩阵 $\boldsymbol{Y}^{\mathrm{T}}$ 的奇异值分解。那么 $\boldsymbol{X} = (\boldsymbol{U}\boldsymbol{D})^{\mathrm{T}}$ 的行为主成分，$\boldsymbol{A}$ 的列对应于载荷。如上所述，每一个主成分 $\boldsymbol{x}_i$ 为 m 个输入变量的线性组合，$\boldsymbol{x}_i = \boldsymbol{Y}^{\mathrm{T}}\boldsymbol{a}_i$。因此，如(Cadima and Jolliffe, 1995)所示，可以通过在变量上对成分进行回归来寻找载荷 $\boldsymbol{a}_i$。在(Zou et al., 2006)中，该回归方法得到了扩展，利用岭正则函数来处理 $m > N$ 的情况，也就是说，给定某一正数 λ，(Zou et al., 2006)表明在标准化后，岭回归估计为

$$\hat{\boldsymbol{w}} = \arg\min_{\boldsymbol{w}} \|\boldsymbol{x}_i - \boldsymbol{Y}^{\mathrm{T}}\boldsymbol{w}\|_2^2 + \lambda\|\boldsymbol{w}\|_2^2$$

在经标准化后复原第 i 个成分的载荷，即 $\boldsymbol{a}_i = \hat{\boldsymbol{w}}/\|\boldsymbol{w}\|_2$。那么，(Zou et al., 2006)通过对上面的岭问题增加 l_1 范数正则函数，并得到弹性网回归形式来强化载荷的稀疏性(Zou and Hastie, 2005)。然而，上述表述不能直接用于寻找载荷，因为成分 $\boldsymbol{x}_i$ 未知。(Zou et al., 2006)得到下面的准则，可适用于图 9.6 提出的交替最小化框架。令 k 表示主成分的数量，$\boldsymbol{y}_i$ 表示第 i 个样本($\boldsymbol{Y}$ 的列)，$i = 1,\cdots,N$，$\boldsymbol{W}_{m\times k}$ 表示 $m \times k$ 维矩阵 $\boldsymbol{W}$，$\boldsymbol{I}_k$ 表示 $k \times k$ 维单位阵。下面的结果可以满足。

定理 9.1　(Zou et al., 2006)令 $\boldsymbol{V}_{m\times k} = (\boldsymbol{v}_1,\cdots,\boldsymbol{v}_k)$，$\boldsymbol{W}_{m\times k} = (\boldsymbol{w}_1,\cdots,\boldsymbol{w}_k)$。对于任意 $\lambda > 0$，令 $\hat{\boldsymbol{V}}$ 与 $\hat{\boldsymbol{W}}$ 为下面问题的解：

$$(\hat{\boldsymbol{V}},\hat{\boldsymbol{W}}) = \arg\min_{\boldsymbol{V},\boldsymbol{W}} \sum_{i=1}^{N} \|\boldsymbol{y}_i - \boldsymbol{W}\boldsymbol{V}^{\mathrm{T}}\boldsymbol{y}_i\|_2^2 + \lambda\sum_{i=1}^{k}\|\boldsymbol{w}_i\|_2^2 \tag{9.5}$$

$$\text{s.t.}\quad \boldsymbol{V}^{\mathrm{T}}\boldsymbol{V} = \boldsymbol{I}_k \tag{9.6}$$

那么，对于 $i = 1,\cdots,k$，$\hat{\boldsymbol{w}}_i$ 正比于第 i 个成分的载荷向量 $\boldsymbol{a}_i$。

稀疏 PCA

输入：样本 $\boldsymbol{Y}$ 是 $m \times N$ 维矩阵，主成分的数量为 k，稀疏参数为 λ、γ_i，$i = 1,\cdots,k$

初始化：设置 $\boldsymbol{V} = \boldsymbol{A}_{\mathrm{PCA}(k)}$，其中 $\boldsymbol{A}_{\mathrm{PCA}(k)}$ 的列为由普通 PCA 利用 SVD 分解 $\boldsymbol{Y}^{\mathrm{T}} = \boldsymbol{U}\boldsymbol{D}\boldsymbol{A}^{\mathrm{T}}$ 获得的前 k 个主成分的载荷

交替最小化循环：

1. 给定 $\boldsymbol{V}_{m\times k} = (\boldsymbol{v}_1,\cdots,\boldsymbol{v}_k)$，对每个 $i = 1,\cdots,k$，求解弹性网
$$\boldsymbol{w}_i = \arg\min_{\boldsymbol{w}} (\boldsymbol{v}_i - \boldsymbol{w})^{\mathrm{T}}\boldsymbol{Y}\boldsymbol{Y}^{\mathrm{T}}(\boldsymbol{v}_i - \boldsymbol{w}) + \lambda\|\boldsymbol{w}\|_2^2 + \gamma_i\|\boldsymbol{w}\|_1$$
2. 给定 $\boldsymbol{W} = (\boldsymbol{w}_1,\cdots,\boldsymbol{w}_k)$，计算 $\boldsymbol{Y}\boldsymbol{Y}^{\mathrm{T}}\boldsymbol{W} = \boldsymbol{U}\boldsymbol{D}\boldsymbol{A}^{\mathrm{T}}$ 的奇异值分解
3. 更新：$\boldsymbol{V} = \boldsymbol{U}\boldsymbol{A}^{\mathrm{T}}$
4. 重复步骤 1 ~ 3，直至收敛
5. 标准化载荷：$\boldsymbol{a}_i = \boldsymbol{w}_i/\|\boldsymbol{w}_i\|_2^2$，$i = 1,\cdots,k$，返回 $\boldsymbol{A}$

图 9.6　基于弹性网的稀疏 PCA 算法(Zou et al., 2006)

给定上述类似于回归的准则，通过简单地在上述表述中增加 l_1 范数正则函数来强化载荷 $\boldsymbol{a}_i$ 的稀疏性，获得了下面的稀疏 PCA(SPCA)准则(Zou et al., 2006)：

$$(\hat{\boldsymbol{V}},\hat{\boldsymbol{W}}) = \arg\min_{\boldsymbol{V},\boldsymbol{W}} \sum_{i=1}^{N} \|\boldsymbol{y}_i - \boldsymbol{W}\boldsymbol{V}^{\mathrm{T}}\boldsymbol{y}_i\|_2^2 + \lambda\sum_{i=1}^{k}\|\boldsymbol{w}_j\|_2^2 + \sum_{i=1}^{k}\gamma_j\|\boldsymbol{w}_j\|_1 \tag{9.7}$$

$$\text{s.t.}\quad \boldsymbol{V}^{\mathrm{T}}\boldsymbol{V} = \boldsymbol{I}_k \tag{9.8}$$

注意，利用潜在不同的正则参数 γ_i，使得不同的主成分的载荷具有不同的稀疏水平。上述准则可以利用交替最小化方法来进行最小化，如图 9.6 所示，这在矩阵分解问题中很常见。然而，由于目标函数非凸，所以仅仅希望找到一个局部最小值，在矩阵分解设定下该情况很典型。同时，如(Zou et al., 2006)所述，算法对 λ 的选择并不十分敏感，在 $m < N$ 的情况下，不需要进行正则化，λ 可以设置为 0。

9.2.3 稀疏 PCA：分析视角

第二类稀疏 PCA 方法(Jolliffe et al., 2003；d'Aspremont et al., 2007, 2008)遵循 PCA 的分析视角，最终目标是找到

$$\max_{\boldsymbol{a}} \boldsymbol{a}^{\mathrm{T}}\boldsymbol{C}\boldsymbol{a} \text{ s.t. } \|a\|_2 = 1, \|a\|_0 \leqslant k \tag{9.9}$$

其中，$\boldsymbol{C} = \boldsymbol{Y}\boldsymbol{Y}^{\mathrm{T}}$ 为给定数据集 $\boldsymbol{Y}$ 情况下的经验协方差矩阵。由于势约束，上述问题为 NP 难问题，如(Moghaddam et al., 2006)所示，可将原始 NP 难稀疏回归(具有最小平方损失的子集选择)退化为稀疏 PCA。(Jolliffe et al., 2003)介绍了一种称为 SCoTLASS 的算法，与 LASSO 相似，在上述表达式中用 l_1 范数代替 l_0 范数；然而，得到的优化问题仍然为非凸的，且计算成本很高。这激发了(d'Aspremont et al., 2007)更进一步的研究，提出了对上述问题进行凸(半正定)松弛。式(9.9)中的问题首先可松弛为

$$\max_{\boldsymbol{a}} \boldsymbol{a}^{\mathrm{T}}\boldsymbol{C}\boldsymbol{a} \text{ s.t. } \|\boldsymbol{a}\|_2 = 1, \quad \|\boldsymbol{a}\|_1 \leqslant k^{1/2} \tag{9.10}$$

然后松弛为下面的半正定规划问题(SDP)：

$$\max_{\boldsymbol{M}} \operatorname{tr}(\boldsymbol{C}\boldsymbol{M}) \text{ s.t. } \operatorname{tr}(\boldsymbol{M}) = 1, \quad \boldsymbol{1}^{\mathrm{T}}|\boldsymbol{M}|\boldsymbol{1} \leqslant k, \quad \boldsymbol{M} \geqslant 0 \tag{9.11}$$

其中，$\boldsymbol{M} = \boldsymbol{a}\boldsymbol{a}^{\mathrm{T}}$；$\operatorname{tr}(\boldsymbol{M})$ 表示 $\boldsymbol{M}$ 的迹；$\boldsymbol{1}$ 表示所有元素为 1 的向量。上述问题可以利用涅斯捷罗夫平滑最小化方法(Nesterov, 2005)求解，如(d'Aspremont et al., 2007)所讨论的，计算复杂度为 $O(m^4\sqrt{\log m}/\varepsilon)$，其中，$m$ 为输入的维度($\boldsymbol{Y}$ 中的行数)，ε 为期望解的精度。同时，(d'Aspremont et al., 2008)提出了对稀疏 PCA 问题半正定松弛更为精确的表述，得到了关于最优性的充分条件[例如，利用这样的条件在给定向量 $\boldsymbol{a}$ 情况下，对全局最优性进行测试，复杂度为 $O(m^3)$]。而且，(d'Aspremont et al., 2008)得到了一个贪婪算法，该算法计算所有稀疏水平下的全部近似解，总复杂度为 $O(m^3)$。

9.3 用于盲源分离的稀疏 NMF

下面将给出另一个用于稀疏矩阵分解的方法的例子(Hoyer, 2004)提出的稀疏非负矩阵分解(NMF)算法，它使用了另一种约束来强化稀疏性。NMF 在广泛的领域具有悠久的历史，从化学计量学(Lawton and Sylvestre, 1971)和计算机视觉[见(Shashua and Hazan, 2005；Li et al., 2001；Guillamet and Vitrià, 2002；Ho, 2008)以及其参考文献]，到自然语言处理(Xu et al., 2003；Gaussier and Goutte, 2005)以及生物信息学(Kim and Park, 2007)等。该方法也成功应用在多种信号处理应用的盲源分离问题中，以及下面讨论的计算机网络诊断中。

盲源分离(BSS)问题，目的在于在给定观测信号($\boldsymbol{Y}$ 的行)的线性混合情况下，重构由 $\boldsymbol{X}$ 的行表示的一组未观测信号(源)，其中混合矩阵 $\boldsymbol{A}$ 也是未知的(因此，源的分离是“盲”的)。换句话说，当 $\boldsymbol{Y}$ 由 $\boldsymbol{AX}$ 近似时，面对的是矩阵分解问题。BSS 一个有名的例子是“鸡尾酒会”问题，其中 n 个演讲者(源)在同一房间，面对 m 个话筒，任务是识别哪一位演讲者正在发言，以及他或她离每一个话筒有多近。$m \times N$ 维矩阵 $\boldsymbol{Y}$ 的行对应于话筒(样本/观测)，N 个列对应于时域中信号的维数，即样本数量。$n \times N$ 维矩阵 $\boldsymbol{X}$ 的行对应于借助混合矩阵 $\boldsymbol{A}$ 通过线性组合至话筒观测的信号(单独的演讲者)，$\boldsymbol{A}$ 的每一个元素 $\boldsymbol{a}_{ij}$ 对应于第 j 个演讲者到第 i 个话筒的距离。

BSS 框架也可以在其他领域中找到，如分布式计算机网络与系统中的性能监控与诊断。给定今天大规模网络的异构、分散以及非合作的性质，如果要假定所有与单个系统的部分，如连接、路由或应用层部分有关的统计量均可以被采集并用于监控目的，这是不太实际的。另一方面，端到端的测量，如试验事务或探测(如 ping，traceroute 等)，获取的成本较低且相对容易。该实际情况导致了网络断层扫描领域的兴起(Vardi，1996)，此领域专注于基于推断的方法，从可用观测中估计不可得的网络性质。

特别地，(Chandalia and Rish，2007)提出了一种基于 BSS 的方法，可以从端到端的探测结果中同时发现网络性能瓶颈，如网络连接延迟以及路由矩阵(当性能退化的可能原因涉及分布式计算机系统的其他因素，如特定软件部分时，在更广泛的设定中也称为相关性矩阵)等，该方法利用了与 BSS 问题相似的方法。在这种情况下，信号矩阵 $\boldsymbol{X}$ 表示在大量网络要素，如网络连接下的未观测延迟，而混合矩阵 $\boldsymbol{A}$ 对应未知的路由矩阵阵，$\boldsymbol{Y}$ 中每行的观测对应时间，其采用了一个特殊的端到端试验处理来完成，这可以用耗费在沿路由路径每一个要素上的时间之和，再加上不期望的噪声来近似，即 $\boldsymbol{Y} \approx \boldsymbol{AX}$。

为了找到矩阵 $\boldsymbol{A}$ 与 $\boldsymbol{X}$，必须求解(具有约束的)优化问题，该问题最小化 $\boldsymbol{Y}$ 与 $\hat{\boldsymbol{Y}}$ 之间的重构误差，$\hat{\boldsymbol{Y}} = \boldsymbol{AX}$，并满足应用领域对矩阵施加的约束。存在几种损失函数来最小化误差，例如，平方误差或 KL 散度。对 $\boldsymbol{A}$ 与 $\boldsymbol{X}$ 的非负约束，以及对 $\boldsymbol{X}$ 列的稀疏约束很自然地出现了，因为路由矩阵元素与连接延迟明显为非负的。仅有少量的网络要素为性能瓶颈。约束的组合产生了所谓的稀疏 NMF 问题，并经常在文献中进行研究。(Chandalia and Rish，2007)在计算机网络数据分析情况下评估了(Hoyer，2004)与(Cichocki et al.，2006)分别提出的两个稀疏 NMF 方法。

与(Hoyer，2004)相似，稀疏 NMF 问题可描述为

$$\min_{\boldsymbol{A},\boldsymbol{X}} \|\boldsymbol{Y} - \boldsymbol{AX}\|_2^2 \qquad \begin{aligned} \text{sparsity}(\boldsymbol{a}_i) &= s_A, \quad \forall i \in \{1,\cdots,m\} \\ \text{sparsity}(\boldsymbol{x}_j) &= s_X, \quad \forall j \in \{1,\cdots,N\} \end{aligned} \tag{9.12}$$

其中，$\boldsymbol{a}_i$ 为 $\boldsymbol{A}$ 的第 i 行；$\boldsymbol{x}_j$ 为 $\boldsymbol{X}$ 的第 j 列。d 维向量 $\boldsymbol{u}$ 的 sparsity($\boldsymbol{u}$) 定义为

$$\text{sparsity}(\boldsymbol{u}) = \frac{1}{\sqrt{d}-1}\left(\sqrt{d} - \frac{\sum |u_i|}{\sqrt{\sum u_i^2}}\right) \tag{9.13}$$

将所期望的稀疏度水平 s_A 与 s_X 作为输入。稀疏度的上述符号在 0(表示最小稀疏度)与 1

(表示最大稀疏度)之间平滑变化。它揭示了 l_1 范数与 l_2 范数之间的关系，因此具有较强的灵活性来得到期望的稀疏解。(Hoyer, 2004)利用了投影梯度下降方法，在每一步迭代中，沿负梯度方向更新矩阵 $\boldsymbol{A}$ 与 $\boldsymbol{X}$，然后 $\boldsymbol{A}$ 的每一行向量与 $\boldsymbol{X}$ 的每一列向量(非线性)投影到具有期望稀疏度的非负向量上。

针对仿真与实际网络的拓扑、流量的实验结果均表明(Chandalia and Rish, 2007)，只要系统中的噪声水平不太高，稀疏 NMF 方法就能够精确地重构路由矩阵与瓶颈位置。图 9.7 是从(Chandalia and Rish, 2007)重现而来，给出了仿真实验中信号/连接延迟 $\boldsymbol{X}$[见图 9.7(a)]与路由矩阵[见图 9.7(b)]的重构精度，其中网络流量由仿真器所产生，但是网络拓扑是真实的，使用的是 Gnutella 的子网络，Gnutella 为网络断层扫描领域对比实验中常用的点对点网络。"真实数据"路由矩阵 $\boldsymbol{A}$ 具有 127 列(节点)与 50 行(端到端的探测)。对 $\boldsymbol{A}$ 与 $\boldsymbol{X}$ 应用不同的评估准则。由于 $\boldsymbol{A}$ 接下来被二值化并解释为路由矩阵，所以对于精度来说，很自然的测度就是利用重构方法的错误平均数(0/1 开关)。通过另一方面，矩阵 $\boldsymbol{X}$ 表示在不同网络节点的实值延迟，因此在特定点的实际延迟向量与重构延迟向量之间的平均相关性可以用来作为合适的测度，参见(Chandalia and Rish, 2007)可以获得更多关于实验与性能测度定义的细节，包括处理重构矩阵中行与列的扰动来匹配真实数据。总而言之，图 9.7 中的结果验证了 $\boldsymbol{A}$ 与 $\boldsymbol{X}$ 均可以以非常高的精度来重构。

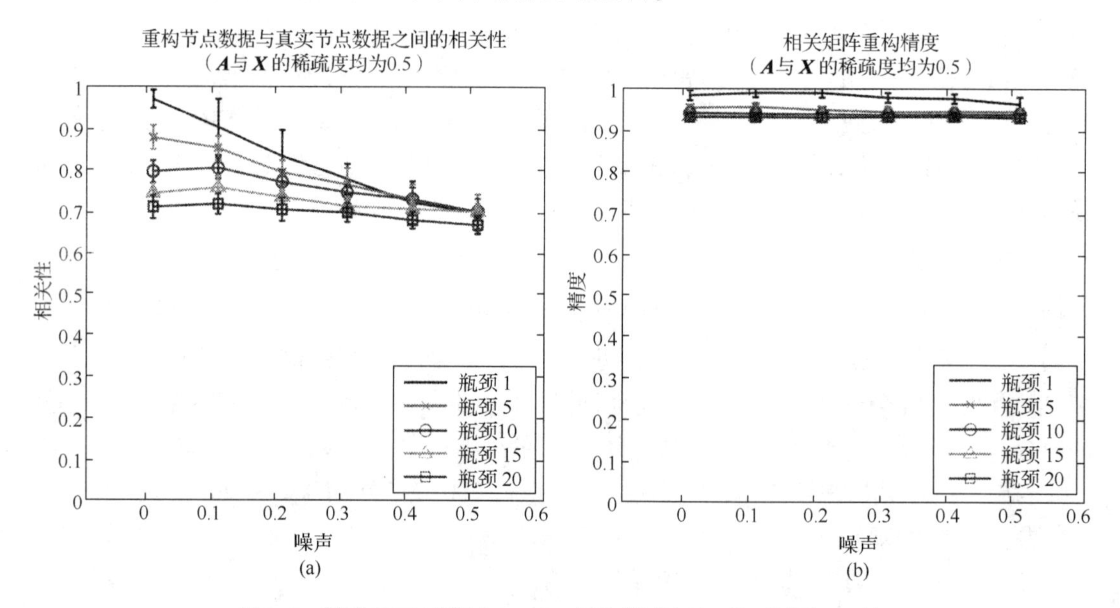

图 9.7 稀疏 NMF 应用于 Gnutella 网络模拟流量，从而复原：(a)性能瓶颈；(b)路由选择表，或所谓的"相关性矩阵"

9.4 总结与参考书目

本章不再执着于预先给定设计矩阵(即字典)这样标准的稀疏信号复原设定，而是考虑稀疏矩阵分解设定，包括字典学习或稀疏编码这样热门的问题(Olshausen and Field,

1996)，以及稀疏 PCA。在稀疏 PCA 中，在给定一组数据样本(观测)的条件下，字典(载荷)与信号，编码(成分)必须进行学习。换句话说，这里问题设定中的关键挑战在于模型中包含一组隐(未观测的)变量，这些隐变量对应于字典元素和/或主成分。

稀疏编码或字典学习，最初是神经科学引入的(Olshausen and Field，1996,1997)，最近成为信号处理、统计学与机器学习中活跃的研究领域。一些代表性的例子包括(Lewicki and Olshausen，1999；Lewicki and Sejnowski，2000；Engan et al.，1999；Kreutz-Delgado et al.，2003；Lesage et al.，2005；Elad and Aharon，2006；Aharon et al.，2006a，b；Yaghoobi et al.，2009；Skretting and Engan，2010；Mairal et al.，2009，2010；Tosic and Frossard，2011；Lee et al.，2006a；Gregor and LeCun，2010)的工作。稀疏矩阵分解的另一个例子为稀疏 PCA，这包括几项工作：或者基于 PCA 视角的合成或稀疏矩阵分解(Zou et al.，2006；Bach et al.，2008；Witten et al.，2009)，或者基于分析视角，涉及求解一系列稀疏特征值问题(Jolliffe et al.，2003；d'Aspremont et al.，2007，2008)。另一个涉及稀疏矩阵分解的领域是信号中的盲源分离，其目标在于同时复原一组源/信号与混合矩阵。本书只考虑该问题的一类特殊方法，如(Cichocki et al.，2006)与(Hoyer，2004)中的稀疏 NMF，以及在大规模分布式计算机系统与网络中探索性能瓶颈这些非传统的应用(Chandalia and Rish，2007)。注意，一般情况下，NMF 广泛用于大量应用，包括但不限于化学计量学(Lawton and Sylvestre，1971)、计算机视觉(Shashua and Hazan，2005；Li et al.，2001；Guillamet and Vitrià，2002；Ho，2008)、自然语言处理(Xu et al.，2003；Gaussier and Goutte，2005)以及生物信息学(Kim and Park，2007)等。

最后，存在多种与稀疏矩阵分解及其应用有关的最新进展，包括稀疏编码的高效优化方法(Lee et al.，2006a；Gregor and LeCun，2010；Mairal et al.，2010)，以及更为复杂的稀疏编码问题的扩展，如分组稀疏编码(Bengio et al.，2009；Garrigues and Olshausen，2010)、层次结构字典(Xiang et al.，2011)，以及其他类型的结构稀疏编码(Szlam et al.，2011)；具有可选稀疏先验如 spike-and-slab(Shelton et al.，2012)的贝叶斯形式，或如 KL 正则化这样的平滑先验(Bradley and Bagnell，2008)；非参数贝叶斯方法(Zhou et al.，2009)、非线性稀疏编码(Shelton et al.，2012；Ho et al.，2013)，以及借助核平滑与边缘回归的平滑稀疏编码(Balasubramanian et al.，2013)，等等。稀疏编码最近的应用范围包括从视觉识别问题(Morioka and Shiníchi，2011)、音乐信号表示(Dikmen and Févotte，2011)，以及视频中的时空特征学习，如运动捕获数据(Kim et al.，2010)，到在线数据流中的小说文档检测(Kasiviswanathan et al.，2012)以及其他许多应用中的多任务与迁移学习(Maurer et al.，2013)等。

后　　记

稀疏建模是快速发展的研究领域，是统计学与信号处理的交叉学科。稀疏建模成为热门研究问题归功于这样一个事实，即它将一个看上去不可能实现的任务变成可能，当信号具有特定的结构特征时，它可以从相对数量较少的观测中重构高维未被观测的信号。该结构，即稀疏性，假定大多数信号维在某一基上为零，或者接近零。令人惊讶的是，该假定对于许多自然信号来说是满足的。而且，建立在对 NP 难稀疏复原问题凸松弛上的高效算法是可以获得的，这使得稀疏建模在许多现实应用中是可实现的。

就像我们已经提到的，仅仅一本书不可能涉及所有最新的进展，因为该领域内容广泛并且在不断扩展。因此，我们试图仅涵盖稀疏建模的关键理论与算法，并提供了不同的应用实例，同时特别专注于神经影像的统计分析。每章结尾处的参考书目部分包括了正文中没有详细讨论但与稀疏相关的参考文献。

我们希望这本书能够对稀疏建模这个令人兴奋的新领域进行很好的介绍。稀疏建模也深深根植于古代的节省性原则中，与我们每天的生活密切相关。你可能听过这样一个流行的励志故事：一个教授向学生展示了一个空的罐子，并用少量大石头将其填满，然后用碎石填入罐子剩余的空间。最后，又用沙子将罐子完全填满。道理很明显：记住专注于生活中最重要的少量“大石头”，让更多但次要的“碎石”与“沙子”填满你的时间。

附录A　数学背景

A.1　范数，矩阵与特征值

这里，用 $\mathbb{Z}_N = \{0,\cdots,n-1\}$ 表示一个 n 维向量的坐标索引，用 $\boldsymbol{A}^{\mathrm{T}}$ 与 $\boldsymbol{x}^{\mathrm{T}}$ 分别表示矩阵 $\boldsymbol{A}$ 与向量 $\boldsymbol{x}$ 的转置。$\boldsymbol{A}^*$ 表示元素为复数的矩阵 $\boldsymbol{A}$ 的共轭转置或者伴随矩阵。矩阵 $\boldsymbol{A}$ 的共轭转置是对 $\boldsymbol{A}$ 进行转置操作后，再对每个元素进行复数共轭操作（即对元素的虚部取相反的符号而对实部不进行操作）。

令 $\langle \boldsymbol{x},\boldsymbol{y}\rangle$ 表示两个复数向量 $\boldsymbol{x}\in\mathbb{C}^N$、$\boldsymbol{y}\in\mathbb{C}^N$ 的内积。当向量为实值时，其等价于点积（或标量积）$\sum_{i\in\mathbb{Z}_n} x_i y_i$。假定 $\boldsymbol{x}$ 与 $\boldsymbol{y}$ 均为列向量时，可写为矩阵乘积的形式 $\boldsymbol{x}^{\mathrm{T}}\boldsymbol{y}$。

令 $\boldsymbol{x}\in\mathbb{C}^N$，$\boldsymbol{x}$ 的 l_q 范数表示为 $\|\boldsymbol{x}\|_q$，当 $q\geqslant 1$ 时，定义为（也可参见第2章）

$$\|\boldsymbol{x}\|_q = \Big(\sum_{n\in\mathbb{Z}_n} |x_n|^q\Big)^{1/q} \tag{A.1}$$

很容易验证当 $q\geqslant 1$ 时，上面定义的函数 $\|\boldsymbol{x}\|_q$ 为一个真正的范数，即它满足范数性质，如：

1. 零向量范数：当且仅当 $\boldsymbol{x}=0$ 时，$\|\boldsymbol{x}\|=0$；
2. 正齐次性：$\forall\alpha,\alpha\neq 0$，$\|\alpha\boldsymbol{x}\| = |\alpha|\|\boldsymbol{x}\|$；
3. 三角不等式：$\|\boldsymbol{x}+\boldsymbol{y}\|\leqslant\|\boldsymbol{x}\|+\|\boldsymbol{y}\|$。

当 $0<q<1$ 时，式（A.1）中定义的函数并非真正的范数，因为其不满足三角不等式。事实上，令 $\boldsymbol{x}=(1,0,\cdots,0)$，$\boldsymbol{y}=(0,1,0,\cdots,0)$ 为 R^n 中的两个单位向量。那么，对于任意 $0<q<1$，有 $\|\boldsymbol{x}\|_q+\|\boldsymbol{y}\|_q=2$，而 $\|\boldsymbol{x}+\boldsymbol{y}\|_q=2^{1/q}>2$，即 $\|\boldsymbol{x}+\boldsymbol{y}\|_q>\|\boldsymbol{x}\|_q+\|\boldsymbol{y}\|_q$，这就不满足三角不等式。然而，为简便起见，即使当 $0<q<1$ 时，函数 $\|\boldsymbol{x}\|_q$ 仍然被称为 l_q 范数，尽管这可能会产生术语上的滥用。当 $q=0$ 时，用 $\|\boldsymbol{x}\|_0$ 表示 $\boldsymbol{x}$ 的支撑大小，表示为 $\mathrm{supp}(\boldsymbol{x})$，定义为 $\boldsymbol{x}$ 中非零坐标的集合。因此，$\|\boldsymbol{x}\|_0=|\mathrm{supp}(\boldsymbol{x})|$。

现在定义矩阵的一些性质。令 $\boldsymbol{A}$ 为具有实数或复数元素的 $N\times M$ 维矩阵。当 $M=N$ 即 A 为方阵时，矩阵的迹定义为对角线元素之和，即

$$\mathrm{tr}(\boldsymbol{A}) = \sum_{i\in\mathbb{Z}_N} a_{ii}$$

注意到

$$\mathrm{tr}(\boldsymbol{AB}) = \mathrm{tr}(\boldsymbol{BA}) \tag{A.2}$$

接下来，将矩阵的 $\|\cdot\|_q$ 范数定义为

$$\|\boldsymbol{A}\|_q = \sup_{\boldsymbol{x},\|\boldsymbol{x}\|_q=1} \|\boldsymbol{A}\boldsymbol{x}\|_q$$

特别地

$$\|A\|_1 = \max_{j\in\mathbb{Z}_M}\sum_{i\in\mathbb{Z}_N}|a_{ij}|, \quad \|A\|_\infty = \max_{i\in\mathbb{Z}_N}\sum_{j\in\mathbb{Z}_M}|a_{ij}| \tag{A.3}$$

当$1 \leqslant q \leqslant \infty$ 时，$\|A\|_q$ 为范数。另外一个非常有用的矩阵范数为 Perron-Frobenius 范数，定义为

$$\|A\|_F = \sqrt{\sum_{i\in\mathbb{Z}_N, j\in\mathbb{Z}_M}|a_{ij}|^2} = \sqrt{\mathrm{tr}(A^*A)} \tag{A.4}$$

其中，A^* 为 A 的共轭转置。

注意，这里归纳的概念与定义可以在任何标准的线性代数教程中找到。不过，出于完整性考虑，这里仍对其进行了介绍。

A.1.1 特征理论的简要总结

给定 $N\times N$ 维矩阵 A，A 的特征向量为满足 $Ax = \lambda x$ 的向量，复数 λ 称为 A 的特征值。矩阵 A 的所有特征值的集合，表示为 $\mathrm{Sp}(A)$，称为 A 的谱。A 的核，也称为 A 的零空间，表示为 $\mathrm{Ker}(A)$ 或 $N(A)$，是满足 $Ax = 0$ 的所有向量（称为零向量）的集合。当且仅当矩阵 A 的核包括一个非零向量［即存在 $x \in \mathrm{Ker}(A)$ 且 $x \neq 0$］时，或者等价于当且仅当下式成立时，矩阵 A 称为退化的或奇异的：

$$0 \in \mathrm{Sp}(A) \tag{A.5}$$

例如，A 的任意非零零向量（即 A 的核中的非零向量）为具有零特征值的特征向量。

根据凯莱–哈密顿定理，每一个特征值是特征方程 $\det(A - \lambda I) = 0$ 的根，其中 I 为 $N\times N$ 维单位阵，即该矩阵的主对角线元素均为1，而其他元素为0。特征方程的每一个根至少对应一个特征向量。对于一个主对角线元素非零而其他元素均为0的对角方阵，它的对角线上的每一个元素均为其特征值。特征方程的根，即特征值 λ_i 的重数，是使得 $(\lambda - \lambda_i)^k = 0$ 的最大整数 k，称为 λ_i 的代数重数，表示为 m_{λ_i}。对于每一个特征值 λ_i，存在 m_{λ_i} 个线性独立的向量与特征值相对应，即向量 x 满足 $(A - \lambda_i I)^{m_{\lambda_i}} x = 0$。注意，并不是所有这些向量均为特征向量。

如果一个 $N\times N$ 维方阵 A 为自伴随的（即 $A^* = A$），那么 $\det(A - \lambda I)^- = \det(A^* - \bar{\lambda} I)$。因此，每一个特征值均为实数，严格存在 N 个特征向量。在该情况下，对应于不同特征值 λ_i 与 λ_j 的两个特征向量 u_i 与 u_j 为正交的，因为仅当 $\langle u_i, u_j\rangle = 0$，即 u_i 与 u_j 正交时下式成立：

$$\lambda_i\langle u_i, u_j\rangle = \langle Au_i, u_j\rangle = \langle u_i, Au_j\rangle = \lambda_j\langle u_i, u_j\rangle$$

我们可以将方阵 A 看作由行向量 $e_1 = (1,0,\cdots,0)$，$e_2 = (0,1,0,\cdots,0)$，$e_N = (0,0,\cdots,1)$ 所定义的基中的行向量组成的集合。相似地，A 的列向量对应于 $e_1^{\mathrm{T}},\cdots,e_N^{\mathrm{T}}$ 所定义的基中的列向量集合。如果基发生变化，那么矩阵 A 变换为 PAP^{-1}，其中 P 为与基变化相对应的可逆矩阵（线性算子）。

如果一个 $N\times N$ 维方阵 A 严格具有 N 个特征向量，那么当在特征向量组成的基中进行表示时，它变为一个对角阵，表示为 D。事实上，对于每一个特征值 λ_i 以及与之相关联的特征向量 u_i，有

$$Au_i = \lambda_i u_i \tag{A.6}$$

换句话说，矩阵$\boldsymbol{A}$乘以基向量$\boldsymbol{u}_i$等于标量λ_i乘以$\boldsymbol{u}_i$。因此，$\boldsymbol{D}$（在特征向量组成的基下$\boldsymbol{A}$的变换）为对角阵，且对角线元素等于相应的特征值。

令$\boldsymbol{A}$为一个自伴随的方阵。通过将式(A.2)中迹的性质与和上述特征向量有关的结论相结合，可以断定，自伴随方阵$\boldsymbol{A}$的迹为其特征值之和，即

$$\operatorname{tr}(\boldsymbol{A}) = \operatorname{tr}(\boldsymbol{PDP}^{-1}) = \operatorname{tr}(\boldsymbol{P}^{-1}\boldsymbol{PD}) = \operatorname{tr}(\boldsymbol{D}) = \sum_{i \in \mathbb{Z}_N} \lambda_i \tag{A.7}$$

A.2　离散傅里叶变换

本节将介绍离散傅里叶变换(DFT)，一种广泛用于信号处理与相关领域的离散变换。从本质上讲，DFT将一组(空间等距的)函数样本从原始域变换到不同的域，如时域到频域。

DFT存在两种形式：复数DFT与实数DFT(RDFT或CT，见下面介绍)，将重点介绍复数DFT，仅涉及实数DFT的定义。

定义11　在N个实数或复数的有限序列(向量)$\boldsymbol{x} = (x_0, x_1, \cdots, x_{N-1})'$上，DFT定义为序列(向量)$\boldsymbol{X} = \boldsymbol{F}(\boldsymbol{x})$，其坐标由下式给定：

$$X_k = \sum_{n=0}^{N-1} x_n \mathrm{e}^{-2\pi i \frac{k}{N} n}$$

变换$\boldsymbol{F}$为$\mathbb{C}^N$上的线性变换，由一矩阵来定义，其元素$\boldsymbol{F}_{n,k} = \mathrm{e}^{-2\pi \frac{k}{N} n}$。矩阵$\boldsymbol{F}$的列$\boldsymbol{u}_i$为相互正交的，因为

$$\langle \boldsymbol{u}_i, \boldsymbol{u}_j \rangle = \sum_{n=0}^{N-1} \mathrm{e}^{2\pi \frac{i}{N} n} \mathrm{e}^{-2\pi i \frac{j}{N} n} = \sum_{n=0}^{N-1} \mathrm{e}^{2\pi i \frac{i-j}{N} n} = N\delta_{i,j} \tag{A.8}$$

其中，$\delta_{i,j}$表示克罗内克δ函数。回忆一下，$\langle , \rangle$为共轭线性的，即第一个参数的半线性形式。

式(A.8)意味着函数$\boldsymbol{F}$的逆$\boldsymbol{F}^{-1}$与其共轭$\frac{1}{N}\boldsymbol{F}^*$成正比。这也导致了Plancherel恒等式，即

$$\langle \boldsymbol{x}, \boldsymbol{y} \rangle = \frac{1}{N} \langle \boldsymbol{X}, \boldsymbol{Y} \rangle \tag{A.9}$$

事实上

$$\begin{aligned} \langle \boldsymbol{x}, \boldsymbol{y} \rangle &= \langle \boldsymbol{x}, \boldsymbol{F}^{-1}\boldsymbol{F}(\boldsymbol{y}) \rangle = \langle \boldsymbol{x}, \frac{1}{N}\boldsymbol{F}^*\boldsymbol{F}(\boldsymbol{y}) \rangle \\ &= \frac{1}{N} \langle \boldsymbol{F}(\boldsymbol{x}), \boldsymbol{F}(\boldsymbol{y}) \rangle = \frac{1}{N} \langle \boldsymbol{X}, \boldsymbol{Y} \rangle \end{aligned} \tag{A.10}$$

通过令$\boldsymbol{x} = \boldsymbol{y}$，可以立即得到Parseval恒等式，即

$$\langle \boldsymbol{x},\boldsymbol{x}\rangle = \frac{1}{N}\langle \boldsymbol{X},\boldsymbol{X}\rangle \tag{A.11}$$

为了在对实值向量应用 DFT 时保持实值结果，可以仅利用 DFT 的实部(或虚部)。也就是说：

定义 12 在 N 个实数有限序列(向量) $\boldsymbol{x} = (x_0, x_1, \cdots, x_{N-1})'$ 上，实数 DFT 定义为序列 $\boldsymbol{X}$，其坐标为

$$X_k = \sum_{n=0}^{N-1} x_n \cos\left(\frac{2\pi kn}{N}\right), \quad \text{或者 } X_k = \sum_{n=0}^{N-1} x_n \sin\left(\frac{2\pi kn}{N}\right)$$

第一个形式称为离散余弦变换(DCT)，第二个形式称为离散正弦变换(DST)。这里，主要利用 DCT。

并不需要进一步的研究，就可以得到式(A.8)、式(A.9)、式(A.11)在 DCT 与 DST 下相应的结果。

A.2.1 离散 Whittaker-Nyquist-Kotelnikov-Shannon 采样定理

采样定理，与 Whittaker、Nyquist、Kotelnikov 与 Shannon 的名字相联系，给出了连续信号具有离散有限谱并能够准确从中重构的准则。原始的香农证明是显而易见的，而严密的证明则需要利用傅里叶变换理论的复杂结果。这里，主要研究定理的离散版本。

给定大小为 N 的离散信号 $\boldsymbol{x} = (x_n \mid n \in \mathbb{Z}_n)$，假定信号谱的可观测部分或 DFT 具有支撑 K_1，$\boldsymbol{X}|_{K_1} = \boldsymbol{F}(\boldsymbol{x})|_{K_1}$。同时，假定可以使用任意重构工具(解码器)。现在的问题是：K_1 应具备什么条件才能使原始信号 $\boldsymbol{x}$ 被精确重构？

定理 A.1 [(离散到离散) Whittaker-Nyquist-Kotelnikov-Shannon 采样定理] 令 $\boldsymbol{x} = (x_n \mid n \in \mathbb{Z}_N)$ 为 N 维信号，K_1 为谱 $\boldsymbol{X} = \boldsymbol{F}(\boldsymbol{x})$ 的可观测部分的支撑，那么当且仅当 $|K_1| = N$ 时，$\boldsymbol{x}$ 可以精确复原。

证明：如果 $|K_1| = N$，那么通过使用逆 DFT 作为解码器，即 $\boldsymbol{D} = \boldsymbol{F}^{-1}$，信号 $\boldsymbol{x}$ 可以被精确复原：$\boldsymbol{x} = \boldsymbol{F}^{-1}\boldsymbol{F}(\boldsymbol{x})$。如果 $|K_1| < N$，那么存在谱的单点部分 $n_0 \in \mathbb{Z}_N$ 是不可观测的。考虑在 n_0 处具有谱的所有 N 维信号 $\mathcal{L} = \{\boldsymbol{y} = (y_n \mid n\mathbb{Z}_N, \text{supp}(\boldsymbol{F}(\boldsymbol{x})) = n_0)\}$，因为 $\mathcal{L} = \boldsymbol{F}^{-1}(0, \cdots, 0, \lambda, 0, \cdots, 0)$，所以集合 $\mathcal{L}$ 非空，其中 λ 为第 n_0 个位置处的实数。$\mathcal{L}$ 中任意两个具有某不同元素的信号将被 DFT $\boldsymbol{F}$ 映射至 K_1 上可观测的同一谱，因此不能解码为不同的值。

证毕。

最后，介绍上述采样定理非常有名的离散到连续版本。

定理 A.2 [(离散到连续) Whittaker-Nyquist-Kotelnikov-Shannon 采样定理] 只要采样率至少两倍于信号的最高频率，则均匀采样的模拟信号可以被完美的复原。

A.3 l_0 范数最小化的复杂性

(Natarajan, 1995)表明，l_0 范数最小化问题是一个 NP 难问题[可参见(Garey and Johnson, 1979)获得关于NP难问题的定义与例子]。这里，也提供了对该重要事实的简要证明，将描述下面的最小相关变量问题(本质上为l_0最小化问题)以及3集合覆盖问题[在(Garey and Johnson, 1979)中分别称为MP5与X3C]，并展示了X3C直接简化到MP5。注意，该情况也可以扩展到近似结果。例如，(Ausiello et al., 1999)第448页，或者(Schrijver,1986)。

定义13 (最小相关变量，MP5)实例：具有整数系数的$n \times m$维矩阵$\boldsymbol{A}$与具有整数系数的n维向量$\boldsymbol{b}$。

问题：给定$\boldsymbol{Ax} = \boldsymbol{b}$的解$\boldsymbol{x}$，那么具有有理数系数的$n$维向量$\boldsymbol{x}$含有的非零元素最小数量是多少?

定义14 (3集合的严格覆盖，X3C)实例：具有$|X| = 3q$的有限集X，X的3元素子集构成集合C。

问题：是否C中包含了X的严格覆盖，或是否子集$C' \subseteq C$使得X中每一个元素严格出现在C'的一个元素上?

X3C问题为(Garey and Jonhson, 1979)中叙述的NP完全问题集合的基本问题。在MP5问题中，对矩阵$\boldsymbol{A}$与向量$\boldsymbol{b}$具有整数系数的限制并不是必须的。事实上，既然MP5所关心的是寻找$\boldsymbol{x}$的有理数系数，那么可以利用($\boldsymbol{A}$与$\boldsymbol{b}$的所有元素的)公分母乘以$\boldsymbol{A}$与$\boldsymbol{b}$的所有元素。为了表明MP5问题是NP完全问题，将X3C问题映射到MP3问题[(Garey and Johnson, 1979)将该部分称为未发表的结果]。出于对内容完整性的考虑，这里给出了映射的细节。将大小为$|X| = 3q$的集合X映射至$\mathbb{R}^{3q}$，将S的子集S_i映射至大小为$3q \times |S|$的矩阵$\boldsymbol{A} = (a_{j,i})$。其中，当且仅当$S_i$覆盖了与$\mathbb{R}^{3q}$的第$j$个坐标相对应的点时，$a_{j,i} = 1$，否则$a_{j,i} = 0$。向量$\boldsymbol{x}$的大小为$|S|$，且对应于$S$中被选择的子集。当且仅当覆盖子集$S_j$被选择时，$x_j = 1$，否则$x_j = 0$。对于向量$\boldsymbol{b}$，选择所有$3q$个系数均为1的向量。假定存在该映射，因为非零系数的数量应至少为q，那么X3C的解就变为MP5的最小值解。

A.4 亚高斯随机变量

亚高斯随机变量是非常重要的，因为它们将有限支撑随机变量与某些高斯随机变量很好的性质推广到更广泛的随机变量中。

定义15 令X表示具有$EX = 0$的实数随机变量，如果存在常数$a, C > 0$，使得对于所有$\lambda > 0$，有

$$\text{Prob}(|X| > \lambda) \leqslant C\mathrm{e}^{-a\lambda^2} \tag{A.12}$$

称X具有一个a-亚高斯尾。如果对于所有的$\lambda \leqslant \lambda_0$，上述边界满足，那么称$X$具有一个达到$\lambda_0$的$a$-亚高斯尾。

假设$X_1, X_2, \cdots, X_n$为随机变量序列，如果说它们具有一致高斯尾，则意味着所有这些变量均具有相同常数a的亚高斯尾。

我们将术语“X具有a-亚高斯尾”简化为“亚高斯随机变量X”。

例 3　令 X 为具有有限支撑的随机变量，一个例子为伯努利随机变量。对于 $t > M = \max|\text{supp}(|X|)|$，有 $\text{Prob}(|X| > M) = 0$。因此，X 为一个亚高斯变量。另一个例子是高斯随机变量。

随机变量 X 的(矩)生成函数(母函数)为随机变量 Y，定义为 $Y = \mathrm{e}^{uX}$，$\text{Prob}(Y = \mathrm{e}^{uX} > \mathrm{e}^{ut}) = \text{Prob}(X > t)$。在概率论中，生成函数是一个非常重要的工具。正态(高斯)分布 $\mathcal{N}(\mu,\sigma)$ 的生成函数为 $\mathrm{e}^{\mu t+\frac{1}{2}\sigma^2 t^2}$。我们利用亚高斯随机变量的生成函数来对其进行描述。

命题 A.3　(标准化的亚高斯随机变量的性质)令 X 为具有 $EX = 0$ 与 $EX^2 < \infty$ 的随机变量。

i) 如果对于某个常数 $C > 0$ 以及所有 $u > 0$，有 $E\mathrm{e}^{u|X|} \leqslant C\mathrm{e}^{Cu^2}$，那么 X 具有一个亚高斯尾。如果对于所有 $u \in (0,u_0]$，有 $E\mathrm{e}^{u|X|} \leqslant C\mathrm{e}^{Cu^2}$，那么 X 具有一个达到 $2Cu_0$ 的亚高斯尾。

ii) 如果 X 具有亚高斯尾，那么对于所有 $u > 0$，有 $E\mathrm{e}^{u|X|} \leqslant C\mathrm{e}^{Cu^2}$，且常数 C 仅依赖于亚高斯尾的常数 a。

证明：

i) 对于所有 $u \in (0,u_0]$ 以及所有 $t \geqslant 0$，通过马尔可夫不等式 $\text{Prob}(X > t) \leqslant \dfrac{E(X)}{t}$，有

$$\text{Prob}(|X| \geqslant t) = \text{Prob}(\mathrm{e}^{u|X|} \geqslant \mathrm{e}^{ut}) \tag{A.13}$$

$$(\text{马尔可夫不等式}) \leqslant \mathrm{e}^{-ut}E\mathrm{e}^{u|X|} \tag{A.14}$$

$$\leqslant C\mathrm{e}^{-ut+Cu^2} \tag{A.15}$$

对于 $t \leqslant 2Cu_0$，在上述结束中设定 $u = t/2C$ 意味着 $\text{Prob}(X \geqslant t) \leqslant C\mathrm{e}^{-t^2/4C}$。

ii) 令 F 为 X 的分布函数，换句话说，$F(t) = \text{Prob}(X < t)$。

有 $E\mathrm{e}^{u|X|} = \int_{-\infty}^{\infty} \mathrm{e}^{u|t|}\mathrm{d}F(t)$。将该积分分成两个子区间，分别对应 $ut \leqslant 1$ 与 $ut \geqslant 1$。那么，有

$$\int_{-1/u}^{1/u} \mathrm{e}^{u|t|}\mathrm{d}F(t) \leqslant \int_{-1/u}^{1/u} 3\mathrm{d}F(t) \leqslant 3 \tag{A.16}$$

通过对正数与负数部分进行求和来分析第二个积分，即

$$\begin{aligned}\int_{1/u}^{\infty} \mathrm{e}^{u|t|}\mathrm{d}F(t) &\leqslant \sum_{k=1}^{\infty} \mathrm{e}^{k+1}\text{Prob}\left(X \geqslant \frac{k}{u}\right)\\ &\leqslant C\sum_{k=1}^{\infty} \mathrm{e}^{2k}\mathrm{e}^{-ak^2/u^2} = C\sum_{k=1}^{\infty} \mathrm{e}^{k(2-ak/u^2)}\end{aligned} \tag{A.17}$$

$$\begin{aligned}\int_{-\infty}^{-1/u} \mathrm{e}^{u|t|}\mathrm{d}F(t) &\leqslant \sum_{k=1}^{\infty} \mathrm{e}^{k+1}\text{Prob}\left(X \leqslant -\frac{k}{u}\right)\\ &\leqslant C\sum_{k=1}^{\infty} \mathrm{e}^{2k}\mathrm{e}^{-ak^2/u^2} = C\sum_{k=1}^{\infty} \mathrm{e}^{k(2-ak/u^2)}\end{aligned} \tag{A.18}$$

对于 $u \leqslant \sqrt{a}/2$，有 $2 - ak/u^2 \leqslant -a/2u^2$，而且和的边界可以通过具有第一项与商 $\mathrm{e}^{-a/2u^2} \leqslant \mathrm{e}^{-1} < \dfrac{1}{2}$ 的几何级数来确定。所以，和最高为 $2\mathrm{e}^{-a/2u^2} = O(u^2)$ (既然 $\mathrm{e}^x \geqslant 1 + x > x$，那么 $x > 0$

时取倒数得到 $e^{-x} \leqslant \frac{1}{x}$，并代入 $x = a/2u^2$)。因此，$Ee^{u|X|} \leqslant 1 + O(u^2) \leqslant Ce^{O(u^2)}$。

对于 $u > \sqrt{a}/2$，求和中的最大项为 k 接近 u^2/a 的那些项，和为 $O(e^{u^2/2a})$。所以 $Ee^{u|X|} \leqslant Ce^{O(u^2)}$ 成立。

证毕。

例4 对于具有有限支撑 $|X| \leqslant M$ 的随机变量 X（M 为正数），可得到

$$Ee^{uX} \leqslant Ee^{uM} = e^{uM} \tag{A.19}$$

因此对于 $M' = \max\left\{\left(\frac{M}{2}\right)^2, e\right\}$，有

$$\ln M' + M'u^2 \geqslant 2\sqrt{\ln M' M' u^2} \geqslant 2u\sqrt{M'} \geqslant Mu \tag{A.20}$$

或

$$Ee^{uX} \leqslant M' e^{M'u^2} \tag{A.21}$$

换句话说，随机变量 X 满足命题 A.3 ii)，且常数为 $C = \max\left\{\left(\frac{M}{2}\right)^2, e\right\}$。

定理 A.4 令 $X_0, \cdots, X_{n-1}$ 为一组具有定理 A.3 ii) 中的常数 C 的亚高斯随机变量，那么

$$E(\max_{i \in \mathbb{Z}_n} |X_i|) \leqslant 2\sqrt{C \log(2n)} \tag{A.22}$$

证明：对于每一个 $u > 0$，下式成立：

$$\begin{aligned} \exp(uE(\max_{i \in \mathbb{Z}_n} |X_i|)) &\leqslant E \max_{i \in \mathbb{Z}_n} e^{u|X_i|} \\ &\leqslant E(\sum_{i \in \mathbb{Z}_n} e^{uX_i} + e^{-uX_i}) \leqslant 2ne^{Cu^2} \end{aligned} \tag{A.23}$$

通过设定 $u = \sqrt{\frac{\log 2n}{C}}$，可以得到式(A.22)。

证毕。

推论 A.5 令 X_i 为具有有限支撑 $|X_i| \leqslant M$ 与零均值的随机变量，$M > e$，那么，有

$$E(\max_{i \in \mathbb{Z}_n} |X_i|) \leqslant M \tag{A.24}$$

高斯随机变量是2-稳定的，即两个正态变量(具有零均值且其标准差 $\sigma = 1$)的组合也是正态的(见下面命题)，其中，组合系数的平方和为1。目标是要确定：在这样的组合下，具有零均值且 $\sigma = 1$ 的亚高斯随机变量是相近的。

推论 A.6 （亚高斯随机变量的组合）令 $X_1, \cdots, X_n$ 为独立随机变量，满足 $EX_i = 0$，$\mathrm{Var}\, X_i < C < \infty$，具有一致亚高斯尾。令 $\alpha_1, \cdots, \alpha_n$ 为实系数且满足 $\alpha_1^2 + \cdots + \alpha_n^2 = 1$。那么，其和

$$Y = \alpha_1 X_1 + \cdots + \alpha_n X_n \tag{A.25}$$

具有 $EY = 0$，$\mathrm{Var}\, Y < \infty$，并且具有 a- 亚高斯尾。

证明：根据期望的线性关系，有 $EY=0$。既然对于独立的随机变量，方差也是独立的，那么

$$\operatorname{Var} Y=\sum_{i=1}^{n}\alpha_i^2 \operatorname{Var} X_i=\sum_{i=1}^{n}\alpha_i^2<\infty \tag{A.26}$$

根据命题 A.3 有 $E\mathrm{e}^{uX_i}\leqslant C\mathrm{e}^{Cu^2}$，那么

$$E\mathrm{e}^{uY}=\prod_{i=1}^{n}E\mathrm{e}^{u\alpha_iX_i}\leqslant C\mathrm{e}^{Cu^2(\alpha_1^2+\cdots+\alpha_n^2)}=C\mathrm{e}^{Cu^2} \tag{A.27}$$

并且，Y 具有亚高斯尾。

证毕。

有时也对亚高斯随机变量的线性组合感兴趣。下面的引理表明零均值亚高斯随机变量的线性组合也是亚高斯的。

推论 A.7 （Azuma/Hoefding 不等式）令 $X_1,\cdots,X_n$ 为独立随机变量，满足 $EX_i=0$，$\operatorname{Var} X_i<\infty$，具有一致亚高斯尾。令 $\alpha=\{\alpha_1,\cdots,\alpha_n\}$ 为实系数。那么和 $\sum\alpha_iX_i$ 满足

$$\operatorname{Prob}\left(\left|\sum\alpha_iX_i\right|>t\right)\leqslant C\mathrm{e}^{-\frac{Ct^2}{\|\alpha\|_{l_2}^2}} \tag{A.28}$$

证明：事实上，有

$$\operatorname{Prob}\left(\left|\sum\alpha_iX_i\right|>t\right)=\operatorname{Prob}\left(\left|\sum\frac{\alpha_i}{\|\alpha\|_{l_2}}X_i\right|>\frac{t}{\|\alpha\|_{l_2}}\right) \tag{A.29}$$

$$\leqslant C\mathrm{e}^{-\frac{Ct^2}{\|\alpha\|_{l_2}^2}} \tag{A.30}$$

其中，最后的不等式由命题 A.6 的结论得到。

证毕。

命题 A.8 令 $k\geqslant 1$ 为一整数，$Y_1,\cdots,Y_n$ 为独立随机变量，$EY_i=0$，$\operatorname{Var} Y_i=1$，并且具有一致亚高斯尾。那么，$Z=\frac{1}{\sqrt{k}}(Y_1^2+Y_2^2+\cdots+Y_k^2-k)$ 具有达到 $\sqrt{k}$ 的亚高斯尾。

为了证明命题 A.8，首先给出如下结果。

引理 A.9 如果 Y 具有命题 A.8 中 Y_i 的性质，那么存在常数 C 与 u_0，使得对于所有的 $u\in(0,u_0]$，有 $E\mathrm{e}^{u(Y^2-1)}\leqslant\mathrm{e}^{Cu^2}$，以及 $E\mathrm{e}^{u(1-Y^2)}\leqslant\mathrm{e}^{Cu^2}$。

从第一个不等式开始。注意，EY^4 为有限的（一常数），这可以从 Y 的亚高斯尾特点、对于所有的 t 有 $t^4=O(\mathrm{e}^t+\mathrm{e}^{-t})$ 以及命题 A.3 ii）得到。

令 F 为 Y^2 的分布函数，$F(t)=\operatorname{Prob}(Y^2<t)$。将积分定义 $E\mathrm{e}^{uY^2}$ 分成两个区间，分别对应于 $uY^2\leqslant 1$ 与 $uY^2\geqslant 1$。因此，

$$E\mathrm{e}^{uY^2}=\int_0^{1/u}\mathrm{e}^{ut}\mathrm{d}F(t)+\int_{1/u}^{\infty}\mathrm{e}^{ut}\mathrm{d}F(t)$$

第一个积分可以由下式得到：

$$\int_0^{1/u} 1 + ut + u^2t^2 \mathrm{d}F(t) \leqslant \int_0^{\infty} 1 + ut + u^2t^2 \mathrm{d}F(t)$$
$$= 1 + uEY^2 + u^2EY^4 = 1 + u + O(u^2)$$

第二个积分可以通过求和得到，即

$$\sum_{k=1}^{\infty} \mathrm{e}^{k+1}\mathrm{Prob}(Y^2 \geqslant k/u) \leqslant 2\sum_{k=1}^{\infty} \mathrm{e}^{2k}\mathrm{e}^{-ak/u}$$

假定 $u \leqslant u_0 = a/4$，那么 $k(2 - a/u) \leqslant - ka/2u$，和的阶为 $\mathrm{e}^{-\Omega(1/u)}$。与命题 A.3 的证明过程相似，可以用 $O(u^2)$ 与 $E\mathrm{e}^{uY^2}$ 定其界，因此得到 $1 + u + O(u^2) \leqslant \mathrm{e}^{u+O(u^2)}$。那么，$E\mathrm{e}^{u(Y^2-1)} = E\mathrm{e}^{uY^2}\mathrm{e}^{-u} \leqslant \mathrm{e}^{O(u^2)}$。

既然对于所有的 $t > 0$ 与 $u > 0$，有 $\mathrm{e}^{-ut} \leqslant 1 - ut + u^2t^2$，那么估计 $E\mathrm{e}^{-uY^2}$ 的计算过程非常简单，即

$$E\mathrm{e}^{-uY^2} = \int_0^{\infty} \mathrm{e}^{-ut}\mathrm{d}F(t) \leqslant \int_0^{\infty} 1 - ut + u^2t^2 \mathrm{d}F(t)$$
$$= 1 - uE[Y^2] + u^2EY^4 \leqslant 1 - u + O(u^2) \leqslant \mathrm{e}^{-u+O(u^2)}$$

得到了 $E\mathrm{e}^{u(1-Y^2)} \leqslant \mathrm{e}^{O(u^2)}$。

命题 A.8 的证明：对于 $Z = \frac{1}{\sqrt{k}}(Y_1^2 + \cdots + Y_k^2 - k)$，$0 < u \leqslant u_0\sqrt{k}$，$u_0$ 与引理 A.9 中相同，计算 $E[\mathrm{e}^{uZ}] = E[\mathrm{e}^{(u/\sqrt{k})(Y_1^2+\cdots+Y_k^2-k)}] = E[\mathrm{e}^{(u/\sqrt{k})(Y^2-1)}]^k \leqslant (\mathrm{e}^{Cu^2/k})^k \leqslant \mathrm{e}^{Cu^2}$。引理 A.3 意味着 Z 具有达到 $2C\sqrt{k} \geqslant \sqrt{k}$ 的亚高斯尾（假定 $2C \geqslant 1$）。具有更低尾情况的计算与此类似。

A.5　$\mathbb{R}^n$ 中的随机变量与对称性

现在考虑 $\mathbb{R}^n$ 中随机变量的对称性。该类型的结论常用于将一任意随机变量简化对称变量，对称性体现为伯努利随机变量，取值 $\{\pm 1\}$ 的概率相同。

$\mathbb{R}^n$ 中随机变量 $X = (x_j)_{j \in \mathbb{Z}_d}$ 为从事件（概率）空间 (Ω,μ) 到 $\mathbb{R}^n$ 的可测量映射。其中，μ 为 $\mathbb{R}^n$ 上的某概率测度。对于点 $a = (a_j)_{j \in \mathbb{Z}_d} \in \mathbb{R}^d$，$X$ 的分布函数为 $D((a_j)_{j \in \mathbb{Z}_d}) = \mu(\{\omega \in \Omega \mid X(\omega) \leqslant (a_j)_{j \in \mathbb{Z}_d}\})$。期望 EX 定义为

$$EX = \int_{\Omega} X(\omega)\mathrm{d}\mu(\omega) \in \mathbb{R}^d \tag{A.31}$$

其中，积分为逐坐标计算的。方差的概念由协方差来代替，定义为

$$\boldsymbol{\Sigma}X = EXX' = EX \otimes X \tag{A.32}$$

其中，$\boldsymbol{\Sigma}$ 为 $d \times d$ 维半正定矩阵。

通常，选择具有由分布函数 $D((a_j)_{j \in \mathbb{Z}_d})$ 所定义的测度空间 $\mathbb{R}^d$ 作为事件空间 (Ω, μ)。

定义 16　如果对于任意平行六面体 $I_i = \prod_{j \in \mathbb{Z}_d} [a'_{ji}, a''_{ji}]$，$a'_{ji} \leqslant a''_{ji}$，满足

$$\mu(\{\omega \mid \boldsymbol{X}_i(\omega) \in I_i,\ i \in \mathbb{Z}_n\}) = \prod_{i \in \mathbb{Z}_n} \mu(\{\omega \mid \boldsymbol{X}_i(\omega) \in I_i\}) \tag{A.33}$$

那么，向量 $\boldsymbol{X}_i$ 为独立的，$i \in \mathbb{Z}_N$。

既然独立性的定义仅仅使用了 $\boldsymbol{X}_i$ 的一个映像，那么 $\boldsymbol{X}_i$ 的独立性，$i \in \mathbb{Z}_N$，意味着，对于任意函数 f: $\mathbb{R}^d \mapsto \mathbb{R}^p$ 有 $f(\boldsymbol{X}_i)$ 是独立的，$i \in \mathbb{Z}_N$。

接下来的表述可以在(Ledoux and Talagrand, 2011; Vershynin, 2012)中找到。

引理 A.10 令 $\boldsymbol{X}_i$，$i \in \mathbb{Z}_N$，为 $\mathbb{R}^d$ 中取值的独立随机变量的有限集，且可取某范数 $\|\cdot\|$。那么，

$$E\left\|\sum_i (\boldsymbol{X}_i - E\boldsymbol{X}_i)\right\| \leqslant 2E\left\|\sum_i \varepsilon_i \boldsymbol{X}_i\right\| \tag{A.34}$$

如果 $\boldsymbol{X}$、$\boldsymbol{Y}$ 为 $\mathbb{R}^d$ 中独立同分布的随机变量，可取某范数 $\|\cdot\|$，那么

$$E\|\boldsymbol{X} - E\boldsymbol{X}\| \leqslant E\|\boldsymbol{X} - \boldsymbol{Y}\| \leqslant 2E\|\boldsymbol{X} - E\boldsymbol{X}\| \tag{A.35}$$

对于所有的正数 u，下式成立：

$$\mathrm{Prob}(\|\boldsymbol{X}\| > 2E\boldsymbol{X} + u) \leqslant 2\mathrm{Prob}(\|\boldsymbol{X} - \boldsymbol{Y}\| > u) \tag{A.36}$$

证明：既然变量 $\boldsymbol{X}_i$ 为独立的，变量 $\varepsilon_i \boldsymbol{X}_i$ 的实现概率空间为 (Ω,μ) 的 n 个副本与空间 (B,ν) 的 n 个副本的乘积，即 $\prod_{i\in\mathbb{Z}_N}(\Omega,\mu) \times \prod_{i\in\mathbb{Z}_N}(B,\nu)$，其中，$B = \{-1,1\}$，$\mu = (1/2, 1/2)$。

同时，也考虑变量 $\boldsymbol{Y}_i$，将其作为变量 $\boldsymbol{X}_i$ 的独立副本。常用实现空间为 $\prod_{i\in\mathbb{Z}_N}(\Omega,\mu) \times \prod_{i\in\mathbb{Z}_N}(B,\nu) \times \prod_{i\in\mathbb{Z}_N}(\Omega,\mu)$，其中变量 $\boldsymbol{X}_i$ 仅依赖于前 n 个坐标，变量 ε_i 仅依赖于其后的 n 个坐标，$\boldsymbol{Y}_i$ 仅依赖于最后的 n 个坐标。用 $E_{\boldsymbol{X}}$、E_{ε} 与 $E_{\boldsymbol{Y}}$ 分别表示前/中/后 n 个坐标的期望。那么，

$$\begin{aligned}
& E\left\|\sum_{i\in\mathbb{Z}_N}(\boldsymbol{X}_i - E\boldsymbol{X}_i)\right\| = E\left\|\sum_{i\in\mathbb{Z}_N}(\boldsymbol{X}_i - E\boldsymbol{Y}_i)\right\| \\
\leqslant & E_{\boldsymbol{X}}E_{\boldsymbol{Y}}\left\|\sum_{i\in\mathbb{Z}_N}(\boldsymbol{X}_i - \boldsymbol{Y}_i)\right\| = E_{\boldsymbol{X}}E_{\boldsymbol{Y}}\left\|\sum_{i\in\mathbb{Z}_N}\varepsilon_i(\boldsymbol{X}_i - \boldsymbol{Y}_i)\right\| \\
= & E_{\varepsilon}E_{\boldsymbol{X}}E_{\boldsymbol{Y}}\left\|\sum_{i\in\mathbb{Z}_N}\varepsilon_i(\boldsymbol{X}_i - \boldsymbol{Y}_i)\right\| \\
\leqslant & E_{\boldsymbol{X}}E_{\boldsymbol{Y}}E_{\varepsilon}\left\|\sum_{i\in\mathbb{Z}_N}\varepsilon_i(\boldsymbol{X}_i)\right\| + E_{\boldsymbol{X}}E_{\boldsymbol{Y}}E_{\varepsilon}\left\|\sum_{i\in\mathbb{Z}_N}\varepsilon_i(\boldsymbol{Y}_i)\right\| \\
= & 2E\left\|\sum_{i\in\mathbb{Z}_N}\varepsilon_i(\boldsymbol{X}_i)\right\|
\end{aligned}$$

其中，第一个等式成立是因为变量 $\boldsymbol{X}_i$ 与 $\boldsymbol{Y}_i$ 为同分布且独立的。

第一个不等式是三角不等式的推论，称为詹森不等式。它表明对于两个向量，半和的范数不超过范数的半和。该结论可以扩展到随机变量范数的期望与向量期望的范数。

第二个等式是基于以下事实：通过用 -1 乘以 $\boldsymbol{X}_i - \boldsymbol{Y}_i$ 可以将 Ω 的第一个与第三个 n 元组进行交换，因此，总期望保持不变。

第三个等式是成立的，因为我们找到了常值函数的期望。第二个不等式是由范数的三角不等式得到的，根据富比尼定理可以改变积分的顺序。最后的等式也是成立的，因为 $\varepsilon_i \boldsymbol{X}_i$ 与 $\varepsilon_i \boldsymbol{Y}_i$ 为同分布的。

为了得到式(A.35)，首先利用式(A.34)证明中的三个表达式，然后应用三角不等式，即

$$\begin{aligned} E\|\boldsymbol{X}-E\boldsymbol{X}\| &= E\|\boldsymbol{X}-E\boldsymbol{Y}\| \leqslant E_X E_Y\|\boldsymbol{X}-\boldsymbol{Y}\| = E\|\boldsymbol{X}-\boldsymbol{Y}\| \\ &\leqslant E\|\boldsymbol{X}-E\boldsymbol{X}\| + E\|\boldsymbol{Y}-E\boldsymbol{Y}\| = 2E\|\boldsymbol{X}-E\boldsymbol{X}\| \end{aligned} \tag{A.37}$$

为了得到式(A.36)，利用 $\boldsymbol{X}$ 与 $\boldsymbol{Y}$ 的独立性以及 $\mathrm{Prob}(\|\boldsymbol{X}\| \geqslant 2E\|\boldsymbol{X}\|)2E\|\boldsymbol{X}\| \leqslant E\|\boldsymbol{X}\|$，因此 $\mathrm{Prob}(\|\boldsymbol{X}\| \leqslant 2E\|\boldsymbol{X}\|) \geqslant 1/2$，则

$$\begin{aligned} &\mathrm{Prob}(\|\boldsymbol{X}-\boldsymbol{Y}\| > \boldsymbol{u}) \geqslant \mathrm{Prob}(\|\boldsymbol{X}\| - \|\boldsymbol{Y}\| > u) \\ &\geqslant \mathrm{Prob}(\{\|\boldsymbol{X}\| > 2E\|\boldsymbol{X}\| + u\} \cap \{\|\boldsymbol{Y}\| \leqslant 2E\|\boldsymbol{Y}\|\}) \\ &= \mathrm{Prob}(\|\boldsymbol{Y}\| \leqslant 2E\|\boldsymbol{Y}\|)\mathrm{Prob}(\|\boldsymbol{X}\| > 2E\|\boldsymbol{X}\| + u) \\ &\geqslant 1/2\mathrm{Prob}(\|\boldsymbol{X}\| > 2E\|\boldsymbol{X}\| + u) \end{aligned} \tag{A.38}$$

证毕。

A.6　亚高斯过程

令 (T,d) 为度量空间，换句话说，T 为集合，d 为 T 上的距离。

定义 17　具有度量空间 (T,d) 中索引的亚高斯过程 V_t，$t \in T$ 为一组随机变量，对某一常数 c 与每一个 t，$t' \in T$ 来说，可能具有 $\mathbb{R}^q$ 上满足下式的值：

$$\mathrm{Prob}(\{\|V_t - V_t'\| > s\}) \leqslant \mathrm{e}^{\overline{d^2(t,t')}^{cs^2}} \tag{A.39}$$

例 5　令 ψ_i，$i \in \mathbb{Z}_q$ 为一组独立的亚高斯随机变量，选择 $(T,d) = (\mathbb{R}^q, \|\cdot\|_{\mathbb{R}^q})$。那么，根据 Azuma/Hoefding 不等式，对于 V_t，$t \in T$，有

$$V_t = \sum_{i \in \mathbb{Z}_q} t_i \psi_i \tag{A.40}$$

为一个亚高斯过程。

A.7　Dudley 熵不等式

本节的目标在于给出 Dudley 熵不等式的证明过程。在研究中，采用(Talagrand, 1996)与(Rudelson, 2007)中的方法。粗略地讲，不等式通过指标集的测度熵的积分来估计随机过程的散度概率。为了介绍该不等式，需要弄清 $\sup_{t \in T}|V_t - V_{t_0}|$ 的意思是什么。既然每一个过程几乎处处均被定义，那么取上确界可能最终不会成为可测量函数。

为了得到任意两组点 $t,t' \in T$ 间的一致有界距离以及 $d(T) = \sup_{t,t' \in T} d(t,t')$ 的有界直径，假定指标集 T 为紧致的。回顾紧致意味着开球的每一个覆盖包含有限的子覆盖。等价的表述说明了每一个连续函数在某一点达到其上确界。

因为通过利用大小为 2^{-i} 的开球覆盖 T，并取有限子覆盖，可以得到一个稠密、可数的子集，所以在 (T,d) 集中存在可数稠密。在该集合上取上确界。该附加假定足以让我们停留在可观测世界中。

$\log N(T,d,\varepsilon)$ 被称为测度空间 (T,d) 的测度熵。

定理 A.11　令 (T,d) 为紧致度量空间，$V_t, t \in T$ 为亚高斯过程，$M = \int_0^\infty \sqrt{\log N(T,d,\varepsilon)}\mathrm{d}\varepsilon$。那么，对于任意 $s \geqslant 1$，以及任意 $t_0 \in T$，有

$$\mathrm{Prob}(\{\sup_{t \in T} \| V_t - V_{t_0} \| > sM\}) \leqslant \mathrm{e}^{-Cs^2} \tag{A.41}$$

证明：利用紧致的性质，T 可能被有限数目的单位球所覆盖，因此存在一个自然数 j_0 使得 $d(T) \leqslant 2^{j_0}$。考虑

$$M_2 = \sum_{j=-j_0}^{\infty} 2^{-j} \sqrt{\log N(T,d,\varepsilon)} \tag{A.42}$$

则有

$$d(T) \leqslant 2^{-j_0} \leqslant M_2$$

既然 $\sqrt{\log N(T,d,\varepsilon)}$ 为 ε 的递减函数，那么

$$\frac{1}{2}M_2 \leqslant M \leqslant 2M_2 \tag{A.43}$$

因此，式(A.41)中常数的 C 调整，足以表明

$$\mathrm{Prob}(\{\sup_{t \in T} \| V_t - V_{t_0} \| > sM_2\}) \leqslant \mathrm{e}^{-Cs^2} \tag{A.44}$$

选择 $\prod_j$ 为具有 N_j 个点的 $2^{-j} - \varepsilon$ 网，用 $\pi_j(t) \in \prod_j$（$\prod_j$ 中一个最接近 t 的点）来近似 t，在第一个点 $\pi_{j_0}(t)$，选择 t_0。

将 $V_t - V_{t_0}$ 表示为以下形式：

$$V_t - V_{t_0} = V_t - V_{\pi_l(t)} + \sum_{j=j_0+1}^{l} (V_{\pi_j(t)} - V_{\pi_{j-1}(t)}) \tag{A.45}$$

并且利用等式中的亚高斯尾来估计式(A.45)中的每一个被加数的贡献。既然 $\pi_j(t)$ 在 $2^j - \varepsilon$ 网中为最接近 t 的点，那么

$$d(\pi_k(t), \pi_{k-1}(t)) \leqslant d(\pi_k(t), t) + d(t, \pi_{k-1}(t)) \leqslant 2^{-k+2}$$

这里存在至多 $N_k N_{k-1} \leqslant N_k^2$ 对 $(\pi_k(t), \pi_{k-1}(t))$。

令 a_j 为正数序列。通过亚高斯尾定义，对于任意 $x \in T$，有

$$\mathrm{Prob}(\| V_{\pi_j(x)} - V_{\pi_{j-1}(x)} \| \geqslant a_j) \leqslant \mathrm{e}^{\frac{ca_j^2}{16 \cdot 2^{2j}}}$$

式(A.44)中上确界的概率不会超过

$$\sum_{j=j_0}^{\infty} N_j N_{j-1} \mathrm{e}^{\frac{ca_j^2}{16 \cdot 2^{2j}}} \leqslant \sum_{j=j_0}^{\infty} N_j^2 \mathrm{e} \cdot \frac{ca_j^2}{16 \cdot 2^{2j}} \tag{A.46}$$

选择 $a_j = \frac{4}{\sqrt{c}} 2^{-j} \cdot (\sqrt{\log N_j} + \sqrt{j - j_0 + 2} + s)$。那么(A.46)右边不会超过

$$\sum_{j=j_0}^{\infty} \mathrm{e}^{-(j-j_0+2)-s^2} \leqslant \mathrm{e}^{-s^2}$$

从而得到如下结果：

$$\mathrm{Prob}(\{\sup_{t\in T}\|V_t - V_{t_0}\| \geqslant \sum_{j=j_0}^{\infty} a_j\}) \leqslant \mathrm{e}^{-s^2}$$

既然

$$\sum_{j=j_0}^{\infty} a_j \leqslant C\sum_{j=j_0}^{\infty} 2^{-j}(\sqrt{\log N_j} + s\sqrt{j - j_0 + 2}) \leqslant CM_2 + sd(T) + CM_2 \leqslant CM_2 \cdot s$$

这样就完成了(A.41)的证明。

证毕。

推论 A.12　(Dudley 熵不等式)令 $V_t, t \in T$ 为亚高斯过程, $V_{t_0} = 0$, 那么

$$E\sup_{t\in T}\|V_t\| \leqslant C\int_0^{\infty} \sqrt{\log N(T,d,\varepsilon)}\,\mathrm{d}\varepsilon \tag{A.47}$$

证明: 利用定理 A.11, 通过在每一步选择合适的常数, 可以得到

$$E\sup_{t\in T}\|V_t\| \leqslant \int_0^{\infty} x\mathrm{Prob}(\{\sup_{t\in T}\|V_t\| > x\})\mathrm{d}x \leqslant CM + \int_{CM}^{\infty} x\mathrm{e}^{-x^2/CM}\mathrm{d}x \leqslant CM \tag{A.48}$$

A.8　有界随机算子的大偏差

我们需要下面的大偏差类型的估计用于一致有界算子。$s = Kl$ 的情况可参见(Ledoux and Talagrand, 2011)的定理6.17 与定理6.19。

定理 A.13　令 $Y_1, \cdots, Y_n$ 为 $\mathbb{R}^n$ 中独立对称的随机变量。假定 $\|Y_j\| \leqslant M$。那么, 对于任意 $l \geqslant q$ 以及任意 $t > 0$, 随机变量 $Y = \|\sum_{i\in\mathbb{Z}_n} Y_j\|$ 满足

$$\mathrm{Prob}(Y \geqslant 8qE(Y) + 2Ml + t) \leqslant \frac{C}{q^l} + 2\mathrm{e}^{-\frac{t^2}{256E(Y)^2}} \tag{A.49}$$

参考文献

Adamczak, R., Litvak, A., Pajor, A., Tomczak-Jaegermann, N., 2011. Restricted isometry property of matrices with independent columns and neighborly polytopes by random sampling. Constructive Approximation 34 (1), 61–88.

Aharon, M., Elad, M., Bruckstein, A., 2006a. K-SVD: An algorithm for designing overcomplete dictionaries for sparse representation. IEEE Transactions on Signal Processing 54 (11), 4311–4322.

Aharon, M., Elad, M., Bruckstein, A., 2006b. On the uniqueness of overcomplete dictionaries, and a practical way to retrieve them. Linear algebra and its applications 416 (1), 48–67.

Antoniadis, A., Fan, J., 2001. Regularization of wavelet approximations. Journal of the American Statistical Association 96 (455).

Asadi, N. B., Rish, I., Scheinberg, K., Kanevsky, D., Ramabhadran, B., 2009. MAP approach to learning sparse Gaussian Markov networks. In: Proc. of the IEEE International Conference on Acoustics, Speech and Signal Processing (ICASSP). pp. 1721–1724.

Asif, M., Romberg, J., 2010. On the Lasso and Dantzig selector equivalence. In: Proc. of the 44th Annual Conference on Information Sciences and Systems (CISS). IEEE, pp. 1–6.

Atia, G., Saligrama, V., March 2012. Boolean compressed sensing and noisy group testing. IEEE Transactions on Information Theory 58 (3), 1880–1901.

Ausiello, G., Protasi, M., Marchetti-Spaccamela, A., Gambosi, G., Crescenzi, P., Kann, V., 1999. Complexity and Approximation: Combinatorial Optimization Problems and Their Approximability Properties. Springer-Verlag New York.

Bach, F., 2008a. Bolasso: Model consistent Lasso estimation through the bootstrap. In: Proc. of the 25th International Conference on Machine Learning (ICML). pp. 33–40.

Bach, F., 2008b. Consistency of the group Lasso and multiple kernel learning. Journal of Machine Learning Research 9, 1179–1225.

Bach, F., June 2008c. Consistency of trace norm minimization. Journal of Machine Learning Research 9, 1019–1048.

Bach, F., 2010. Self-concordant analysis for logistic regression. Electronic Journal of Statistics 4, 384–414.

Bach, F., Jenatton, R., Mairal, J., Obozinski, G., 2012. Optimization with sparsity-inducing penalties. Foundations and Trends in Machine Learning 4 (1), 1–106.

Bach, F., Lanckriet, G., Jordan, M., 2004. Multiple kernel learning, conic duality, and the SMO algorithm. In: Proc. of the Twenty-first International Conference on Machine Learning (ICML).

Bach, F., Mairal, J., Ponce, J., 2008. Convex sparse matrix factorizations. arXiv preprint arXiv:0812.1869.

Bakin, S., 1999. Adaptive regression and model selection in data mining problems. Ph.D. thesis, Australian National University, Canberra, Australia.

Balasubramanian, K., Yu, K., Lebanon, G., 2013. Smooth sparse coding via marginal regression for learning sparse representations. In: Proc. of the International Conference on Machine Learning (ICML). pp. 289–297.

Baliki, M., Geha, P., Apkarian, A., 2009. Parsing pain perception between nociceptive representation and magnitude estimation. Journal of Neurophysiology 101, 875–887.

Baliki, M., Geha, P., Apkarian, A., Chialvo, D., 2008. Beyond feeling: Chronic pain hurts the brain, disrupting the default-mode network dynamics. The Journal of Neuroscience 28 (6), 1398–1403.

Banerjee, A., Merugu, S., Dhillon, I., Ghosh, J., April 2004. Clustering with Bregman divergences. In: Proc. of the Fourth SIAM International Conference on Data Mining. pp. 234–245.

Banerjee, A., Merugu, S., Dhillon, I. S., Ghosh, J., October 2005. Clustering with Bregman divergences. Journal of Machine Learning Research 6, 1705–1749.

Banerjee, O., El Ghaoui, L., d'Aspremont, A., March 2008. Model selection through sparse maximum likelihood estimation for multivariate Gaussian or binary data. Journal of Machine Learning Research 9, 485–516.

Banerjee, O., Ghaoui, L. E., d'Aspremont, A., Natsoulis, G., 2006. Convex optimization techniques for fitting sparse Gaussian graphical models. In: Proc. of the 23rd International Conference on Machine Learning (ICML). pp. 89–96.

Baraniuk, R., Davenport, M., DeVore, R., Wakin, M., 2008. A simple proof of the restricted isometry property for random matrices. Constructive Approximation 28 (3), 253–263.

Beck, A., Teboulle, M., 2009. A fast iterative shrinkage-thresholding algorithm for linear inverse problems. SIAM J. Imaging Sciences 2 (1), 183–202.

Bengio, S., Pereira, F., Singer, Y., Strelow, D., 2009. Group sparse coding. In: Proc. of Neural Information Processing Systems (NIPS). Vol. 22. pp. 82–89.

Bertsekas, D., 1976. On the Goldstein-Levitin-Polyak gradient projection method. IEEE Transactions on Automatic Control 21 (2), 174–184.

Besag, J., 1974. Spatial interaction and the statistical analysis of lattice systems. Journal of the Royal Statistical Society. Series B (Methodological) 36 (2), 192–236.

Beygelzimer, A., Kephart, J., Rish, I., 2007. Evaluation of optimization methods for network bottleneck diagnosis. In: Proc. of the Fourth International Conference on

Autonomic Computing (ICAC). Washington, DC, USA.

Beygelzimer, A., Rish, I., 2002. Inference complexity as a model-selection criterion for learning Bayesian networks. In: Proc. of the International Conference on Principles of Knowledge Representations and Reasoning (KR). pp. 558–567.

Bickel, P., December 2007. Discussion: The Dantzig selector: Statistical estimation when p is much larger than n. The Annals of Statistics 35 (6), 2352–2357.

Bickel, P., Ritov, Y., Tsybakov, A., 2009. Simultaneous analysis of Lasso and Dantzig selector. The Annals of Statistics 37 (4), 1705–1732.

Blomgren, P., Chan, F., 1998. Color TV: total variation methods for restoration of vector-valued images. IEEE Transactions on Image Processing 7 (3), 304–309.

Blumensath, T., Davies, M. E., 2007. On the difference between orthogonal matching pursuit and orthogonal least squares. Unpublished manuscript.

Borwein, J., Lewis, A., Borwein, J., Lewis, A., 2006. Convex analysis and nonlinear optimization: Theory and examples. Springer, New York.

Boyd, S., Vandenberghe, L., 2004. Convex Optimization. Cambridge University Press, New York, NY, USA.

Bradley, D., Bagnell, J., 2008. Differentiable sparse coding. In: Proc. of Neural Information Processing Systems (NIPS). pp. 113–120.

Buhl, S., 1993. On the existence of maximum likelihood estimators for graphical Gaussian models. Scandinavian Journal of Statistics 20 (3), 263–270.

Bühlmann, P., van de Geer, S., 2011. Statistics for High-Dimensional Data: Methods, Theory and Applications. Springer.

Bunea, F., 2008. Honest variable selection in linear and logistic regression models via l_1 and $l_1 + l_2$ penalization. Electron. J. Statist. 2, 1153–1194.

Bunea, F., Tsybakov, A., Wegkamp, M., 2007. Sparsity oracle inequalities for the Lasso. Electron. J. Statist. 1, 169–194.

Cadima, J., Jolliffe, I., 1995. Loading and correlations in the interpretation of principle compenents. Journal of Applied Statistics 22 (2), 203–214.

Cai, T., Liu, W., Luo, X., 2011. A constrained l_1 minimization approach to sparse precision matrix estimation. Journal of American Statistical Association 106, 594–607.

Cai, T., Lv, J., December 2007. Discussion: The Dantzig selector: Statistical estimation when p is much larger than n. The Annals of Statistics 35 (6), 2365–2369.

Candès, E., 2008. The restricted isometry property and its implications for compressed sensing. Comptes Rendus Mathematique 346 (9), 589–592.

Candès, E., Plan, Y., 2011. A probabilistic and RIPless theory of compressed sensing. IEEE Transactions on Information Theory 57 (11), 7235–7254.

Candès, E., Recht, B., 2009. Exact matrix completion via convex optimization. Foundations of Computational Mathematics 9 (6), 717–772.

Candès, E., Romberg, J., Tao, T., February 2006a. Robust uncertainty principles: Exact signal reconstruction from highly incomplete frequency information. IEEE Trans. on Information Theory 52 (2), 489–509.

Candès, E., Romberg, J., Tao, T., 2006b. Stable signal recovery from incomplete and inaccurate measurements. Communications on Pure and Applied Mathematics 59 (8), 1207–1223.

Candès, E., Tao, T., December 2005. Decoding by linear programming. IEEE Trans. on Information Theory 51 (12), 4203–4215.

Candès, E., Tao, T., 2006. Near optimal signal recovery from random projections: Universal encoding strategies? IEEE Trans. Inform. Theory 52 (12), 5406–5425.

Candès, E., Tao, T., 2007. The Dantzig selector: Statistical estimation when p is much larger than n. Annals of Statistics 35 (6), 2313–2351.

Carl, B., 1985. Inequalities of Bernstein-Jackson-type and the degree of compactness of operators in banach spaces. Annales de l'institut Fourier 35 (3), 79–118.

Carroll, M., Cecchi, G., Rish, I., Garg, R., Rao, A., 2009. Prediction and interpretation of distributed neural activity with sparse models. NeuroImage 44 (1), 112–122.

Cecchi, G., Huang, L., Hashmi, J., Baliki, M., Centeno, M., Rish, I., Apkarian, A., 2012. Predictive dynamics of human pain perception. PLoS Computational Biology 8 (10).

Cecchi, G., Rish, I., Thyreau, B., Thirion, B., Plaze, M., Paillere-Martinot, M.-L., Martelli, C., Martinot, J.-L., Poline, J.-B., 2009. Discriminative network models of schizophrenia. In: Proc. of Neural Information Processing Systems (NIPS). Vol. 22. pp. 250–262.

Chafai, D., Guédon, O., Lecué, G., Pajor, A., 2012. Interactions between compressed sensing, random matrices, and high dimensional geometry. forthcoming book.

Chan, T., Shen, J., 2005. Image Processing and Analysis: Variational, Pde, Wavelet, and Stochastic Methods. Society for Industrial and Applied Mathematics, Philadelphia, PA, USA.

Chandalia, G., Rish, I., 2007. Blind source separation approach to performance diagnosis and dependency discovery. In: Proc. of the 7th ACM SIGCOMM Conference on Internet Measurement (IMC). pp. 259–264.

Chen, S., Donoho, D., Saunders, M., 1998. Atomic decomposition by basis pursuit. SIAM Journal on Scientific Computing 20 (1), 33–61.

Cheraghchi, M., Guruswami, V., Velingker, A., 2013. Restricted isometry of Fourier matrices and list decodability of random linear codes. SIAM Journal on Computing 42 (5), 1888–1914.

Cichocki, A., Zdunek, R., Amari, S., 2006. New algorithms for non-negative matrix factorization in applications to blind source separation. In: Proc. of the IEEE International Conference on Acoustics, Speech and Signal Processing. Vol. 5. pp. 621–624.

Cohen, A., Dahmen, W., DeVore, R., 2009. Compressed sensing and best k-term approximation. Journal of the American Mathematical Society 22 (1), 211–231.

Collins, M., Dasgupta, S., Schapire, R., 2001. A generalization of principal component analysis to the exponential family. In: Proc. of Neural Information Processing Systems (NIPS). MIT Press.

Combettes, P., Pesquet, J.-C., 2011. Fixed-Point Algorithms for Inverse Problems in Science and Engineering. Chapter: Proximal Splitting Methods in Signal Processing. Springer-Verlag.

Combettes, P., Wajs, V., 2005. Signal recovery by proximal forward-backward splitting. SIAM Journal on Multiscale Modeling and Simulation 4, 1168–1200.

Cowell, R., Dawid, P., Lauritzen, S., Spiegelhalter, D., 1999. Probabilistic Networks and Expert Systems. Springer.

Cox, D., Wermuth, N., 1996. Multivariate Dependencies: Models, Analysis and Interpretation. Chapman and Hall.

Dai, W., Milenkovic, O., 2009. Subspace pursuit for compressive sensing reconstruction. IEEE Trans. Inform. Theory 55 (5), 2230–2249.

d'Aspremont, A., Bach, F. R., Ghaoui, L. E., 2008. Optimal solutions for sparse principal component analysis. Journal of Machine Learning Research 9, 1269–1294.

d'Aspremont, A., Ghaoui, L. E., Jordan, M. I., Lanckriet, G. R. G., 2007. A direct formulation for sparse PCA using semidefinite programming. SIAM Review 49 (3), 434–448.

Daubechies, I., Defrise, M., Mol, C. D., 2004. An iterative thresholding algorithm for linear inverse problems with a sparsity constraint. Communications on Pure and Applied Mathematics 57, 1413–1457.

Dempster, A. P., March 1972. Covariance selection. Biometrics 28 (1), 157–175.

Dikmen, O., Févotte, C., 2011. Nonnegative dictionary learning in the exponential noise model for adaptive music signal representation. In: Proc. of Neural Information Processing Systems (NIPS). pp. 2267–2275.

Do, T., Gan, L., Nguyen, N., Tran, T., 2008. Sparsity adaptive matching pursuit algorithm for practical compressed sensing. In: Proc. of the 42nd Asilomar Conference on Signals, Systems, and Computers. pp. 581–587.

Donoho, D., April 2006a. Compressed sensing. IEEE Trans. on Information Theory 52 (4), 1289–1306.

Donoho, D., July 2006b. For most large underdetermined systems of linear equations, the minimal l_1-norm near-solution approximates the sparsest near-solution. Communications on Pure and Applied Mathematics 59 (7), 907–934.

Donoho, D., June 2006c. For most large underdetermined systems of linear equations, the minimal l_1-norm solution is also the sparsest solution. Communications on Pure and Applied Mathematics 59 (6), 797–829.

Donoho, D., 2006d. For most large underdetermined systems of linear equations the minimal l_1-norm solution is also the sparsest solution. Comm. Pure Appl. Math. 59 (6), 797–829.

Donoho, D., Elad, M., 2003. Optimally sparse representation in general (nonorthogonal) dictionaries via l_1 minimization. Proc. Natl. Acad. Sci. USA 100, 2197–2202.

Donoho, D., Elad, M., Temlyakov, V., 2006. Stable recovery of sparse overcomplete representations in the presence of noise. IEEE Trans. Inform. Theory 52 (1), 6–18.

Donoho, D., Huo, X., 2001. Uncertainty principles and ideal atomic decomposition. IEEE Trans. Inform. Theory 47, 2845–2862.

Donoho, D., Stark, P., 1989. Uncertainty principles and signal recovery. SIAM J. Appl. Math. 49, 906–931.

Donoho, D., Tanner, J., 2009. Observed universality of phase transitions in high-dimensional geometry, with implications for modern data analysis and signal processing. Philosophical Transactions of the Royal Society A: Mathematical, Physical and Engineering Sciences 367 (1906), 4273–4293.

Donoho, D., Tsaig, Y., Drori, I., Starck, J., 2012. Sparse solution of underdetermined systems of linear equations by stagewise orthogonal matching pursuit. IEEE Transactions on Information Theory 58 (2), 1094–1121.

Dorfman, R., 1943. The detection of defective members of large populations. The Annals of Mathematical Statistics 14 (4), 436–440.

Du, D., Hwang, F., 2000. Combinatorial group testing and its applications, 2nd edition. World Scientific Publishing Co., Inc., River Edge, NJ.

Duchi, J., Gould, S., Koller, D., 2008. Projected subgradient methods for learning sparse Gaussians. In: Proc. of Uncertainty in Artificial Intelligence (UAI).

Edwards, D., 2000. Introduction to Graphical Modelling, 2nd Edition. Springer.

Efron, B., Hastie, T., 2004. LARS software for R and Splus: http://www.stanford.edu/h̃astie/Papers/LARS/.

Efron, B., Hastie, T., Johnstone, I., Tibshirani, R., 2004. Least angle regression. Ann. Statist. 32 (1), 407–499.

Efron, B., Hastie, T., Tibshirani, R., December 2007. Discussion: The Dantzig selector: Statistical estimation when p is much larger than n. The Annals of Statistics 35 (6), 2358–2364.

Elad, M., 2006. Why simple shrinkage is still relevant for redundant representations? IEEE Transactions on Information Theory 52, 5559–5569.

Elad, M., 2010. Sparse and Redundant Representations: From Theory to Applications in Signal and Image Processing. Springer.

Elad, M., Aharon, M., 2006. Image denoising via sparse and redundant representations over learned dictionaries. IEEE Transactions on Image Processing 15 (12), 3736–3745.

Elad, M., Matalon, B., Zibulevsky, M., 2006. Image denoising with shrinkage and redundant representations. In: Proc. of the IEEE Computer Society Conference on Computer Vision and Pattern Recognition (CVPR). Vol. 2. IEEE, pp. 1924–1931.

Eldar, Y., Kutyniok, G. (editors), 2012. Compressed Sensing: Theory and Applications. Cambridge University Press.

Engan, K., Aase, S., Husoy, H., 1999. Method of optimal directions for frame design. In: Proc. of the International Conference on Acoustics, Speech, and Signal Processing (ICASSP). Vol. 5. pp. 2443–2446.

Fan, J., Li, R., 2005. Variable selection via nonconcave penalized likelihood and its oracle properties. Journal of the American Statistical Association 96, 1348–1360.

Fazel, M., Hindi, H., Boyd, S., 2001. A rank minimization heuristic with application to minimum order system approximation. In: Proc. of the 2001 American Control Conference. Vol. 6. IEEE, pp. 4734–4739.

Figueiredo, M., Nowak, R., 2003. An EM algorithm for wavelet-based image restoration. IEEE. Trans. Image Process. 12, 906–916.

Figueiredo, M., Nowak, R., 2005. A bound optimization approach to wavelet-based image deconvolution. In: Proc. of the IEEE International Conference on Image Processing (ICIP). Vol. 2. IEEE, pp. II–782.

Foucart, S., Pajor, A., Rauhut, H., Ullrich, T., 2010. The Gelfand widths of l_p-balls for $0 < p \leq 1$. Journal of Complexity 26 (6), 629–640.

Foucart, S., Rauhut, H., 2013. A mathematical introduction to compressive sensing. Springer.

Frank, I., Friedman, J., 1993. A statistical view of some chemometrics regression tools. Technometrics 35 (2), 109–148.

Friedlander, M., Saunders, M., December 2007. Discussion: The Dantzig selector: Statistical estimation when p is much larger than n. The Annals of Statistics 35 (6), 2385–2391.

Friedman, J., Hastie, T., Hoefling, H., Tibshirani, R., 2007a. Pathwise coordinate optimization. Annals of Applied Statistics 2 (1), 302–332.

Friedman, J., Hastie, T., Tibshirani, R., 2007b. Sparse inverse covariance estimation with the graphical Lasso. Biostatistics.

Friedman, J., T. Hastie, T., Tibshirani, R., 2010. A note on the group Lasso and a sparse group Lasso. Tech. Rep. arXiv:1001.0736v1, ArXiv.

Friston, K., Holmes, A., Worsley, K., Poline, J.-P., Frith, C., Frackowiak, R., 1995. Statistical parametric maps in functional imaging: A general linear approach. Human brain mapping 2 (4), 189–210.

Fu, W., 1998. Penalized regressions: The bridge vs. the Lasso. Journal of Computational and Graphical Statistics 7 (3).

Fuchs, J., 2005. Recovery of exact sparse representations in the presence of bounded noise. IEEE Trans. Information Theory 51 (10), 3601–3608.

Garey, M., Johnson, D. S., 1979. Computers and intractability: A Guide to the theory of NP-completeness. Freeman, San Francisco.

Garnaev, A., Gluskin, E., 1984. The widths of a Euclidean ball. Dokl. Akad. Nauk USSR 277, 1048–1052, english transl. Soviet Math. Dokl. 30 (200–204).

Garrigues, P., Olshausen, B., 2010. Group sparse coding with a Laplacian scale mixture prior. In: Proc. of Neural Information Processing Systems (NIPS). pp. 676–684.

Gaussier, E., Goutte, C., 2005. Relation between PLSA and NMF and implications. In: Proc. of the 28th annual international ACM SIGIR conference on Research and development in information retrieval. ACM, pp. 601–602.

Gilbert, A., Hemenway, B., Rudra, A., Strauss, M., Wootters, M., 2012. Recovering simple signals. In: Information Theory and Applications Workshop (ITA). pp. 382–391.

Gilbert, A., Strauss, M., 2007. Group testing in statistical signal recovery. Technometrics 49 (3), 346–356.

Goldstein, R., Alia-Klein, N., Tomasi, D., Honorio, J., Maloney, T., Woicik, P., Wang, R., Telang, F., Volkow, N., 2009. Anterior cingulate cortex hypoactivations to an emotionally salient task in cocaine addiction. Proceedings of the National Academy of Sciences, USA.

Gorodnitsky, F., Rao, B., 1997. Sparse signal reconstruction from limited data using FOCUSS: A reweighted norm minimization algorithm. IEEE Trans. Signal Proc. 45, 600–616.

Greenshtein, E., Ritov, Y., 2004. Persistence in high-dimensional linear predictor selection and the virtue of overparametrization. Bernoulli 10 (6), 971–988.

Gregor, K., LeCun, Y., 2010. Learning fast approximations of sparse coding. In: Proc. of the 27th International Conference on Machine Learning (ICML). pp. 399–406.

Gribonval, R., Nielsen, M., 2003. Sparse representations in unions of bases. IEEE Trans. Inform. Theory 49 (12), 3320–3325.

Grimmett, G. R., 1973. A theorem about random fields. Bulletin of the London Mathematical Society 5 (1), 81–84.

Guillamet, D., Vitrià, J., 2002. Non-negative matrix factorization for face recognition. In: Topics in Artificial Intelligence. Springer, pp. 336–344.

Hammersley, J., Clifford, P., 1971. Markov fields on finite graphs and lattices. unpublished manuscript.

Hastie, T., Tibshirani, R., Friedman, J., 2009. The elements of statistical learning: data mining, inference, and prediction, 2nd edition. New York: Springer-Verlag.

Haxby, J., Gobbini, M., Furey, M., Ishai, A., Schouten, J., Pietrini, P., 2001. Distributed and overlapping representations of faces and objects in ventral temporal cortex. Science 293 (5539), 2425–2430.

Heckerman, D., 1995. A tutorial on learning Bayesian networks. Tech. Rep. Tech. Report MSR-TR-95-06, Microsoft Research.

Ho, J., Xie, Y., Vemuri, B., 2013. On a nonlinear generalization of sparse coding and dictionary learning. In: Proc. of the International Conference on Machine Learning (ICML). pp. 1480–1488.

Ho, N.-D., 2008. Nonnegative matrix factorization algorithms and applications. Ph.D. thesis, École Polytechnique.

Hoerl, A., Kennard, R., 1988. Ridge regression. Encyclopedia of Statistical Sciences 8 (2), 129–136.

Honorio, J., Jaakkola, T., 2013. Inverse covariance estimation for high-dimensional data in linear time and space: Spectral methods for Riccati and sparse models. In: Proc. of Uncertainty in Artificial Intelligence (UAI).

Honorio, J., Ortiz, L., Samaras, D., Paragios, N., Goldstein, R., 2009. Sparse and locally constant Gaussian graphical models. In: Proc. of Neural Information Processing Systems (NIPS). pp. 745–753.

Honorio, J., Samaras, D., Rish, I., Cecchi, G., 2012. Variable selection for Gaussian graphical models. In: Proc. of the International Conference on Artificial Intelligence and Statistics (AISTATS). pp. 538–546.

Hoyer, P., 2004. Non-negative matrix factorization with sparseness constraints. Journal of Machine Learning Research 5, 1457–1469.

Hsieh, C.-J., Sustik, M., Dhillon, I., Ravikumar, P., Poldrack, R., 2013. BIG & QUIC: Sparse inverse covariance estimation for a million variables. In: Proc. of Neural Information Processing Systems (NIPS). pp. 3165–3173.

Huang, S., Li, J., Sun, L., Liu, J., Wu, T., Chen, K., Fleisher, A., Reiman, E., Ye, J., 2009. Learning brain connectivity of Alzheimer's disease from neuroimaging data. In: Proc. of Neural Information Processing Systems (NIPS). Vol. 22. pp. 808–816.

Huang, S., Li, J., Ye, J., Fleisher, A., Chen, K., Wu, T., Reiman, E., 2013. The Alzheimer's Disease Neuroimaging Initiative, 2013. A sparse structure learning algorithm for gaussian bayesian network identification from high-dimensional data. IEEE Transactions on Pattern Analysis and Machine Intelligence 35 (6), 1328–1342.

Huber, P., 1964. Robust estimation of a location parameter. The Annals of Mathematical Statistics 35 (1), 73–101.

Ishwaran, H., Rao, J., 2005. Spike and slab variable selection: Frequentist and Bayesian strategies. Ann. Statist. 33 (2), 730–773.

Jacob, L., Obozinski, G., Vert, J.-P., 2009. Group Lasso with overlap and graph Lasso. In: Proc. of the 26th Annual International Conference on Machine Learning (ICML). pp. 433–440.

Jalali, A., Chen, Y., Sanghavi, S., Xu, H., 2011. Clustering partially observed graphs via convex optimization. In: Proc. of the 28th International Conference on Machine Learning (ICML). pp. 1001–1008.

James, G. M., Radchenko, P., Lv, J., 2009. DASSO: Connections between the Dantzig selector and Lasso. Journal of The Royal Statistical Society Series B 71 (1), 127–142.

Jenatton, R., 2011. Structured sparsity-inducing norms: Statistical and algorithmic properties with applications to neuroimaging. Ph.D. thesis, Ecole Normale Superieure de Cachan.

Jenatton, R., Audibert, J.-Y., Bach, F., 2011a. Structured variable selection with sparsity-inducing norms. Journal of Machine Learning Research 12, 2777–2824.

Jenatton, R., Gramfort, A., Michel, V., Obozinski, G., Bach, F., Thirion, B., 2011b. Multi-scale mining of fMRI data with hierarchical structured sparsity. In: Proceedings of the 2011 International Workshop on Pattern Recognition in NeuroImaging (PRNI). IEEE, pp. 69–72.

Jenatton, R., Mairal, J., Obozinski, G., Bach, F., 2011c. Proximal methods for hierarchical sparse coding. Journal of Machine Learning Research 12, 2297–2334.

Jenatton, R., Obozinski, G., Bach, F., 2010. Structured sparse principal component analysis. In: Proc. of International Conference on Artificial Intelligence and Statistics. pp. 366–373.

Ji, S., Xue, Y., Carin, L., June 2008. Bayesian compressive sensing. IEEE Trans. on Signal Processing 56 (6), 2346–2356.

Johnson, W., Lindenstrauss, J., 1984. Extensions of Lipschitz mappings into a Hilbert space. In: Conf. in Modern Analysis and Probability. Vol. 26. Amer. Math. Soc., Providence, RI, pp. 189–206.

Jolliffe, I., Trendafilov, N., Uddin, M., 2003. A modified principal component technique based on the Lasso. Journal of Computational and Graphical Statistics 12, 531–547.

Jordan, M., 2000. Graphical models. Statistical Science (Special Issue on Bayesian Statistics) 19, 140–155.

Kakade, S., Shamir, O., Sindharan, K., Tewari, A., 2010. Learning exponential families in high-dimensions: Strong convexity and sparsity. In: Proc. of the International Conference on Artificial Intelligence and Statistics (AISTATS). pp. 381–388.

Kambadur, P., Lozano, A. C., 2013. A parallel, block greedy method for sparse inverse covariance estimation for ultra-high dimensions. In: Proc. of the International Conference on Artificial Intelligence and Statistics (AISTATS). pp. 351–359.

Kannan, R., Lovász, L., Simonovits, M., 1997. Random walks and an O*(n5) volume algorithm for convex bodies. Random structures and algorithms 11 (1), 1–50.

Kasiviswanathan, S. P., Wang, H., Banerjee, A., Melville, P., 2012. Online L1-dictionary learning with application to novel document detection. In: Proc. of Neu-

dictionary learning with application to novel document detection. In: Proc. of Neural Information Processing Systems (NIPS). pp. 2267–2275.

Kim, H., Park, H., 2007. Sparse non-negative matrix factorizations via alternating non-negativity-constrained least squares for microarray data analysis. Bioinformatics 23 (12), 1495–1502.

Kim, S., Xing, E., 2010. Tree-guided group Lasso for multi-task regression with structured sparsity. In: Proc. of the 27th International Conference on Machine Learning (ICML). pp. 543–550.

Kim, T., Shakhnarovich, G., Urtasun, R., 2010. Sparse coding for learning interpretable spatio-temporal primitives. In: Proc. of Neural Information Processing Systems (NIPS). pp. 1117–1125.

Kimeldorf, G., Wahba, G., 1971. Some results on Tchebycheffian spline function. J. Math. Anal. Applications 33, 82–95.

Kindermann, R., Snell, J., 1980. Markov Random Fields and Their Applications. American Mathematical Society.

Knight, K., Fu, W., 2000. Asymptotics for Lasso-type estimators. Ann. Statist. 28 (5), 1356–1378.

Koller, D., Friedman, N., 2009. Probabilistic Graphical Models: Principles and Techniques. MIT Press.

Koltchinskii, V., 2009. The Dantzig selector and sparsity oracle inequalities. Bernoulli 15 (3), 799–828.

Kotelnikov, V., 1933. On the transmission capacity of ether and wire in electric communications. Izd. Red. Upr. Svyazi RKKA (in Russian).

Kotelnikov, V., 2006. On the transmission capacity of ether and wire in electric communications (1933). Physics-Uspekhi 49 (7), 736–744.

Kreutz-Delgado, K., Murray, J., Rao, B., Engan, K., Lee, T.-W., Sejnowski, T., 2003. Dictionary learning algorithms for sparse representation. Neural Computation 15 (2), 349–396.

Kruskal, J., 1977. Three-way arrays: Rank and uniqueness of trilinear decompositions, with application to arithmetic complexity and statistics. Linear algebra and its applications 18 (2), 95–138.

Lanckriet, G., Cristianini, N.. Bartlett, P., Ghaoui, L. E., Jordan, M., 2004. Learning the kernel matrix with semidefinite programming. Journal of Machine Learning Research 5, 27–72.

Lauritzen, S., 1996. Graphical Models. Oxford University Press.

Lawton, W., Sylvestre, E., 1971. Self modeling curve resolution. Technometrics 13 (3), 617–633.

Ledoux, M., Talagrand, M., 2011. Probability in Banach spaces: Isoperimetry and processes. Vol. 23. Springer.

Lee, H., Battle, A., Raina, R., Ng, A., 2006a. Efficient sparse coding algorithms. In:

Proc. of Neural Information Processing Systems (NIPS). pp. 801–808.

Lee, J., Telang, F., Springer, C., Volkow, N., 2003. Abnormal brain activation to visual stimulation in cocaine abusers. Life Sciences.

Lee, S.-I., Ganapathi, V., Koller, D., 2006b. Efficient structure learning of Markov networks using l_1-regularization. In: Proc. of Neural Information Processing Systems (NIPS). pp. 817–824.

Lesage, S., Gribonval, R., Bimbot, F., Benaroya, L., 2005. Learning unions of orthonormal bases with thresholded singular value decomposition. In: Proc. of the International Conference on Acoustics, Speech, and Signal Processing (ICASSP). Vol. 5. pp. 293–296.

Lewicki, M., Olshausen, B., 1999. A probabilistic framework for the adaptation and comparison of image codes. Journal of the Optical Society of America A: Optics, Image Science and Vision 16 (7), 1587–1601.

Lewicki, M., Sejnowski, T., 2000. Learning overcomplete representations. Neural Computation 12, 337–365.

Li, J., Tao, D., 2010. Simple exponential family PCA. In: Proc. of International Conference on Artificial Intelligence and Statistics (AISTATS). pp. 453–460.

Li, S. Z., Hou, X., Zhang, H., Cheng, Q., 2001. Learning spatially localized, parts-based representation. In: Proc. of the 2001 IEEE Computer Society Conference on Computer Vision and Pattern Recognition (CVPR). Vol. 1. IEEE, pp. I–207.

Lin, Y., Zhang, H., 2006. Component selection and smoothing in smoothing spline analysis of variance models. Annals of Statistics 34, 2272–2297.

Lin, Y., Zhu, S., Lee, D., Taskar, B., 2009. Learning sparse Markov network structure via ensemble-of-trees models. In: Proc. of the International Conference on Artificial Intelligence and Statistics (AISTATS). pp. 360–367.

Lions, P., Mercier, B., 1979. Splitting algorithms for the sum of two nonlinear operators. SIAM Journal on Numerical Analysis 16 (6), 964–979.

Liu, H., Palatucci, M., Zhang, J., 2009a. Blockwise coordinate descent procedures for the multi-task Lasso, with applications to neural semantic basis discovery. In: Proc. of the 26th Annual International Conference on Machine Learning (ICML). ACM, pp. 649–656.

Liu, H., Zhang, J., 2009. Estimation consistency of the group Lasso and its applications. Journal of Machine Learning Research - Proceedings Track 5, 376–383.

Liu, J., Ji, S., Ye, J., 2009b. Multi-task feature learning via efficient $l_{2,1}$-norm minimization. In: Proc. of the Twenty-Fifth Conference on Uncertainty in Artificial Intelligence (UAI). AUAI Press, pp. 339–348.

Lozano, A., Abe, N., Liu, Y., Rosset, S., 2009a. Grouped graphical Granger modeling methods for temporal causal modeling. In: Proc. of the 15th ACM SIGKDD International Conference on Knowledge Discovery and Data Mining. pp. 577–586.

Lozano, A., Swirszcz, G., Abe, N., 2009b. Grouped orthogonal matching pursuit for variable selection and prediction. In: Proc. of Neural Information Processing

Systems (NIPS). pp. 1150–1158.

Lu, Z., 2009. Smooth optimization approach for sparse covariance selection. SIAM Journal on Optimization 19 (4), 1807–1827.

Lv, J., Fan, Y., 2009. A unified approach to model selection and sparse recovery using regularized least squares. The Annals of Statistics 37 (6A), 3498–3528.

Mairal, J., Bach, F., Ponce, J., Sapiro, G., 2009. Online dictionary learning for sparse coding. In: Proc. of the 26th Annual International Conference on Machine Learning (ICML). ACM, pp. 689–696.

Mairal, J., Bach, F., Ponce, J., Sapiro, G., 2010. Online learning for matrix factorization and sparse coding. Journal of Machine Learning Research 11, 19–60.

Mairal, J., Yu, B., 2012. Complexity analysis of the Lasso regularization path. In: Proc. of the 29th International Conference on Machine Learning (ICML). pp. 353–360.

Malioutov, D., Çetin, M., Willsky, A., 2005. A sparse signal reconstruction perspective for source localization with sensor arrays. IEEE Transactions on Signal Processing 53 (8), 3010–3022.

Mallat, S., Davis, G., Zhang, Z., 1994. Adaptive time-frequency decompositions. SPIE Journal of Optical Engineering 33, 2183–2191.

Mallat, S., Zhang, Z., 1993. Matching pursuits with time-frequency dictionaries. IEEE Transactions on Signal Processing 41, 3397–3415.

Marlin, B., Murphy, K., 2009. Sparse Gaussian graphical models with unknown block structure. In: Proc. of the 26th Annual International Conference on Machine Learning (ICML). ACM, pp. 705–712.

Martinet, B., 1970. Régularisation d-inéquations variationnelles par approximations successives. Revue franaise d-informatique et de recherche opérationnelle, série rouge.

Matoušek, J., 2002. Lectures on discrete geometry. Springer Verlag.

Maurer, A., Pontil, M., Romera-Paredes, B., 2013. Sparse coding for multitask and transfer learning. In: Proc. of International Conference on Machine Learning (ICML). pp. 343–351.

Mccullagh, P., Nelder, J., 1989. Generalized Linear Models, 2nd ed. Chapman and Hall, London.

Meier, L., van de Geer, S., Bühlmann, P., 2008. The group Lasso for logistic regression. J. Royal Statistical Society: Series B 70 (1), 53–71.

Meinshausen, N., 2007. Relaxed Lasso. Computational Statistics and Data Analysis 52 (1), 374–293.

Meinshausen, N., Bühlmann, P., 2006. High dimensional graphs and variable selection with the Lasso. Annals of Statistics 34(3), 1436–1462.

Meinshausen, N., Bühlmann, P., 2010. Stability selection. Journal of the Royal Statistical Society: Series B (Statistical Methodology) 72 (4), 417–473.

Meinshausen, N., Rocha, G., Yu, B., 2007. Discussion: A tale of three cousins: Lasso, L2Boosting and Dantzig. The Annals of Statistics, 2373–2384.

Milman, V., Pajor, A., 1989. Isotropic position and inertia ellipsoids and zonoids of the unit ball of a normed n-dimensional space. Geometric aspects of functional analysis, 64–104.

Milman, V., Schechtman, G., 1986. Asymptotic theory of finite dimensional normed spaces. Springer Verlag.

Mishra, B., Meyer, G., Bach, F., Sepulchre, R., 2013. Low-rank optimization with trace norm penalty. SIAM Journal on Optimization 23 (4), 2124–2149.

Mitchell, T., Hutchinson, R., Niculescu, R., Pereira, F., Wang, X., Just, M., Newman, S., 2004. Learning to decode cognitive states from brain images. Machine Learning 57, 145–175.

Moghaddam, B., Weiss, Y., Avidan, S., 2006. Generalized spectral bounds for sparse LDA. In: Proc. of the 23rd International Conference on Machine Learning (ICML). ACM, pp. 641–648.

Moreau, J., 1962. Fonctions convexes duales et points proximaux dans un espace hilbertien. Comptes-Rendus de l-Académie des Sciences de Paris, Série A, Mathèmatiques 255, 2897–2899.

Morioka, N., Shiníchi, S., 2011. Generalized Lasso based approximation of sparse coding for visual recognition. In: Proc. of Neural Information Processing Systems (NIPS). pp. 181–189.

Moussouris, J., 1974. Gibbs and Markov systems with constraints. Journal of statistical physics 10, 11–33.

Muthukrishnan, S., 2005. Data streams: Algorithms and applications. Now Publishers Inc.

Nardi, Y., Rinaldo, A., 2008. On the asymptotic properties of the group Lasso estimator for linear models. Electronic Journal of Statistics 2, 605–633.

Natarajan, K., 1995. Sparse approximate solutions to linear systems. SIAM J. Comput. 24, 227–234.

Needell, D., Tropp, J. A., 2008. Iterative signal recovery from incomplete and inaccurate samples. Appl. Comput. Harmon. Anal. 26, 301–321.

Needell, D., Vershynin, R., 2009. Uniform uncertainty principle and signal recovery via regularized orthogonal matching pursuit. Foundations of Computational Mathematics 9, 317–334.

Negahban, S., Ravikumar, P., Wainwright, M., Yu, B., 2009. A unified framework for high-dimensional analysis of M-estimators with decomposable regularizers. In: Proc. of Neural Information Processing Systems (NIPS). pp. 1348–1356.

Negahban, S., Ravikumar, P., Wainwright, M., Yu, B., 2012. A unified framework for high-dimensional analysis of M-estimators with decomposable regularizers.

Statistical Science 27 (4), 438–557.

Negahban, S., Wainwright, M., 2011. Estimation of (near) low-rank matrices with noise and high-dimensional scaling. The Annals of Statistics 39 (2), 1069–1097.

Nemirovsky, A., Yudin, D., 1983. Problem Complexity and Method Efficiency in Optimization. Wiley-Interscience Series in Discrete Mathematics, John Wiley & Sons, New York.

Nesterov, Y., 1983. A method for solving the convex programming problem with convergence rate $o(1/k^2)$ (in Russian). Dokl. Akad. Nauk SSSR 269, 543–547.

Nesterov, Y., 2005. Smooth minimization of non-smooth functions. Mathematical programming 103 (1), 127–152.

Nocedal, J., Wright, S., 2006. Numerical Optimization, Second Edition. Springer.

Nowak, R., Figueiredo, M., 2001. Fast wavelet-based image deconvolution using the EM algorithm. In: Proc. 35th Asilomar Conf. on Signals, Systems, and Computers. Vol. 1. pp. 371–375.

Nyquist, H., 1928. Certain topics in telegraph transmission theory. Transactions of the AIEE 47, 617–644.

Obozinski, G., Jacob, L., Vert, J.-P., 2011. Group Lasso with overlaps: The latent group Lasso approach. Tech. Rep. 1110.0413, arXiv.

Obozinski, G., Taskar, B., Jordan, M., 2010. Joint covariate selection and joint subspace selection for multiple classification problems. Statistics and Computing 20 (2), 231–252.

Olsen, P. A., Öztoprak, F., Nocedal, J., Rennie, S., 2012. Newton-like methods for sparse inverse covariance estimation. In: Proc. of Neural Information Processing Systems (NIPS). pp. 764–772.

Olshausen, B., Field, D., 1996. Emergence of simple-cell receptive field properties by learning a sparse code for natural images. Nature 381 (6583), 607–609.

Olshausen, B., Field, D., 1997. Sparse coding with an overcomplete basis set: A strategy employed by V1? Vision Research 37, 3311–3325.

Osborne, M., Presnell, B., Turlach, B., 2000a. A new approach to variable selection in least squares problems. IMA Journal of Numerical Analysis 20 (3), 389–403.

Osborne, M., Presnell, B., Turlach, B., 2000b. On the Lasso and its dual. Journal of Computational and Graphical Statistics 9 (2), 319–337.

Park, M., Hastie, T., 2007. An $l1$ regularization-path algorithm for generalized linear models. JRSSB 69 (4), 659–677.

Patel, V., Chellappa, R., 2013. Sparse Representations and Compressive Sensing for Imaging and Vision. Springer Briefs in Electrical and Computer Engineering.

Pati, Y., Rezaiifar, R., Krishnaprasad, P., November 1993. Orthogonal matching pursuit: Recursive function approximation with applications to wavelet decomposition. In: Proc. 27th Annu. Asilomar Conf. Signals, Systems, and Computers.

Vol. 1. pp. 40–44.

Pearl, J., 1988. Probabilistic reasoning in intelligent systems: Networks of plausible inference. Morgan Kaufmann, San Mateo, California.

Pearl, J., 2000. Causality: Models, Reasoning and Inference. Cambridge University Press.

Pearl, J., Paz, A., 1987. Graphoids: A graph based logic for reasoning about relevance relations. Advances in Artificial Intelligence II, 357–363.

Pearson, K., 1901. On lines and planes of closest fit to systems of points in space. Philosophical Magazine 2 (11), 559–572.

Pittsburgh EBC Group, 2007. PBAIC Homepage: http://www.ebc.pitt.edu/2007/competition.html.

Preston, C. J., 1973. Generalized Gibbs states and Markov random fields. Advances in Applied Probability 5 (2), 242–261.

Quattoni, A., Carreras, X., Collins, M., Darrell, T., 2009. An efficient projection for $l_{1,\infty}$ regularization. In: Proc. of the 26th Annual International Conference on Machine Learning (ICML). pp. 857–864.

Rauhut, H., 2008. Stability results for random sampling of sparse trigonometric polynomials. IEEE Transactions on Information Theory 54 (12), 5661–5670.

Ravikumar, P., Raskutti, G., Wainwright, M., Yu, B., 2009. Model selection in Gaussian graphical models: High-dimensional consistency of l_1-regularized MLE. In: Proc. of Neural Information Processing Systems (NIPS). pp. 1329–1336.

Ravikumar, P., Wainwright, M., Lafferty, J., 2010. High-dimensional Ising model selection using l_1-regularized logistic regression. Ann. Statist. 38, 1287–1319.

Recht, B., Fazel, M., Parrilo, P., 2010. Guaranteed minimum-rank solutions of linear matrix equations via nuclear norm minimization. SIAM Review 52 (3), 471–501.

Resources, C. S., 2010. http://dsp.rice.edu/cs.

Rish, I., Brodie, M., Ma, S., Odintsova, N., Beygelzimer, A., Grabarnik, G., Hernandez, K., 2005. Adaptive diagnosis in distributed systems. IEEE Transactions on Neural Networks (special issue on Adaptive Learning Systems in Communication Networks) 16 (5), 1088–1109.

Rish, I., Cecchi, G., Baliki, M., Apkarian, A., 2010. Sparse regression models of pain perception. In: Brain Informatics. Springer, pp. 212–223.

Rish, I., Cecchi, G., Thyreau, B., Thirion, B., Plaze, M., Paillere-Martinot, M., Martelli, C., Martinot, J.L., Poline, J.B. 2013. Schizophrenia as a network disease: Disruption of emergent brain function in patients with auditory hallucinations. PLoS ONE 8 (1).

Rish, I., Cecchi, G. A., Heuton, K., February 2012a. Schizophrenia classification using fMRI-based functional network features. In: Proc. of SPIE Medical Imaging.

Rish, I., Cecchi, G. A., Heuton, K., Baliki, M. N., Apkarian, A. V., February 2012b.

Sparse regression analysis of task-relevant information distribution in the brain. In: Proc. of SPIE Medical Imaging.

Rish, I., Grabarnik, G., 2009. Sparse signal recovery with exponential-family noise. In: Proc. of the 47th Annual Allerton Conference on Communication, Control, and Computing. pp. 60–66.

Rish, I., Grabarnik, G., Cecchi, G., Pereira, F., Gordon, G., 2008. Closed-form supervised dimensionality reduction with generalized linear models. In: Proc. of the 25th International Conference on Machine Learning (ICML). ACM, pp. 832–839.

Ritov, Y., December 2007. Discussion: The Dantzig selector: Statistical estimation when p is much larger than n. The Annals of Statistics 35 (6), 2370–2372.

Robertson, H., 1940. Communicated by s. goldstein received 15 november 1939 the statistical theory of isotropic turbulence, initiated by taylor (3) and extended by de karman and howarth (2), has proved of value in attacking problems. In: Proceedings of the Cambridge Philosophical Society: Mathematical and Physical Sciences. Vol. 36. Cambridge University Press, p. 209.

Rockafeller, R., 1970. Convex Analysis. Princeton University Press.

Rohde, A., Tsybakov, A., April 2011. Estimation of high-dimensional low-rank matrices. The Annals of Statistics 39 (2), 887–930.

Rosset, S., Zhu, J., 2007. Piecewise linear regularized solution paths. Annals of Statistics 35 (3).

Roth, V., Fischer, B., 2008. The group Lasso for generalized linear models: Uniqueness of solutions and efficient algorithms. In: Proc. of the 25th International Conference on Machine learning (ICML). pp. 848–855.

Rothman, A., Bickel, P., Levina, E., Zhu, J., 2008. Sparse permutation invariant covariance estimation. Electronic Journal of Statistics 2, 494–515.

Rudelson, M., 1999. Random vectors in the isotropic position. Journal of Functional Analysis 164 (1), 60–72.

Rudelson, M., 2007. Probabilistic and combinatorial methods in analysis, cbms lecture notes, preprint.

Rudelson, M., Vershynin, R., 2006. Sparse reconstruction by convex relaxation: Fourier and Gaussian measurements. In: Proc. of the 40th Annual Conference on Information Sciences and Systems. pp. 207–212.

Rudelson, M., Vershynin, R., 2008. On sparse reconstruction from Fourier and Gaussian measurements. Communications on Pure and Applied Mathematics 61 (8), 1025–1045.

Rudin, L., Osher, S., Fatemi, E., 1992. Nonlinear total variation based noise removal algorithms. Physica D 60, 259–268.

Sajama, S., Orlitsky, A., 2004. Semi-parametric exponential family PCA. In: Proc. of Neural Information Processing Systems (NIPS). pp. 1177–1184.

Santosa, F., Symes, W., 1986. Linear inversion of band-limited reflection seismograms. SIAM Journal on Scientific and Statistical Computing 7 (4), 1307–1330.

Scheinberg, K., Asadi, N. B., Rish, I., 2009. Sparse MRF learning with priors on regularization parameters. Tech. Rep. RC24812, IBM T.J. Watson Research Center.

Scheinberg, K., Ma, S., 2011. Optimization methods for sparse inverse covariance selection. In: Sra, S., Nowozin, S., Wright, S. J. (Eds.), Optimization for Machine Learning. MIT Press.

Scheinberg, K., Ma, S., Goldfarb, D., 2010a. Sparse inverse covariance selection via alternating linearization methods. In: Proc. of Neural Information Processing Systems (NIPS). pp. 2101–2109.

Scheinberg, K., Rish, I., 2010. Learning sparse Gaussian Markov networks using a greedy coordinate ascent approach. In: Machine Learning and Knowledge Discovery in Databases. Springer, pp. 196–212.

Scheinberg, K., Rish, I., Asadi, N. B., January 2010b. Sparse Markov net learning with priors on regularization parameters. In: Proc. of International Symposium on AI and Mathematics (AIMATH 2010).

Schmidt, M., 2010. Graphical Model Structure Learning using L1-Regularization. Ph.D. thesis, University of British Columbia.

Schmidt, M., Berg, E. V. D., Friedl, M., Murphy, K., 2009. Optimizing costly functions with simple constraints: A limited-memory projected quasi-Newton algorithm. In: Proc. of the International Conference on Artificial Intelligence and Statistics (AISTATS). pp. 456–463.

Schmidt, M., Murphy, K., 2010. Convex structure learning in log-linear models: Beyond pairwise potentials. In: Proc. of the International Conference on Artificial Intelligence and Statistics (AISTATS). pp. 709–716.

Schmidt, M., Niculescu-Mizil, A., Murphy, K., 2007. Learning graphical model structure using l_1-regularization paths. In: Proc. of the International Conference on Artificial Intelligence (AAAI). Vol. 7. pp. 1278–1283.

Schmidt, M., Rosales, R., Murphy, K., Fung, G., 2008. Structure learning in random fields for heart motion abnormality detection. In: Proc. of the IEEE Conference on Computer Vision and Pattern Recognition (CVPR). IEEE, pp. 1–8.

Schrijver, A., 1986. Theory of linear and integer programming. John Wiley & Sons, Inc., New York, NY, USA.

Shannon, C. E., January 1949. Communication in the presence of noise. Proc. Institute of Radio Engineers 37 (1), 10–21.

Shashua, A., Hazan, T., 2005. Non-negative tensor factorization with applications to statistics and computer vision. In: Proc. of the 22nd International Conference on Machine Learning (ICML). ACM, pp. 792–799.

Shawe-Taylor, J., Cristianini, N., 2004. Kernel Methods for Pattern Analysis. Cambridge University Press.

Shelton, J., Sterne, P., Bornschein, J., Sheikh, A.-S., Lücke, J., 2012. Why MCA? Nonlinear sparse coding with spike-and-slab prior for neurally plausible image encoding. In: Proc. of Neural Information Processing Systems (NIPS). pp. 2285–2293.

Shepp, L., Logan, B., 1974. The fourier reconstruction of a head section. IEEE Transactions on Nuclear Science 21 (3), 21–43.

Sherman, S., 1973. Markov random fields and Gibbs random fields. Israel Journal of Mathematics 14 (1), 92–103.

Sjöstrand, K. 2005. Matlab implementation of LASSO, LARS, the elastic net and SPCA: http://www2.imm.dtu.dk/pubdb/views/publication_details.php?id=3897.

Skretting, K., Engan, K., 2010. Recursive least squares dictionary learning algorithm. IEEE Transactions on Signal Processing 58 (4), 2121–2130.

Srebro, N., Rennie, J., Jaakkola, T., 2004. Maximum-margin matrix factorization. In: Proc. of Neural Information Processing Systems (NIPS). Vol. 17. pp. 1329–1336.

Starck, J.-L., Donoho, D., Candès, E., 2003a. Astronomical image representation by the curvelet transform. Astronomy and Astrophysics 398 (2), 785–800.

Starck, J.-L., Nguyen, M., Murtagh, F., 2003b. Wavelets and curvelets for image deconvolution: A combined approach. Signal Processing 83, 2279–2283.

Strohmer, T., Heath, R., 2003. Grassmannian frames with applications to coding and communication. Applied and Computational Harmonic Analysis 14 (3), 257–275.

Sun, L., Patel, R., Liu, J., Chen, K., Wu, T., Li, J., Reiman, E., Ye, J., 2009. Mining brain region connectivity for Alzheimer's disease study via sparse inverse covariance estimation. In: Proc. of the 15th ACM SIGKDD International Conference on Knowledge Discovery and Data Mining (KDD). ACM, pp. 1335–1344.

Szlam, A., Gregor, K., Cun, Y., 2011. Structured sparse coding via lateral inhibition. In: Proc. of Neural Information Processing Systems (NIPS). pp. 1116–1124.

Talagrand, M., 1996. Majorizing measures: The generic chaining. The Annals of Probability 24 (3), 1049–1103.

Tibshirani, R., 1996. Regression shrinkage and selection via the Lasso. Journal of the Royal Statistical Society, Series B 58 (1), 267–288.

Tibshirani, R., 2013. The Lasso problem and uniqueness. Electronic Journal of Statistics 7, 1456–1490.

Tibshirani, R., Saunders, M., Rosset, S., Zhu, J., Knight, K., 2005. Sparsity and smoothness via the fused Lasso. Journal of the Royal Statistical Society Series B, 91–108.

Tibshirani, R., Wang, P., 2008. Spatial smoothing and hot spot detection for CGH data using the fused Lasso. Biostatistics 9 (1), 18–29.

Tipping, M., 2001. Sparse Bayesian learning and the Relevance Vector Machine. Journal of Machine Learning Research 1, 211–244.

Tipping, M., Bishop, C., 1999. Probabilistic principal component analysis. Journal of the Royal Statistical Society, Series B 21 (3), 611–622.

Toh, K.-C., Yun, S., 2010. An accelerated proximal gradient algorithm for nuclear norm regularized least squares problems. Pacific J. Optim. 6, 615–640.

Tosic, I., Frossard, P., 2011. Dictionary learning: What is the right representation for my signal? IEEE Signal Proc. Magazine 28 (2), 27–38.

Tropp, A., 2006. Just relax: Convex programming methods for subset slection and sparse approximation. IEEE Trans. Inform. Theory 51 (3), 1030–1051.

Tseng, P., Yun, S., 2009. A coordinate gradient descent method for nonsmooth separable minimization. Mathematical Programming 117 (1), 387–423.

Turlach, B., Venables, W., Wright, S., 2005. Simultaneous variable selection. Technometrics 47 (3), 349–363.

van de Geer, S., 2008. High-dimensional generalized linear models and the Lasso. Ann. Statist. 36, 614–645.

Vandenberghe, L., Boyd, S., Wu, S., 1998. Determinant maximization with linear matrix inequality constraints. SIAM J. Matrix Anal. Appl. 19 (2), 499–533.

Vardi, Y., 1996. Network tomography: Estimating source-destination traffic intensities from link data. J. Amer. Statist. Assoc. 91, 365–377.

Vershynin, R., 2012. Introduction to the non-asymptotic analysis of random matrices. In: Eldar, Y., Kutyniok, G. (Eds.), Compressed Sensing, Theory and Application. Cambridge University Press, pp. 210–268.

Wainwright, M., May 2009. Sharp thresholds for noisy and high-dimensional recovery of sparsity using l_1-constrained quadratic programming (Lasso). IEEE Transactions on Information Theory 55, 2183–2202.

Wainwright, M., Ravikumar, P., Lafferty, J., 2007. High-dimensional graphical model selection using l_1-regularized logistic regression. Proc. of Neural Information Processing Systems (NIPS) 19, 1465–1472.

Weisberg, S., 1980. Applied Linear Regression. Wiley, New York.

Welch, L., 1974. Lower bounds on the maximum cross correlation of signals (corresp.). IEEE Transactions on Information Theory 20 (3), 397–399.

Whittaker, E., 1915. On the functions which are represented by the expansion of interpolating theory. Proc. R. Soc. Edinburgh 35, 181–194.

Whittaker, J., 1929. The Fourier theory of the cardinal functions. Proc. Math. Soc. Edinburgh 1, 169–176.

Whittaker, J., 1990. Graphical Models in Applied Multivariate Statistics. Wiley.

Wipf, D., Rao, B., August 2004. Sparse Bayesian learning for basis selection. IEEE Transactions on Signal Processing 52 (8), 2153–2164.

Witten, D., Tibshirani, R., Hastie, T., 2009. A penalized matrix decomposition, with applications to sparse canonical correlation analysis and principal components. Biostatistics 10 (3), 515–534.

Xiang, J., Kim, S., 2013. A* Lasso for learning a sparse Bayesian network structure for continuous variables. In: Proceedings of Neural Information Processing Systems (NIPS). pp. 2418–2426.

Xiang, Z., Xu, H., Ramadge, P., 2011. Learning sparse representations of high dimensional data on large scale dictionaries. In: Proc. of Neural Information Processing Systems (NIPS). Vol. 24. pp. 900–908.

Xu, W., Liu, X., Gong, Y., 2003. Document clustering based on non-negative matrix factorization. In: Proc. of the 26th Annual International ACM SIGIR Conference on Research and Development in Information Retrieval. SIGIR '03. ACM, pp. 267–273.

Yaghoobi, M., Blumensath, T., Davies, M., 2009. Dictionary learning for sparse approximations with the majorization method. IEEE Transactions on Signal Processing 57 (6), 2178–2191.

Yuan, M., 2010. Sparse inverse covariance matrix estimation via linear programming. Journal of Machine Learning Research 11, 2261–2286.

Yuan, M., Ekici, A., Lu, Z., Monteiro, R., 2007. Dimension reduction and coefficient estimation in multivariate linear regression. Journal of the Royal Statistical Society. Series B (Methodological) 69 (3), 329–346.

Yuan, M., Lin, Y., 2006. Model selection and estimation in regression with grouped variables. Journal of the Royal Statistical Society, Series B 68, 49–67.

Yuan, M., Lin, Y., 2007. Model selection and estimation in the Gaussian graphical model. Biometrika 94(1), 19–35.

Zhao, P., Rocha, G., Yu, B., 2009. Grouped and hierarchical model selection through composite absolute penalties. Annals of Statistics 37 (6A), 3468–3497.

Zhao, P., Yu, B., November 2006. On model selection consistency of Lasso. J. Machine Learning Research 7, 2541–2567.

Zhao, P., Yu, B., 2007. Stagewise Lasso. Journal of Machine Learning Research 8, 2701–2726.

Zheng, A., Rish, I., Beygelzimer, A., 2005. Efficient test selection in active diagnosis via entropy approximation. In: Proc. of the Twenty-First Conference Annual Conference on Uncertainty in Artificial Intelligence (UAI). AUAI Press, Arlington, Virginia, pp. 675–682.

Zhou, M., Chen, H., Ren, L., Sapiro, G., Carin, L., Paisley, J., 2009. Non-parametric Bayesian dictionary learning for sparse image representations. In: Proc. of Neural Information Processing Systems (NIPS). pp. 2295–2303.

Zou, H., 2006. The adaptive Lasso and its oracle properties. Journal of the American Statistical Association 101 (476), 1418–1429.

Zou, H., Hastie, T., 2005. Regularization and variable selection via the Elastic Net. Journal of the Royal Statistical Society, Series B 67 (2), 301–320.

Zou, H., Hastie, T., Tibshirani, R., 2006. Sparse principal component analysis. Journal of Computational and Graphical Statistics 15 (2), 262–286.